主审◎朱宝利

肿瘤与微生态

ZHONGLIU YU WEISHENGTAI

主编◎郭 智 王 强 谭晓华 任 骅

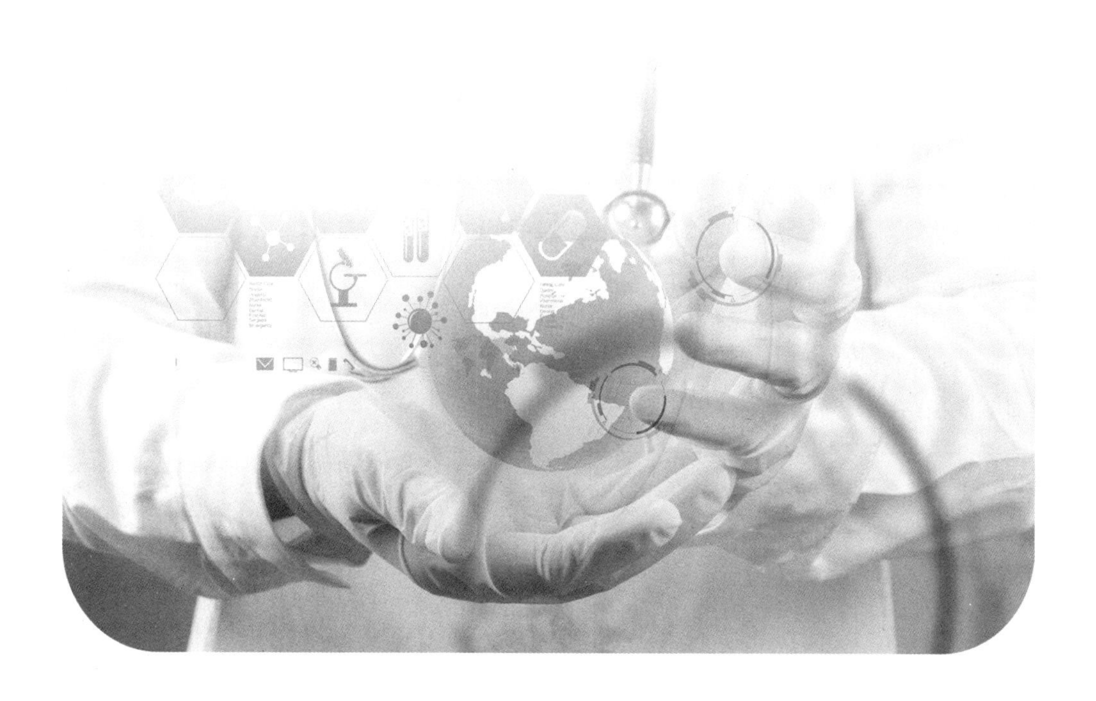

长江出版传媒
湖北科学技术出版社

图书在版编目(CIP)数据

肿瘤与微生态 / 郭智等主编. 一武汉：湖北科学技术出版社，2021.12
ISBN 978-7-5706-1710-4

Ⅰ.①肿… Ⅱ.①郭… Ⅲ.①肠道微生物—关系—肿瘤—研究 Ⅳ.①Q939 ②R73

中国版本图书馆 CIP 数据核字(2021)第 234872 号

策划编辑：冯友仁
责任编辑：程玉珊　李　青　　　　封面设计：胡　博

出版发行：湖北科学技术出版社　　　　电话：027—87679485
地　　址：武汉市雄楚大街 268 号　　　　邮编：430070
　　　　　(湖北出版文化城 B 座 13—14 层)
网　　址：http://www.hbstp.com.cn

印　　刷：武汉市金港彩印有限公司　　　　邮编：430023

787×1092　　1/16　　12.75 印张　　280 千字
2021 年 12 月第 1 版　　　　2021 年 12 月第 1 次印刷
定价：88.00 元

本书如有印装质量问题可找承印厂更换

#《肿瘤与微生态》

编　委　会

主　审　朱宝利

主　编　郭　智　王　强　谭晓华　任　骅

副主编　吴清明　舒　榕　李志铭　夏忠军　黄自明
杨文燕　胡伟国　吴　为

编　委（按姓氏拼音排序）

安江宏　深圳市第三人民医院
陈　丰　华中科技大学同济医学院附属武汉中心医院
陈　鹏　解放军总医院第五医学中心
陈　晓　中国医学科学院肿瘤医院深圳医院
陈丽娜　中国医学科学院肿瘤医院深圳医院
樊卫平　山西医科大学基础医学院
高　静　中国医学科学院肿瘤医院深圳医院
高天晓　中山大学肿瘤防治中心
郭　智　中国医学科学院肿瘤医院深圳医院
贺　亮　广州金域医学检验中心有限公司
胡伟国　武汉大学人民医院（湖北省人民医院）
胡霞芬　武汉科技大学医学院
黄启友　武汉科技大学医学院
黄自明　湖北省妇幼保健院
吉　勇　中国医学科学院肿瘤医院深圳医院
李　超　中国医学科学院肿瘤医院深圳医院
李馨泉　武汉科技大学医学院
李旭绵　中国医学科学院肿瘤医院深圳医院
李志铭　中山大学肿瘤防治中心
廖海燕　中国医学科学院肿瘤医院深圳医院
蔺　莉　甘肃省肿瘤医院
刘　毅　中国医学科学院肿瘤医院深圳医院
刘菲菲　广州金域医学检验中心有限公司
刘斐童　健合集团全球研究与技术中心
刘青青　山西医科大学基础医学院
刘婉欣　武汉科技大学医学院

刘玄勇　　中国医学科学院肿瘤医院深圳医院
彭仰华　　深圳市龙岗区妇幼保健院
钱　莘　　深圳市第三人民医院
钱崇崴　　湖北省妇幼保健院
任　骅　　中国医学科学院肿瘤医院深圳医院
舒　榕　　湖北省第三人民医院
孙小晴　　中山大学肿瘤防治中心
谭晓华　　深圳市第三人民医院
田　军　　中国医学科学院肿瘤医院深圳医院
王　敏　　湖北省妇幼保健院
王　强　　武汉科技大学医学院
王　钧　　香港大学深圳医院
王月乔　　中国医学科学院肿瘤医院深圳医院
韦丽娅　　中国医学科学院肿瘤医院深圳医院
魏月华　　湖北省人民医院
魏振军　　解放军总医院第二医学中心
吴　为　　广东省公共卫生研究院
吴清明　　武汉科技大学医学院
夏忠军　　中山大学肿瘤防治中心
向晓晨　　武汉科技大学医学院
谢　晶　　中国医学科学院肿瘤医院深圳医院
许晓军　　中山大学附属第七医院
杨文燕　　国际肿瘤学杂志编辑部
姚　菲　　武汉科技大学医学院
余春姣　　湖北省妇幼保健院
詹晓勇　　中山大学附属第七医院
张　磊　　广州金域医学检验中心有限公司
张童童　　中国医学科学院肿瘤医院深圳医院
张文珏　　中国医学科学院肿瘤医院深圳医院
张弋慧智　中国医学科学院肿瘤医院深圳医院
周　浩　　华中科技大学同济医学院附属协和医院
周　莉　　华中科技大学同济医学院附属武汉儿童医院
周川人　　武汉科技大学医学院
朱宝利　　中国科学院微生物研究所

序　言

恶性肿瘤作为目前导致人类死亡的主要疾病之一，与肠道微生物也存在着紧密联系。以大肠癌为例，肠道肿瘤组织周围相对于肠道中正常区域，是一个相对厌氧的环境；癌和癌旁组织表面及组织内部的微生物也存在显著差别。已有研究发现，梭杆菌与大肠癌直接相关。在肠道腺瘤产生时，该菌就富集在病变组织表面，并具有侵入病变细胞、诱发组织癌变的功能。由于该菌的入侵，还将会诱导癌细胞自噬、抑制癌细胞凋亡，从而导致化疗药物失效。科学家通过临床队列研究，发现了一批提高化疗药物疗效的肠道微生物。通过将此类微生物移植至肿瘤模型动物肠道内，可显著提高动物免疫细胞数量和关键免疫因子的表达量，从而抑制肿瘤生长，提高化疗药物或免疫制剂的抗癌效果。人体共生微生物是一群与人体共同生长、相互依存的微生物的总称。它们遍布于人体肠道、皮肤、口腔、鼻腔、生殖道、肺部等多个器官，其中肠道中微生物种类最多且数量巨大，而受到广泛关注，被称为人类的"第二基因组"。肠道微生物菌群结构与人体的免疫系统、神经系统、循环系统、内分泌系统构成一个复杂的网络；肠道微生物一旦出现问题，我们的身体就像被推倒的多米诺骨牌那样，一系列的疾病包括癌症将接踵而至。肠道微生物与肿瘤的发生、发展，以及与抗癌药物的关系，为人类预防癌症、治疗癌症带来了希望，该领域的研究已成为当今科学界的研究热点之一，受到空前的关注。

《肿瘤与微生态》以增进肿瘤、医学微生物及有关专业的研究人员对肿瘤与微生态的认识和理解，加强基础理论与临床实践的结合，促进跨学科合作研究，从而促进我国临床医学中肿瘤诊断新技术和肿瘤治疗新方案的推出与应用为目的，以综述的形式解读了肿瘤与微生态有关的专业问题与疑惑，既着眼于当前备受关注的焦点问题，又注重解答基础和临床工作中具体细节，是现阶段急需的肿瘤与微生态研究读本。

《肿瘤与微生态》编撰人员常年工作在肿瘤与微生态的教学、临床和科研一线，具有深厚的理论功底和丰富的实践经验，他们及时地编写、出版本书。本书也定将在当前肿瘤与微生态研究与临床转化中，为有关专业人员提供重要参考，为有效提高肿瘤防治研究能力发挥重要作用。

中国抗癌学会肿瘤与微生态专委会
2020 年 10 月

目 录

第一章

概　　述

第一节　肠道微生态

一、肠道微生态简介

人体肠道中存在大量的微生物，这些微生物与人体细胞相互影响、相互作用，形成一个共生体，称为肠道微生态。肠道微生态体系是人体内最复杂、最大的微生态系统，肠道微生物数目庞大且结构多样，被称为第二个人类基因组。人体肠道内约有10^{14}个细菌，数目是人体细胞总数的10倍，主要由细菌、真菌和病毒等构成，其基因组比人类基因组多150倍。肠道微生物在空间上的分布特点：从肠道近端到远端，微生物数量和多样性依次增加，十二指肠、空肠、回肠和结肠每克内容物含微生物细胞数分别约为10^3、10^4、10^7和10^{12}个。肠道微生态具有多样性、高密度、高代谢、多功能几大特点。人体中肠道菌群数量多达400～500种，在健康的人体中，肠道菌群可帮助人体消化食物，提供丰富的必需营养物质（如生成维生素、增加必需营养物质的生物利用度等），抵御肠道病原体入侵、与黏膜免疫系统相互作用、发挥免疫调节作用等。正常成人肠道微生物呈相对稳定状态，人体肠道微生态系统错综复杂，各微生物群之间相互依存、相互制约，彼此保持着一定比例，按照一定的顺序定植于肠壁的特定部位，参与机体代谢，发挥免疫屏障作用。

二、肠道微生态分类

健康成年人肠道菌群稳定且具有多样性，主要有厚壁菌门、拟杆菌门、变形菌门和疣微菌门，一般分为以下3类：①有益菌，如乳酸菌类、双歧杆菌类，可参与消化吸收，合成有益物质，保持健康，维护正常肠道功能；②中性菌，如肠球菌、大肠杆菌，具备双向作用，可与宿主共存且不侵害宿主免疫系统，但免疫力低下时可致病，会对机体产生危害；③有害菌，如产气荚膜梭菌、金黄色葡萄球菌，产生毒素，降低宿主免疫力，造成宿主感染，危害健康。一般情况下，当人体中的有益菌和中性菌数量充足、有害菌数量少，则人体肠道环境比较好，有益菌和中性菌能够维持人体肠道环境的安全，降低有害菌危害人体的机会。而当有益菌和中性菌数量减少、有害菌数量增加，则导致肠道微生态结构失去平衡，有害菌则攻击有益菌，使得人体免疫力、代谢功能下降，并引发疾病。

三、肠道微生态失衡

人体肠道微生态平衡是指肠道各种微生物按照一定比例存在，各微生物之间相互制约、相互依存、维持平衡。人体在正常情况下，肠道微生物在人体内处于一个稳态平衡状态，易受年龄、遗传、免疫、饮食、环境和感染等因素的影响，其稳态发生变化可能严重影响人类的身体健康。生理情况下，肠道微生物处于动态平衡状态，在受到外界刺激或病原菌侵袭时，可作为一种天然屏障阻止疾病的发生；病理情况下，肠道微生物可通过生理和病理转运导致肠道和其他器官内的免疫反应，使机体的免疫功能受损，从而导致或加速疾病的产生。肠道菌群失调表现为肠道菌群在种类、数量、比例、定位、特性上的改变，引起肠道微生态失调的因素有很多，如环境因素、宿主因素、药物因素等。肠道菌群失调被证明与多种疾病的发生发展有关，改善失衡的肠道微生态环境将成为疾病治疗的新方法。

第二节　肠道微生态与肿瘤

一、消化系统肿瘤

在医学学科中，消化系统专业是最大的三级学科，消化系统疾病在人群里普遍高发，消化系统肿瘤更是时刻在威胁人类健康。而肠道，作为消化系统中具有最大面积占比的一部分，连同肠道微生物一起，共同影响并调控消化系统肿瘤疾病。

（一）大肠癌

大肠癌作为世界范围内第三大常见癌症类型，近年来发病趋势猛增，其发病因素，从宿主层面，它是基因组的多阶段的致癌过程；从环境因素，肠道微生态在大肠癌多阶段的发生、发展过程中，起到“相辅相成，互成因果”的作用。

在一项中国人群的菌群差异研究中，将中国 74 例大肠癌患者的粪便和 54 例健康人群的粪便进行了宏基因组测序发现：大肠癌患者粪便多样性减少；同时，与健康人群菌株对照相比，有 21 个细菌的菌株在大肠癌患者里丰度是显著升高的；且进一步研究发现多数肠道丰度升高的细菌是口腔致病菌，菌株之间相互协作，共同促进大肠癌的发生。

随着疾病进程，大肠癌不同阶段的肠道菌群组成也存在差异。随着疾病（正常—腺瘤—癌）进展，肠道菌群间的相互关系逐渐复杂化。一项取组织活检标本的 16S 测序分析中，分别采集了健康对照、腺瘤或息肉、大肠癌，来深度挖掘组织黏附菌从正常、腺瘤旁、腺瘤、癌旁到癌变过程中的特点，实验发现 5 种递增性变化菌群，包括 *bacteroides fragilis*、*gemella*、*parvimonas*、*peptostreptococcus*、*granulicatella*，部分细菌是下降甚至是消失的。以上两项研究提示，在大肠癌的发生发展过程中，肠道菌群的改变在大肠癌疾病发生发展中起到始动作用。

随着粪菌移植的广泛应用，一项粪菌移植的小鼠实验，为大肠癌患者肠道菌群促癌机制添加了证据：将 5 个大肠癌患者的粪便、5 个健康人的粪便分别喂给无菌鼠，另以多种抗生素制造低菌鼠模型，两组老鼠实验的结果呈现一致性，也就是说大肠癌患者的粪便的喂食促进了小鼠的大肠癌的发生发展；在对机制进行了挖掘和讨论后，得出结论：大肠癌的粪菌移植之后可以激活肠黏膜的免疫，诱发炎症反应，促进上皮细胞增殖，从而起着促癌的作用。

2009年，研究发现一种叫作脆弱拟杆菌（*bacteroides fragilis*）的肠道细菌产生的一类毒素与肠癌的发展相关。其他关联大肠癌患者菌群丰度较高的菌株还包括具核梭杆菌（*fusobacterium nucleatum*）、口炎消化链球菌（*peptostreptococcus anaerobius*）及微单孢菌。口炎消化链球菌（*peptostreptococcus anaerobius*）是革兰阳性厌氧菌，可以引起肠炎，也可以引起口腔的感染、口腔的炎症；该菌是在组织黏膜里有很高定植的菌，且在腺瘤阶段存在显著性升高变化，被视为一种始动的驱动菌。在一项对口炎消化链球菌分离培养及功能检测研究中发现，口炎消化链球菌可以促进上皮细胞增生，促进肠癌肿瘤的数量。

2017年，一项“具核梭杆菌帮助大肠癌细胞抵抗药物”的研究取得重要进展。在化疗后复发的大肠癌患者的癌组织中，具核梭杆菌的丰度占优，并与患者的临床病理特征相关，通过生物信息学和功能分析发现具核梭杆菌促进针对化疗的大肠癌耐药。相关机制：具核梭杆菌靶向TLR4、MYD88先天免疫信号和特定的微小RNA，激活自噬通路并改变大肠癌的化疗响应。以上结论表明未来可通过检测和靶向具核梭杆菌及相关信号通路，对大肠癌的临床管理产生重要价值，并可能改善大肠癌患者的预后。

综上所述，肠道菌群失调在大肠癌的发生发展过程中至关重要，二者相辅相成，共同促进影响大肠癌的发生和发展。

（二）胃癌

一项关于题为《微生物组与胃癌》的报告中，于君教授提到，仅有3%的幽门螺旋杆菌感染者可发展出胃癌，但其他细菌在胃癌中的作用尚未明确。Coker等研究中国患者的浅表性胃炎、萎缩性胃炎、肠化生和胃癌的内镜活检标本，胃癌组的黏膜菌群明显不同，尤其是口腔细菌种属增加，亦鉴定出梭杆菌属在胃癌患者中显著富集，可能在胃癌进展中有重要作用。

Gut在2017年发表的一项深入分析胃癌和慢性胃炎患者的胃部菌群的研究中，回顾性分析了54名胃癌患者及81名慢性胃炎患者的胃部菌群，胃癌患者的胃部菌群多样性降低、螺杆菌属丰度降低、其他细菌属的丰度增加（多为肠道共生菌，包括厚壁菌门、拟杆菌门、梭杆菌门、放线菌门等）；而当选取10个在胃癌与胃炎患者中存在差异的细菌属，构建菌群失调指数，可显著区分胃癌与胃炎；且亚硝化细菌在胃癌患者的胃部菌群中显著富集，提示胃癌与胃炎患者的胃部菌群功能差异。

幽门螺杆菌（Hp）感染和胃癌家族史是胃癌的主要危险因素，根除Hp的治疗是否能降低一级亲属中有胃癌家族史的人患胃癌的风险尚不清楚。最近发表在*New England Journal of Medicine*的研究纳入1 676名患有幽门螺杆菌感染的胃癌患者一级亲属，接受Hp根除治疗或安慰剂。该研究发现，在一级亲属有胃癌家族史的Hp感染者中，Hp根除治疗降低了胃癌的风险。

菌群与胃癌的关联仍存在许多疑问：胃黏膜菌群失调与胃癌发生的先后顺序、胃癌相关的菌群改变是否与特定亚型相关，均是值得关注的问题。

（三）食管癌

食管癌也与肠道菌群存在关联，但近年来研究较少。食管癌包括食管鳞癌和食管腺癌（EAC），后者可能源于 Barrett 食管（BE）。有文献综合分析了 16 篇研究文献，发现正常食管主要被链球菌定殖，食管炎和 BE 与革兰阴性（G^-）菌相关，食管腺癌（EAC）与大肠杆菌和具核梭杆菌等特定革兰阴性（G^-）菌相关；同时，文献也提到，使用青霉素可能导致链球菌等保护性细菌减少，与食管癌风险增加相关；质子泵抑制剂 PPI 也可通过影响胃 pH 值改变食管菌群组成结构。学者提出，非内镜无创取样方法，对研究食管菌群组成功能、早期检测和预防食管癌有重要意义。

一项前瞻性研究，发现了口腔菌群中的特定分类群与食管腺癌及食管鳞状细胞癌（ESCC）风险的关联，在两个队列（81EAC/160 匹配对照，25ESCC/50 匹配对照）的前瞻性研究中评估口腔菌群与 EAC 和 ESCC 风险之间的关系。牙周病原菌福赛斯坦纳菌与食管腺癌（EAC）高风险相关，共生菌奈瑟氏菌属和肺炎链球菌的消耗与食管腺癌（EAC）低风险相关，类胡萝卜素的细菌生物合成也与食管腺癌（EAC）保护相关，牙周病原菌牙龈卟啉单胞菌与食管鳞状细胞癌（ESCC）高风险相关。

（四）肝癌

肝癌是我国的高发癌症，死亡率居高不下。在肝癌中，肠道共生微生物可以将一级结构的胆汁酸代谢为二级结构的胆汁酸，二级结构的胆汁酸可以再循环，并调节自然杀伤细胞向肝癌细胞募集。

肠道菌群的失调可能与肝脏疾病发展为肝癌相关。高脂饮食引发肠道菌群失调，使厚壁菌门丰度上升，这类细菌中有些会生成脂多糖（LPS），有些能将胆汁酸转化为有毒的脱氧胆酸（DCA），LPS 和 DCA 被肠道吸收经血液运输到肝脏，前者与肝脏细胞 Toll 样受体结合激活免疫炎症反应，后者可导致肝脏细胞 DNA 损伤，血液中长期高水平 LPS 和 DCA 可增加肝癌风险。阻断 DCA 合成，或通过益生菌恢复肠道菌群平衡，可能有助于高危个体预防肝癌发生。

Ma 等人发现，肠道共生菌中的梭菌属细菌，可通过将宿主生成的初级胆汁酸代谢为次级胆汁酸，抑制对肝癌的免疫应答；用抗生素减少梭菌属细菌可增加初级胆汁酸，使肝窦内皮细胞表达更多的 CXCL16，导致 $CXCR6^+$ NKT 细胞在肝脏积累、生成 IFN-γ 等细胞因子，抑制肝脏肿瘤；高脂饮食可增加肠道梭菌属细菌和肝脏内的次级胆汁酸，促进肝癌；与小鼠相比，人体中肝 NKT 细胞较少，或许 MAIT 细胞可替代其抗癌作用；调节胆汁酸生成或能改善癌症治疗。

复杂的癌症基因组学和肿瘤微环境（TME）在各类组织或单个肿瘤中被认为是恶性实体肿瘤的常见现象。对 19 例肝癌患者的肝癌组织进行单细胞测序，发现肿瘤内部、肿瘤之间均存在恶性细胞的异质性和肿瘤微环境的多样性；肿瘤转录组多样性高与患者更差的整体生存率有关。

（五）胰腺癌

胰腺癌（PDAC）是预后最差的恶性肿瘤之一，有“癌中之王”的恶名，生存期较短，少数患者能生存5年以上。在对胰腺癌患者菌群变化的人体研究中，发现了一些与胰腺癌相关的细菌分类群，包括牙龈卟啉单胞菌、幽门螺杆菌、念珠菌属等。

菌群在胰腺癌的发生及发展中发挥关键调节作用：某些细菌可通过激活Wnt、T2R38及TLR等信号通路引发炎症反应，或通过免疫抑制，促进胰腺癌的发生发展；菌群对胰腺癌治疗药物的效果可产生影响；某些胰腺癌相关细菌可将化疗药物吉西他滨代谢为非活性化合物，菌群组成影响患者对PD-1单抗治疗的应答。

在佛罗里达大学的一项研究发现，胰腺菌群无法用来区分胰腺癌和非胰腺癌，但肠道菌群可通过远距离方式影响胰腺肿瘤的生长，提示以肠道菌群为靶点或能用于防治胰腺癌。美国纽约大学医学院的研究表明，肠道细菌可转移至胰腺，胰腺导管腺癌肿瘤内菌群丰度升高、特定细菌富集；胰腺导管腺癌与特定的肠道菌群和胰腺菌群特征相关。该研究进一步表明，胰腺导管腺癌（PDA）菌群可诱导免疫抑制、促进肿瘤进展；消除胰腺导管腺癌菌群可显著缓解癌症、增强抗肿瘤免疫和对免疫疗法的应答。未来以菌群为靶点的疗法，或可用于治疗胰腺癌。美国得克萨斯大学安德森癌症中心的研究揭示了PDAC长期幸存者的肿瘤菌群特征，以及其与抗肿瘤免疫应答的关联，表明肿瘤菌群组成有望作为PDAC预后的预测标志物。该研究还通过粪菌移植试验，为靶向肠道菌群改善PDAC的疗法提供了初步的证据支持。

二、泌尿生殖系统肿瘤

泌尿生殖系统肿瘤的发病原因包含内因和外因，包含7个常见致病原因（物理因素、化学因素、生物学因素、遗传因素、内分泌因素、免疫功能和精神因素）。主要包括8种肿瘤，即肾上腺肿瘤、肾肿瘤、肾盂输尿管癌、膀胱肿瘤、前列腺癌、阴茎癌、睾丸癌和宫颈癌。

最近发现人类泌尿生殖系统微生物组的存在，促使人们对其在介导泌尿生殖系统恶性肿瘤（包括膀胱癌、肾癌和前列腺癌）发病机制中的作用进行了研究。此外，虽然人们普遍认识到胃肠道微生物群的成员积极参与药物代谢，但新的研究表明，胃肠道微生物群在决定癌症治疗反应方面具有额外的作用和潜在的必要性。泌尿生殖系统的微生物群是泌尿生殖系统恶性肿瘤的致病因子或辅因子。同样，目前有关胃肠道微生物决定癌症治疗反应的证据主要是相关性的，我们提供了用于治疗泌尿生殖系统癌症的治疗药物受到人体相关微生物群影响的例子，反之亦然。临床试验如粪便微生物群移植，以提高免疫治疗的效果，目前正在进行中。微生物在泌尿生殖系统肿瘤中的作用是一个值得进一步研究的新兴领域。将微生物组研究转化为临床行动，需要将微生物组监测纳入正在进行的和未来的临床试验，以及扩大研究范围，包括宏基因组测序和代谢组学。

以前不知道存在于泌尿生殖系统的微生物群可能影响泌尿生殖系统恶性肿瘤的发展，包括膀胱癌、肾癌和前列腺癌。此外，存在于泌尿生殖道以外部位的微生物群，如存在于肠道的微生物群，可能会影响癌症的发展和/或治疗反应。

（一）肾上腺肿瘤、肾肿瘤和肾盂输尿管癌

近年来，随着人们对肠道菌群的了解逐步深入，从肠道菌群角度探究肾移植术后常见

并发症成了研究热点。研究表明，肾移植受者肠道菌群的构成在手术前后存在显著差异，这种差异与肾移植术后感染、排斥反应、腹泻等诸多并发症的发生发展密切相关，并影响肾移植受者预后。肠道菌群与肾移植的研究为肾移植受者提供了新的治疗思路和策略。并且越来越多的研究表明慢性肾脏病（CKD）会导致肠道菌群的种类和数量发生显著变化，肠道菌群的失衡会加速CKD的进展，两者互为因果关系。肠道菌群也许可以作为防治CKD进展的一个新的治疗靶点。以肠道微生态及“肠-肾轴”理论为基础，通过分析肠道菌群与慢性肾脏病发病的关系，追溯中医学肾病治脾之理论渊源，从慢性肾脏病与肠道菌群、脾虚与肠道菌群，以及肾病治脾的理论根源、现代研究、临床应用方面阐述慢性肾脏病从脾论治的重要性，是可以为慢性肾脏病的临床防治开拓新思路、提供新的治疗途径的。但是，目前关于肾脏相关肿瘤和肠道微生态的研究还寥寥无几，鉴于肠道菌与肾脏疾病的关联，肾脏肿瘤与肠道菌的联系还需要进一步地探索。

（二）膀胱癌

总的来说，目前关于膀胱癌与肠道微生态的研究较少，但是仍然有研究显示，膀胱癌患者肠道菌群失调、丁酸浓度降低和肠道结构完整性受损，可能与水果摄入量不足有关。萝卜硫素（SFN）通过使肠道微生物群的组成正常化，修复肠道屏障的生理破坏，以及减少炎症和免疫反应，来预防化学诱导的膀胱癌。因此，有理由相信，膀胱癌和肠道微生态的关系应该也是密切相关的，但需要进一步的研究证实。

细菌微生物能够与许多环境毒素相互作用，如重金属、多环芳烃、农药、曲霉毒素、塑料单体和有机化合物。在通过肾脏过滤从血液中除去某些毒素之后，它们在膀胱内的储存提供了足够的时间使尿微生物群与这些化合物相互作用和改变，这种“代谢”可以增加或减少可能由这些毒素引起的疾病的风险，包括认知功能障碍、肾脏病理甚至是尿路系统癌症。

一项研究使用454测序技术对来自健康个体（$n=6$）和尿路上皮癌患者（$n=8$）的尿标本进行了微生物检测，大多数正常样本中链球菌丰度接近零（0～0.017），但在8个癌症样本中的5个显著升高（0.12～0.31）。在链球菌丰度低的2个癌症样品中（2/3）假单胞菌属或嗜球菌属是最丰富的属。

大量研究已经证实了泌尿系统肿瘤，特别是前列腺癌及膀胱癌，与尿路细菌微生物之间存在关联。然而，就目前而言，泌尿系统肿瘤及尿路细菌微生物之间的具体相关性机制尚未完全清楚，我们仍需要进一步的基础和临床研究来确定这些特定细菌微生物的作用及其作为新生物标志物开发的潜力。

（三）前列腺癌

前列腺癌是男性泌尿生殖系统最常见的恶性肿瘤，是全世界范围内的一个重要的公共卫生问题。

一项前瞻性病例对照试点研究比较了8名良性前列腺疾病患者与12名局限性前列腺癌（PCa）患者的粪便，结果显示，在PCa病例中观察到较高的相对丰度的芽孢杆菌，在良性对照中观察到梭菌科（*faecalibacterium prausnitzii*）和优杆菌属（*eubacterium rec-*

tale）具有较高的相对丰度。在遗传、酶和途径丰度方面，组间也观察到显著差异。*F. prausnitzii* 和 *E. rectale* 都是丁酸盐的生产者，丁酸盐抗肿瘤发生特性的研究已经通过诱导细胞凋亡和抑制增殖，以及体外模型中增加的细胞分化来证明其效果。相应地，体内研究已经证明丁酸盐能通过降低纤溶酶原活性水平及促使血管内皮生长因子表达减少来发挥其抗肿瘤作用。

在组织中主要由痤疮丙酸杆菌组成的丙酸杆菌属也因其促炎症性、与 PCa 密切的相关性而成为近期热点。一项在 16 例根治性前列腺切除术标本上评估肿瘤、癌旁组织和非肿瘤组织的微生物组学特征的研究显示，在肿瘤/肿瘤周围和非肿瘤前列腺标本中特定微生物群体存在显著差异：乳杆菌目、链球菌科、链球菌属在非肿瘤组织上表现更多而葡萄球菌科、葡萄球菌属在肿瘤/肿瘤周围组织中表现更多；最重要的是同时在 3 种组织的所有属中，丙酸菌属都是最丰富的。

（四）睾丸癌、阴茎癌

有研究显示，Nrf2 抗氧化途径激活介导的肠道-微生物-睾丸轴与邻苯二甲酸二（2-乙基己基）酯诱导的青春期前类固醇合成障碍有关。营养和环境化学物质，包括内分泌干扰物，已被认为是目前男性生殖功能障碍增加的原因，但潜在的机制仍不清楚。胃肠道是人体暴露于环境的最大表面积，因此在内脏器官暴露于外源性因素方面起着关键作用。在这种情况下，肠道微生物群（所有细菌及其代谢物）已被证明对包括新陈代谢、认知功能和免疫在内的身体生理功能有重要贡献。睾丸的适当发育是雄性生殖的关键，包括形成血睾丸屏障（BTB），它包裹并保护生殖细胞不受应激诱导的环境信号（如致病生物体和外来生物）的影响。在这里，我们使用无特定病原体（SPF）小鼠和无细菌（GF）小鼠来探索肠道微生物群和/或其代谢物是否会影响睾丸发育和 BTB 的调控。无 GF 小鼠在产后 16 天睾丸内的管腔形成与 BTB 的发育相吻合。此外，灌注实验显示，在这些小鼠中 BTB 的通透性增加。GF 小鼠睾丸 occludin、ZO-2 和 E-cadherin 表达降低，提示该菌群通过调节细胞间黏附调节 BTB 的通透性。有趣的是，GF 小鼠暴露于分泌高水平丁酸的 Tyrobutyricum（CBUT）梭状芽孢杆菌后，恢复了 BTB 的完整性，并使细胞黏附蛋白水平正常化。此外，GF 小鼠血清促性腺激素（LH 和 FSH）水平低于 SPF 小鼠。此外，GF 小鼠的睾丸激素含量低于 SPF 小鼠和 CBUT 小鼠。因此，肠道微生物可以调节 BTB 的通透性，并可能在调节睾丸的内分泌功能中发挥作用。和肾脏肿瘤相似，阴茎癌、睾丸癌与肠道微生态的研究目前来说还相对较少，需要更多的研究补充这一领域的空白。

（五）宫颈癌

宫颈癌是目前唯一一种病因明确的妇科恶性肿瘤，已被公认为是一种常见的散发性传播疾病，是影响妇女健康最常见的恶性肿瘤之一，其已上升为女性第四位最常见的癌症，与高危型人乳头瘤病毒（HR-HPV）的持续感染有关。

正常的阴道微生物菌群结构简单，物种多样性较低，由厌氧和好氧微生物组成，但均以乳酸杆菌属为优势菌种。根据 Ravel 等对 396 例无症状、不同种族的育龄期妇女的阴道微生物组学分析，首次将正常健康女性生殖道微生物组成分类为 5 种常见菌群结构（community state types，CSTs)：CST Ⅰ、Ⅱ、Ⅲ、Ⅳ和Ⅴ。其中 CST Ⅰ、Ⅱ、Ⅲ、Ⅴ型依次由卷曲乳酸杆菌、加氏乳酸杆菌、惰性乳酸杆菌和詹氏乳酸杆菌作为优势菌来构成核心菌群；CST Ⅳ型则是低丰度或缺失乳杆菌而以专性或兼性厌氧菌群为主，该菌型与细菌性阴道病（BV）和阴道炎症的发病有关。

阴道微生态失衡可能为 HPV 感染的协同因素；阴道微生态失衡合并 HR-HPV 感染可能是宫颈肿瘤发生的危险因素。

三、神经内分泌系统肿瘤

肠道菌群是脑-肠轴重要组分，将肠与中枢神经系统联系在一起，而中枢神经系统可通过内分泌系统调节多种生理学过程；肠道菌群与中枢神经系统间可通过免疫系统和内分泌系统等途径，进行脑-肠轴的双向沟通，对神经系统的健康产生诸多方面的影响。肠道菌群及其代谢物相关疗法或可成为神经疾病的新型干预手段。宿主大脑和微生物组之间的相互作用通过以下因素相互促进（图 1-1）：①肠道通透性的提高使微生物或微生物代谢产物都能进入血液。②肠道微生物会产生神经调节代谢产物（如短链脂肪酸），并诱导宿主维生素（维生素 B_{12}）、神经递质（如 5-羟色胺）和激素（肽 YY）的产生，这些物质可能会影响神经系统和宿主健康。③双向相互作用可能直接通过迷走神经的神经发生，从而在肠和中枢神经系统之间提供了直接的交流渠道。④此外，肠脑相互作用可通过免疫介导的炎症途径发生，如与神经退行性疾病的发展有关的微生物驱动的全身性炎症，以及可以通过炎症途径改变肠道的应激源。⑤最后，肠道微生物会代谢异生物素，影响神经功能。此外，肠道菌群的改变与合并症（如抑郁症）相关，在神经系统疾病（如多发性硬化症和帕金森病）中很常见，并且可能有助于（甚至导致）这些相互作用。

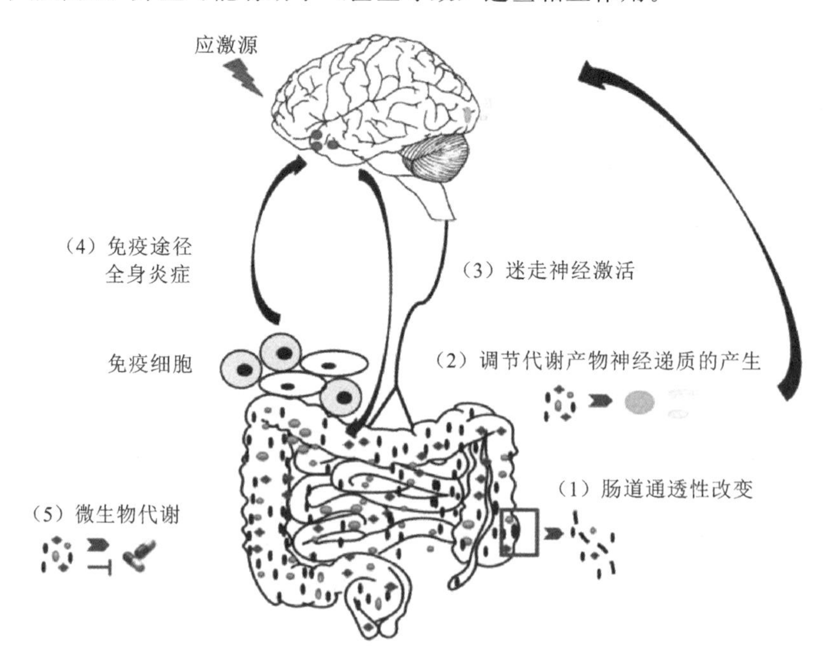

图 1-1　宿主大脑和微生物组之间的相互作用

四、呼吸系统肿瘤

肠道菌群的改变涉及包括癌症在内的多种疾病。然而，肺癌的肠道菌群谱仍然未知。健康人群肺部主要菌群为厚壁菌门、变形菌门和拟杆菌门，肺部菌群的组成与口咽菌群相似；慢性阻塞性肺病、囊性纤维化、哮喘、特发性肺纤维化等肺病患者的肺部菌群发生变化；结核分枝杆菌和肺癌有显著的关系，与健康人相比，肺癌患者的肺部菌群显著不同且多样性降低，可能的机制包括菌群失调、基因毒性和毒性效应，影响宿主代谢和免疫应答。

中国科学院上海生物化学与细胞生物学研究所的季红斌、陈剑峰以及来自同济大学的张鹏研究团队，分析了早期肺癌患者和健康对照的肠道微生物群组成，发现并验证了13个可预测肺癌的高精度生物标记物。该研究揭示了肺癌患者的微生物群谱，建立了预测早期肺癌的特异性肠道微生物特征。

Cell 杂志2019年发表的研究表明，共生微生物或促进肺癌进展。无菌小鼠的肺癌进展受到抑制，而肺部共生菌群通过激活肺部的 γδT 细胞，促进了肺腺癌的发生发展；共生菌群促进肺腺癌小鼠模型的肿瘤生长，而肺部肿瘤的发展与肺部菌群改变及促炎症因子表达增加相关。

抗生素、饮食、药物治疗等因素可能造成肺部菌群的失调。韦荣球菌属、普氏菌属、奈瑟氏菌属、不动杆菌属、部分链球菌属等是正常肺部菌群中的成员，假单胞菌属可能致病，真菌、病毒也是肺部菌群中不可忽视的群体。鉴定出在疾病恶化及缓解中起关键作用的细菌，可为治疗哮喘及慢性阻塞性肺疾病（COPD）等肺部疾病提供潜在策略。

第三节　肠道微生态在肿瘤中的临床意义

一、肠道微生态与肿瘤的诊断与预后

由于癌症患者肠道微生态与健康人不同，粪便微生物及代谢产物的特征性改变可能成为早期筛查的生物标志物。近年来，细胞外细菌肽在肠道外蛋白质组已被提出具有生物活性和免疫调节能力，以维持黏膜屏障。除此之外，细菌肽不仅可能在炎症性肠病中作为潜在的生物标志物，还可能成为诊断结直肠癌的发生发展的一项有力工具，具有广阔的应用前景。目前已有多项研究利用特征性肠道微生物构建结直肠癌诊断模型，粗略可分为以下4种：以梭杆菌为主的个别菌种作为生物标志；以3个以上的细菌组合作为生物标志；包含病毒、真菌或代谢产物等作为生物标志；以上述微生态标志结合粪便免疫化学检测等化学检测联合构建的预测模型。不同研究构建的预测模型不完全相同，但所报道的结肠癌生物标志菌株多来自梭杆菌科、韦荣球菌科、梭菌科、普雷沃菌科、瘤胃球菌科和紫单胞菌科等，且与较高的次级胆汁酸合成基因丰度有关。多项荟萃分析报道粪便微生物作为结直肠癌诊断模型的准确性和稳定性。其中 Thomas 等分析不同来源的7个队列数据，经交叉队列验证，以粪便菌群组合为生物标志的结直肠癌诊断模型平均 ROC 曲线下面积

(AUC) 为 0.84，而健康人腺瘤预测模型的平均 AUC 为 0.79。这意味着肠道菌群结构和丰度异常有可能成为结直肠癌筛查的指标之一。此外，TORRES 等研究表明，与正常人相比，胰腺癌患者唾液中纤毛菌比例增高，卟啉菌比例降低，而二者的比例可作为胰腺癌的生物学标志。以肠道微生态为研究对象，检测样本容易获取。随着医学发展的日新月异，早期进行肠道微生态菌群的有关分析或将为肿瘤的早期诊断和防治提供重要依据。

肿瘤的预后也与肠道菌群密切相关。对特异性微生物的鉴定与检测有助于预测肿瘤的疗效与预后。根据具核梭杆菌拷贝数构建Ⅳ期结肠癌总体生存期预测模型，AUC 达 0.83。将每纳克 DNA 含 4.9 拷贝作为临界值，灵敏度和特异度分别达 90.9%和 88.9%。有研究发现，具核梭杆菌可通过调节自噬诱导肿瘤对化疗产生耐受性。以具核梭杆菌为生物标志物预测结肠癌化疗后复发 AUC 为 0.776，预测效果优于美国癌症联合委员会的癌症分期。基于现有的研究，不同报道的特异性菌群及预测模型的准确性有差异。这可能因患者特征和研究方法存在异质性。尽管如此，肠道菌群作为肿瘤诊断和预后的生物标志物仍有一定可行性。

二、肠道微生态与肿瘤治疗

有研究证实，益生菌具有促进人体健康的作用，能够维持肠道微生物的稳态。口服双歧杆菌联合抗细胞程序性死亡-配体 1 (programmed cell death-ligand 1，PD-L1) 的免疫治疗几乎可以完全抑制小鼠黑素瘤的生长。还有研究发现，细胞毒 T 淋巴细胞相关抗原 4 (cytotoxic T lymphocyte-associated antigen-4，CTLA-4) 单抗作为“免疫检查点”抑制剂在治疗肿瘤时依赖于肠道菌群，在肠道菌群缺失时无法产生有效的抗肿瘤疗效，肠道菌群可通过调节树突细胞的功能来调控 T 细胞介导的抗肿瘤免疫反应。免疫疗法是肿瘤治疗方法上的一大突破。近年来，关于粪菌移植治疗的话题热度不减，目前已有关于粪菌移植提高 PD-1/PD-L1 抑制剂治疗恶性黑素瘤效果的案例报道。将对“免疫治疗有反应”和“免疫治疗无反应”的患者肠道菌群移植到经过抗生素处理的小鼠体内后，前者对免疫治疗产生反应，后者则没有。如果要后者口服补充 Akkermansia muciniphila 菌，可以重塑免疫疗法的疗效，再次说明了肠道微生物与肿瘤免疫治疗的关联。在另一项随机对照试验中，口服补充冻干的活嗜酸乳杆菌可预防放疗和顺铂治疗的癌症患者的肠毒性，这反映了肠道菌在抗肿瘤治疗中辅助作用。此外，临床研究显示，补充益生菌可能减少手术或化疗并发症发生，如严重腹泻和围术期感染等。

肠道微生物维持宿主免疫系统功能，在抗肿瘤药物治疗过程中发挥关键作用，通过干扰全身代谢、免疫系统和炎症来影响抗肿瘤药物的治疗效果。越来越多的证据表明，抗肿瘤药物的治疗效果很大程度上取决于肠道菌群的平衡，影响肠道及肠道外组织对抗肿瘤药物治疗的反应。肠道菌群为预测抗肿瘤治疗反应的潜在的生物标志物，为肿瘤患者开发基于肠道菌群的营养干预和治疗策略提供了新思路。

(刘婉欣　周川人　黄启友　姚　菲)

第二章

人体微生态研究方法

现代科学技术的不断发展推动了微生物学检测技术的极大进步，使得微生态方法学研究越来越深入，从定性和定量方面都发生了质的突破，从依赖培养、直接观察等传统生物学研究方法逐步过渡到基因组学、代谢组学、转录组学、高通量测序、基因芯片及基因工程技术等，大大促进了微生态领域研究范围的扩展和研究深度的深入。

第一节 直接测定

通过采集各个部位的样本，借助普通光学显微镜、电镜及免疫电镜等直接观察微生物菌群在生境中的分布、形态等，是微生态学研究的基本方法，该方法受标本质量影响较大，主观性较强，与观察者经验息息相关。

一、取样方法

根据微生态学检测的“定位、定性、定量”三定标准，研究和检测的生境不同，必须对不同的生境采用不同的标本采集方法。

（一）皮肤

根据部位不同，皮肤可划分为不同生境，即毛发、毛囊、汗腺、皮脂腺，采样时根据具体情况选择刮取、擦拭或吸附三种采样方法。

（二）口腔

口腔可划分为舌、齿、颊、齿龈、咽和喉等不同具体部位进行定位取样。同一部位又可划分为不同生境，如舌的舌面、舌背、舌根、舌缘和舌尖等，它们可用棉拭子、灭菌滤纸条或 Newman 氏带充气导管的藻酸钙倒刺钩，或 morse 活动尖锐的利器采集标本，导管中冲入纯 CO_2 气体，标本采集后退回外套管取出，以免口腔其他部位菌群污染。

（三）呼吸道

呼吸道分为上、中、下三段，可采用不同的采样方法，包括直接漱口后取咳痰标本、咽拭子刮取采样、显微支气管镜灌洗取样、胸腔穿刺用注射器抽取采样等。

（四）消化道

消化道可经鼻或经口导管法取样，也可通过胃镜、肠镜采集样本，留置胃管者可取胃肠液直接检测，也可通过一个由无线电遥控的多阀门探测体吞服后于不同肠段取样，对肠道微生态的研究，去粪便标本即可。

（五）泌尿道

泌尿道可分为上、中、下三段，可取清洁中段尿，留置导尿管者可通过导尿管采集标本，亦可通过耻骨联合上穿刺取样。

（六）阴道

阴道是一个大的微生态系，可分为上、中、下三段，每段又分为不同的部位，其微生态区系均各不相同，可采用直接刮取分泌物法、冲洗法和吸附法采集标本。

二、直接观察法

获取样本后可采用悬滴法或压片法直接涂片或经过染色后借助各种显微镜进行镜检。

（一）明视野显微镜

明视野显微镜属于老式光学显微镜，迄今仍是普通显微镜观察的重要工具，对微生物学的发展做出了重要贡献。

（二）暗视野显微镜

暗视野显微镜也是一种普通光学显微镜，通过聚光镜，直射光不能完全进入物镜，而以斜射光线照射标本，通过标本发出的散射光再进入物镜，这样就能在暗视野中见到明亮的物象。其与明视野显微镜的区别在于光线照射的方向不同，可以观察到一些在明视野显微镜无法分辨的质粒和细胞，广泛应用于观察各种螺旋体等微小能动的菌细胞。

（三）相差显微镜

相差显微镜具有一个特殊的由环状光圈与聚光镜组成的转盘聚光镜和具有相板的相差物镜，可以把肉眼不能分辨的光波的相位差转为肉眼能分辨的振幅差，从而观察到细胞内部的结构，并具有立体感，这是相差显微镜与暗视野显微镜的区别，暗视野显微镜看不清楚细胞内部结构。

（四）荧光显微镜

荧光显微镜与普通光学显微镜的不同之处在于其光源为紫外光，在光源与聚光镜之间有一套滤光片，而在目镜前或后有一个黄色屏障滤光片，其只让激发的荧光通过而不让紫外线通过，因此对眼睛有保护作用。荧光显微镜用于观察能发荧光的标本，不管是天然自带荧光或经过荧光染料处理，其可直接在生境中鉴定微生物、计算总菌数并判断其活性。

（五）电子显微镜

电子显微镜包括透射电子显微镜和扫描电子显微镜，电镜是唯一有效的观察微生物之间及微生物菌群与宿主之间关系的方法，电镜照片可反映微生物细胞与宿主细胞黏附、物质代谢及能力交换。

（六）免疫电子显微技术

免疫电子显微技术应用标注抗体检测抗原，在电镜下可见到标记物，从而可定位相应抗原并观察其微细结构，这是一种使抗原在分子水平上定位的技术。

三、培养法

对人和动物各个部位的菌群研究发现，大部分部位的菌群为厌氧菌，在微生态研究中应用较多的培养方法包括厌氧培养法、连续流动培养法、发酵培养法、富集培养法、纯培养法等。

（一）厌氧培养法

在培养厌氧性微生物时，需要采用厌氧培养法，可以通过高层琼脂柱、凡士林隔绝空气、添加还原剂吸氧、Buchner 法、Zinsser 法、黄磷法、氧气置换法、与需氧菌或新鲜植物共同培养等方法在培养基内创造欠氧、无氧环境，从而实现厌氧菌培养。

（二）发酵培养法

发酵培养法是指通过发酵设备，采用种子培养物和发酵培养基、控制温度、pH 值、泡沫、溶解氧等发酵条件进行发酵培养，其技术指标包括容量产率、得率和产物浓度，最常用于微生物的大规模培养。

（三）连续流动培养法

在自然界，微生物都生长在开放系统中，而非封闭环境中，因此在微生态学研究中，为了最大限度地模拟自然生态系中微生物的生长环境，从而保证结论的可靠性，我们希望培养物长期保持在恒定环境中，连续流动培养法应运而生，其装置包括恒化器，控制的要素主要是流速和限定养料，该方法适用于希望提供低生长速率的细胞。

第二节　分子生物学研究方法

传统的微生态学研究方法存在诸多无法克服的缺陷，比如传统培养方法的局限性在于培养过程费时费力，易受操作方法的影响，敏感度低，大多数微生物很难或不能用现有的技术分离培养；培养技术只能定性检测可培养的细菌，不能鉴定未知的细菌，不能正确地反映微生物群体的数量和多样性，使人类不能全面了解微生物之间和与宿主的相互关系，阻碍了人类对微生物的认识。近年来，随着分子生物学技术的迅猛发展，分子生物学技术在微生态学中的应用也日益广泛，其特点是能够快速获得微生物种群定性、定量数据，这使得微生态学现有的研究范围得以进一步扩展。目前在微生物多样性研究方面应用较多的方法包括变性梯度凝胶电泳（denaturing gradient gel electrophoresis，DGGE）、末端限制性片段长度多态性（terminal-restriction fragmentlength polymorphism，T-RFLP）、荧光原位杂交技术（fluorescence in situ hybridization，FISH）和实时荧光定量 PCR（real-timequantitative PCR，RT-qPCR）技术。16S rDNA 是编码 16S rRNA 的基因组 DNA，是目前微生物生态学研究中已经广泛使用的“生物标记”，以 16S rRNA 基因为基础的 DGGE 技术能够快速准确地鉴定在自然环境或人工环境中的微生物种群，并进行复杂微生物群结构演替规律研究，以及生物种群的动态分析。特别是近几年来国内外学者采用不同的分子生物学方法对细菌的 16S rRNA 进行研究，已经得到了广泛的 16S rRNA 序列数据库，为我们进行微生态的研究提供了基础。

一、DGGE

DGGE 是一种常用的 16S rRNA 基因指纹技术，原理是使用 1 对通用引物扩增微生物群落的 16S rRNA 基因，产生长度相等但序列有异的 DNA 片段混合物，而在碱基序列上存在差异的不同 DNA 双链，解链时需要不同的变性剂浓度或不同的温度，将扩增得到的等长 DNA 片段加到含有变性剂梯度或温度梯度的凝胶中进行电泳，序列不同的 DNA 片段会在各自相应的浓度或温度下变性，发生空间构型的变化，停留在相应的浓度或温度梯度位置，染色后可在凝胶上呈现分开的条带。DGGE 带谱中每一条带可能代表一个不同的微生物种系型，电泳带谱中条带的数量即反映了环境微生物群落中优势类群的数量。DGGE 技术具有分辨率高、重复性好、快速并且可以同时分析多个样本等特点，可以直观地给出物种丰度的视觉差别，其操作过程与常见的单链构象多态性（SSCP）相似，但实验条件更易于控制，操作也更方便。当然，该技术也存在一定的局限性：DNA 片段最适合的长度为 200～900 bp，超出此范围的片段难以检测；PCR 扩增所需 G-C 碱基对含量至少达 40%，最低能检测到占菌群总细菌数 1%的细菌，提示只有微生态系统中的相对优势菌才能被检测到，对于菌落中较少的细菌种群检测灵敏度较差，信息量不尽如人意，且无法进行定量分析。此外，该技术往往需要结合杂交技术或核酸直接测序分析来获取更详尽的菌种信息。

二、T-RFLP

T-RFLP 分析是一种利用限制性酶切片段长度差异来检测生物个体之间差异的分子标记技术。通过 PCR 扩增 16S rRNA 基因，再将扩增产物经限制性内切酶消化，消化后的样品进行琼脂糖凝胶或聚丙烯酰胺凝胶电泳分析，存在核酸序列差异的不同种群微生物的 PCR 产物其酶切片段的数量和大小各不相同，于是电泳图谱呈现多态性。RFLP 的精确性高，比 16S rRNA 基因库简便易行，可以检测微生物群落中较少的种群，灵敏度比 DGGE 高，且重复性好，比较适合进行微生物群落结构的动态变化研究，但其操作烦琐，检测周期长，成本高昂，数据分析及偏倚纠正的难度较大，且片段回收困难，对群落进行准确的测序鉴定亦较困难，因此其更广泛的应用受到了限制。

三、FISH

FISH 是 20 世纪 80 年代末在放射性原位杂交技术基础上发展起来的一种非放射性分子细胞遗传学技术，是将用荧光标记的核酸探针与细胞或染色体中 DNA、RNA 进行碱基互补杂交，继而通过荧光信号的检测，对细菌特异 DNA 或 RNA 序列在染色体上进行定位、定性、相对定量的检测和分析。FISH 能够快速地分析菌斑、细菌的分布情况，为不同部位微生物流行病的调查提供了新的手段，但 FISH 只能检测环境中的优势菌群，不足以全面展示微观世界，具有一定的局限性。

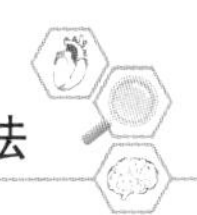

四、RT-qPCR

RT-qPCR 是在传统的聚合酶链反应的基础上，于 1996 年推出的一种新型定量试验技术，它通过荧光标记特异性探针，对 PCR 产物进行标记跟踪，实时在线监控反应过程，结合相应的软件可以对产物进行分析，计算待测样品的初始浓度，目前该技术已被广泛地应用于微生态的研究，该技术是对微生态中的已知细菌进行检测，只能用来检测事先估计到其存在、已知其目标基因序列并为之设计好引物的类群，无法对环境中细菌的多样性进行分析。如果对可能存在的微生物缺乏了解，则会严重影响微生物群落多样性的系统评价。

第三节　高通量测序技术

高通量测序技术又称新一代或第二代测序技术，是利用细菌的 16S rRNA 具有保守序列和特异序列的特点进行测序，以边合成边测序为原理，可以一次性对几十万至几百万条 DNA 分子进行序列测定，该方法可以检测已知甚至未知的微生物种类，也可以检测到低丰度的细菌，进而可以全面、系统地通过 α-多样性和 β-多样性进行组内和组间的多样性分析，因此能更全面反映微生物群体的物种组成、分布及丰度信息，结果也更精确。2005 年，新一代高通量测序技术的应用为微生物组的深入研究提供了新的契机，使宏基因组研究成为可能。

一、宏基因组学

人体有两个基因组，一个遗传父母的人基因组，编码大约 2.5 万个基因；另一个是出生以后才进入人体的，多达上千种的共生微生物，该遗传信息的总和叫“微生物组”，也称为“元基因组”或“宏基因组”。1998 年，Handelsman 等人提出了宏基因组的概念，其最初含义是土壤微生物区系中全部遗传物质的总和，目前一般指自然环境中全部微生物基因组的总和，不仅包含可培养的微生物基因，又包含不能培养的微生物基因。宏基因组学技术是一种不依赖于人工培养的微生物基因组分析技术，能够对微生态中全部微生物基因组进行测序分析，通过分析微生物的全部基因组，把它看作一个整体进行研究。构建宏基因组文库，以功能基因筛选和测序分析为研究手段，全面分析微生物多样性、种群结构、进化关系、功能活性、相互协作关系及与环境之间的关系，这被认为是微生物研究的革命性突破。2007 年美国国立卫生研究院（National Institutes of Health，NIH）正式启动的新基因工程——人类微生物组计划（human micmbiome proiect，HMP），将寄生于人体的大量共生菌群作为人体的第二基因组研究。

目前，宏基因组技术所采取的测序战略可分为两类，一种是构建文库法，即先将 DNA 克隆至载体上，常用的载体根据片段大小不同可分为三类，即质粒、黏粒和细菌人工染色体，再将载体转化到宿主细胞内构建宏基因组文库，最后对文库进行筛选，获得具有生物活性的物质或微生物遗传信息。它是采用未培养技术，通过分子生物学手段，绕过对微生物进行菌种分离纯培养这一步骤，直接对环境中的微生物基因资源进行研究和开发的一种方法。以环境样品中的微生物群体基因组为研究对象，以功能基因筛选和/或测序分析为研究手段，以微生物多样性、种群结构、进化关系、功能活性、相互协作关系及与环境之间的关系为研究目的的新的微生物研究方法。

宏基因组测序技术可以发现基因差异和微生物差异代谢途径，也可以对特定的基因进行检查。通过对特定基因的宏观分析，可以更好地研究某些关键基因在不同疾病和不同区域间的差异，并且可以寻找关键功能性基因。目前该技术已经在人体微生态的多个领域得到广泛应用。如构建人体微生态的基因集，研究特异性的微生物耐药基因，以及利用该技术研究肥胖、炎症性肠病、糖尿病、肝硬化、结肠癌等疾病，探索这些感染性疾病在发病过程中的微生态特征。利用宏基因组技术为很多疾病提供了微生物标记物，这对于疾病的早期诊断和预防具有重要的临床意义。目前，该技术在肠道微生态中得到广泛应用。

与 16S rRNA 测序技术相比，宏基因组测序具有很多优点。不同于前者属于标记基因分析，测序分析的仅仅是细菌 DNA 中的某些片段（可变区 V1～V9），引物和可变区的选择对结果影响较大。宏基因组测序分析的是细菌的全基因组，不需要进行 PCR 扩增，不会产生扩增偏好性，不仅能获得数量更多的细菌信息，鉴定分辨率还可达菌种，甚至菌株水平，准确性更高，有利于进一步基于菌株研究的设计和开展，补充了 16S rRNA 测序法获得细菌多样性不够、对细菌鉴定只能精确到属、对种水平细菌的鉴定仍然不够完善的缺点。但也存在成本相对较高，样品制备和分析较复杂；来自宿主和细胞器的 DNA 污染可能会掩盖微生物的特征；病毒和质粒通常无法自动化注释；测序通量高；由于受组装影响，平均群体微生物基因组往往不准确等缺点。近年来，人体微生物宏基因组发展迅速，将宏基因组学的方法应用于解析人类共生微生物与人体健康的关系，由多个国家参与的国际人类微生物组联盟（IHMC）于 2008 年 10 月在德国海德堡宣布成立。

二、代谢组学

人体产生的代谢产物分两类，一类是由人体本身细胞代谢产生的，另一类是由人体和微生物共同代谢产生的。例如，血液和尿液样本主要反映宿主的代谢，粪液主要反映了肠道微生态菌群的代谢。TweeddaIe 等最早提出了代谢组的概念，把它定义为“一个细胞中代谢物的总和”，并且从代谢组的角度研究了大肠杆菌的代谢变化。代谢组学是一门系统性研究动态进程中的内源性小分子代谢物（＜1 000 Da）变化规律的学科，属于系统生物学的一部分，是 20 世纪 90 年代中期继基因组学、转录组学和蛋白质组学之后迅速发展起来的，是研究代谢组在新陈代谢某一时刻的变化规律的一门学科，其是对生物体内所有代谢物进行定量分析，并寻找代谢物与生理病理变化的相对关系的研究方式，其研究对象大都是小分子物质，主要技术手段是核磁共振、质谱、色谱及色谱-质谱联用技术，采用多变量统计，利用高通量、高灵敏度和高精度的现代分析技术，对细胞、有机体分泌出来的代谢物的整体组成进行动态跟踪分析，来研究生物体系的代谢途径，解析被研究对象的生理、病理状态下及其与外界环境因子、基因组成等的关系。代谢组学可以分析菌群代谢能力对疾病的影响。

三、宏蛋白质组学

2004 年，Rodriguez-Valera 根据宏基因组学的概念提出了宏蛋白质组，或称元蛋白质组学，指环境混合微生物群落中所有生物的蛋白质组总和。宏蛋白质组学是在特定时间，通过质谱法来检测环境微生物群完整的蛋白质组成，其可以将菌群蛋白的差异表达与菌群功能联系起来，以达到预测菌群功能差异的作用。虽然宏基因组学可以提供大量微生物群的功能信息，但是这些基于基因组的方法仅能预测潜在的功能。宏蛋白质组学可以直接说明菌群的功能，其检测出的一些特异的蛋白质可以作为疾病诊断、预后和治疗的生物标志物。但是宏蛋白质组学对于一些低丰度蛋白质的检测能力有限，也容易受到饮食等其他因素的干扰。宏蛋白质组的研究策略和经典的蛋白质组研究策略相似，一般包括环境总蛋白质提取纯化、蛋白质分离及鉴定和数据对比处理 3 个步骤。环境总蛋白质提取纯化一般是以经典的生物化学、细胞生物学和分子生物学技术为基础；蛋白质分离一般采取凝胶的（如 2D 电泳）或非凝胶的（如液相色谱）方法，蛋白质鉴定一般采取各种质谱分析方法；最后的蛋白质数据对比则以生物信息学为基础，获取和分析全面的蛋白质系统发育起源和功能信息。

四、基因芯片技术

基因芯片，又称 DNA 微阵列，是指按照预定位置固定在固相载体上很小面积内的千万个核酸分子所组成的微点阵阵列。该技术方法在 1991 年的美国《科学》杂志上被首次提出，具有高速度、高通量、集约化和低成本的特点，该技术是采用光导原位合成或微量点样等方法将大量 DNA 探针如基因、PCR 产物、人工合成的寡核苷酸等有序地固定在载体表面，形成储存有大量信息的高密度 DNA 微阵列。该微阵列与标记的核酸样品杂交后能快速、准确、高效、大规模地获取样品核酸序列信息，减少了传统 PCR 扩增中可能出现的偏移和误差，并能够节省大量的试剂和仪器损耗，被认为是研究微生态群落结构、病原菌流行病学调查、监测不同状态下宿主微生态结构的一种重要方法。最初该技术是用来检测生长细胞中某些基因的表达，随后发现该技术也用于各种生态系统中菌群研究。在医学方面该技术也已被广泛用于致病菌的鉴定。根据固定在芯片载体上的核酸分子的不同，基因芯片可以分为 cDNA 芯片和寡核苷酸芯片等。基因芯片技术最关键的两个问题是探针的特异性和定量信号的灵敏性，为了解决这些问题，Chandler 等构建出一个能有效克服二级、三级结构影响的双探针体系，能有效防止空间结构（碱基堆积）对杂交的影响，并且显著提高单碱基错配的鉴别能力。Busti 等设计了一种特异性的连接酶检测反应探针，其中每一对探针由鉴别寡核酸探针和通用探针组成，该方法能有效地分辨各菌种间单个碱基的差别。基因芯片技术的应用前景取决于微生物基因组资料的完整性，需要构建可靠的数据库以保证基因表达芯片的设计和检测。大量数据和信息资料的统计学分析也增加了基因芯片技术研究的难度。

五、悉生生物学

悉生生物学是 1945 年 Reynier 为了概括无菌动物的研究而提出的一个替代性术语，是用无菌动物的技术研究微生物与其宿主相互关系的生命科学，或是在科学研究与临床医学中应用悉生动物的学科，主要是一门方法学。悉生动物（gnotobiote，GN）是一切生命形态都知道的实验动物。依据实验动物的微生物状态而将实验动物分为无菌动物、悉生动物、无特定病原动物、清洁动物和普通动物。悉生动物来源于无菌动物，根据接种的已知菌数目可分为单联、双联、多联悉生动物。悉生生物学的发展和动物无菌技术的完善与广泛应用密不可分。从 1895 年 Nuttal and Thierfelder 开始尝试培育无菌豚鼠，到 1945 年 Reynier 成功培育无菌大鼠，直至近年来 Trexler 耐高压灭菌的薄膜塑料动物室的研制，随着现代科学技术的进步，动物无菌技术不断完善，从而促进了悉生生物学的发展，一方面，悉生动物种群在不断扩大；另一方面，用于人工感染的已知菌群的变更也导致了悉生动物模型种类的多样化。

悉生动物实验的优势在于可将无菌动物的生理功能与进行单菌或特定菌群人工感染后的已知菌动物的生理功能进行比较分析，以研究宿主与细菌之间、细菌与细菌之间及细菌与宿主和环境之间的相互关系和相互作用。悉生动物学方法是目前最为有效的微生态学研究方法，它的出现对微生态学的崛起与发展产生了划时代的影响。以悉生动物研究正常微生物的菌际关系，可以将各种菌群分离开来，独立地分析其各自的地位和作用，但也存在局限性。在动物微生态学中，可分为不同层次的个体、种群、群落和生态系，上一个层次与下一个层次的关系不是简单的相加，而是质的飞跃，因此对悉生动物模型所得出的结论可能与普通动物模型相互矛盾甚至完全相反，应谨慎对待。

利用悉生生物学这一传统技术研究微生态系统如何形成和维持，是现代科学家所面临的机遇和挑战。现在，我们可以培育微生物背景明确的悉生动物，可以利用分子生物学技术对宿主肠上皮细胞及其相关免疫系统、肠道细菌进行遗传改造。因此，悉生生物学与分子生物学的联合应用将使我们对微生态学有更深层次的认识，从而指导我们研制出新药和微生态制剂以防治感染和免疫紊乱性疾病。

（李旭绵）

第三章

人体微生态平衡及失调

机体内的微生态系统是正常微生物与宿主和环境相互依赖、相互作用的统一整体。微生物群体与宿主长期的相互选择和共同进化在彼此间形成相互依存、相互制约的动态稳定的生理性平衡，我们称之为微生态平衡。微生态平衡是宏观生态平衡的延续，是微观层次的生态平衡。微生态平衡是人体健康的基础，如果微生态平衡在外环境的影响下发生变化，正常微生物群体之间、正常微生物与宿主之间的生理性组合变化为病理性组合，以及形成微生态失调，其后果就会导致疾病发生。微生态的平衡和失调是可逆性的，在一定条件下可以互相转化。正确认识微生态平衡可以才可以了解微生态失调，才能采取适当的措施将微生态失调恢复到平衡状态，从而达到治疗疾病的目的。

第一节　微生态平衡的概念

微生态平衡的认识是一个逐步的过程。初期研究者只是从微生物本身来看待微生态平衡，随着现代科学技术的发展，人们对微生态平衡的认识已从简单的微生物学进入到微生物与宿主之间相互关系的崭新阶段。目前阶段主要通过微生物与宿主统一体的生态平衡来研究微生物与微生物、微生物与宿主、微生物与宿主及外环境的生态平衡问题。我国微生态学奠基人康白教授提出："微生态平衡是长期历史进化过程中形成的正常微生物群与其宿主在不同发育阶段的动态的生理性组合，这个组合是指在共同宏观环境条件影响下，正常微生物群各级生态组合结构与其宿主体内、体表相应的生态空间结构正常的相互作用的生理性统一体。这个统一体的内部结构和存在状态就是微生态平衡。"

一、微生态平衡的特点

（一）微生态平衡是具体的平衡

不同种属、不同年龄、不同发育阶段、不同生态空间都有特定的微生态平衡。不同生物在不同的时期都有特定内容的生理性组合状态，即微生态平衡。人的一生随着年龄变化体内各器官的菌群不断发生变化，无论是新生儿期、发育期、成年期与老年期体内器官的菌群都会有特定的生理性组合状态。

（二）微生态平衡是动态的平衡

微生态系统始终处于不断变化的状态，但在一定阶段微生态存在相对的均衡和稳定性。这种平衡在宿主免疫、营养、代谢、精神、理化、生物等因素影响下暂时被打破时，新的平衡又会建立，这样周而复始地进行自我调节，这种相对稳定又不断变化的平衡是生态系统运动的特点，这是由生物物种的多样性和生物变异的无限潜能决定的。这种在生理范围内不断波动的生态平衡是有利于宿主健康的。

（三）微生态平衡是生物的生理性过程

微生态平衡的过程是以宏观环境为条件，微生物与宿主相互作用的结果。宿主在不同时期处在不同的生理状态，但是仍然处于生理性微生态平衡状态。生态系统的变化过程中总是适应具体条件、自然趋于平衡的趋势，在这个过程中环境因素很重要，只有适应环境因素的变化，微生物与宿主才能处于生理性组合状态，才能达到微生态平衡。

（四）微生态平衡不是孤立的平衡

微生态平衡与总微生态系、大微生态系或微生态系互相联系。局部微生态平衡受总体微生态系平衡影响，总体生态平衡又由各局部生态平衡构成。因此任何一个微生态平衡都应该综合、全面、相互联系地进行分析和判断。生态系统的每一个组成部分对整体都能发生反馈作用，这样的反馈作用既有正反馈又有负反馈，这种反馈作用引起生态系统的自我调节，使系统各组成部分此消彼长达到一个动态平衡状态，当然这种调节能力是有一定范围的，如果超出了这个范围就会出现微生态失调。生态系统的自我调节能力大小决定于成分的多样性：成分多样性的系统网络关系更复杂、运转途径更多、生物拮抗方式更多，单一或少数途径的破坏对整个系统不会造成根本性影响；相反成分单一的系统，作用途径和方式简单，少数途径的破坏就会对整个系统造成巨大影响。因此系统的多样性决定系统的稳定性。

二、微生态平衡的标准

微生态平衡是指各级生态组织与其相应的生态空间的相互制约、相互依赖的动态微生态平衡状态。微生态平衡标准包括微生物和宿主两个方面。

（一）微生物方面

微生态平衡在微生物方面的具体标准包括定性、定量和定位三个方面。这三个方面不是孤立的，是一个事物在三个方面的反映。

1. 定位标准

定位是指微生物存在的生态空间的检查。对正常微生物群的检查，首先要确定检查的位置。同一种群在原位是原籍菌，离开原位就是外籍菌。原籍菌和外籍菌在生物学上是一致的，但在生态学是不同的。原籍菌在原位是有益的，离开了原位变成了外籍菌就可能是有害的。因此微生态平衡的标准首先是定位检查结果。定位标准非常重要，但实际很难获得可靠的定位标准信息。直接利用人体进行研究可能存在许多障碍，把人体菌群移植到与人的解剖和生理特性相似的动物体内可以构建与人体相近的菌群模型，这种模型有利于深入研究微生物、微生物与宿主的相互关系。

2. 定性标准

定性是指对微生物群落中各种群的分离鉴定，即确定种群的种类。定性检查包括微生

物群落中所有成员，包括原虫、细菌、真菌、支原体、衣原体、立克次体、螺旋体、病毒等。对正常菌群的研究方法主要有微生物学方法和分子生物学方法。近年来分子生物学技术的应用对于正常菌群的研究产生了巨大的增益效果。

3. 定量标准

定量是指对生态环境中总菌数和各种菌群的活菌数的检查。定量检查是微生态学的关键技术，没有定量检查就没有现代微生态学。从定性角度上看，很多微生物到处可见没有什么意义，如果进行定量检测就可以确定其意义了。微生态环境中正常微生物在某些因素的影响下，其数量会发生改变，特别是优势菌数量发生改变超过一定范围就会引起宿主发病。优势菌常常是微生物群生态平衡的核心因素。定量检查是确定原籍菌和外籍菌的重要方法之一。

（二）宿主方面

微生态平衡的标准与宿主的不同发育阶段和生理功能相适应，这是微生态平衡的生理波动。不同种群都存在年龄的生理波动，因此确定微生态平衡标准时必须考虑年龄的特点。宿主的生理功能都伴随着生态平衡变化。人类不同生理功能阶段都有正常微生物种群的变化。其他如宿主的饮食习惯、所处环境、身心健康状态等诸多因素都会影响宿主的微生态平衡状态。

（三）微生态平衡标准的评价

微生态平衡标准需要各方面综合评价，评价时应综合考虑以下方面。

1. 对正常值的评价

微生态平衡的正常值受许多条件限制，没有限制的正常值是不存在的。正常值的限制因素主要有宿主因素、微生物因素、方法因素。宿主因素包括宿主的发育因素与生理功能等，不同年龄和不同生理阶段，正常菌群的正常值是不同的。微生物因素包括微生物的初级演替、次级演替、易位和易主。仔细分析这些因素，确定这些变化哪些是生理性波动，哪些是病理性波动，生理性波动和病理性波动是交叉的，分析这些指标时要从宿主、外环境和微生物三者相互作用综合考虑。随着分子生物学技术的飞速发展各种现代分析技术和计算机技术的广泛使用，对微生物化学成分及其相关成分的研究可以定性和定量，定序和定位也成为可能。

2. 对宿主因素的评价

宿主的年龄、生理状态、病理状态及宿主对外环境的适应性都应考虑在微生态平衡的标准条件内。

3. 微生态平衡的影响因素

微生态平衡的影响因素主要是环境、宿主与微生物三个方面。这三种因素是综合的，相互联系的。

在环境因素的影响下，宿主与微生物保持相对稳定的动态微生态平衡。所有生物都是与环境的对立统一体，在宿主与环境的关系中，正常微生物作为宿主的组成成分，与环境保持了动态的微生态平衡，在这个平衡中，正常微生物构成了宿主疾病与健康转化的重要因素，微生态的平衡受宿主的直接影响，同时还受环境等因素的综合影响。宿主对正常微生物的影响是直接的、主要的，两者之间的影响是相互的；环境对正常微生物的影响是间接的、次要的、单方面的。

宿主、正常微生物、外环境构成一个微生态系统。正常情况下，这个系统维持动态平衡状态，这种平衡状态对宿主有利，能辅助宿主进行某些生理过程，同时这种状态对寄居的微生物也有利，能使之保持一定的微生物群落组合，维持其生长、繁殖。在微生态系统内的微群落中少数优势菌群对整个群落起决定作用，这些优势群落对整个群落起控制作用，一旦因为某些原因失去优势种群，微生物种群就会解体，微生态平衡就会被打破，就会出现微生态失调。

越来越多的研究表明，人体的生理代谢和生长发育除了受自身基因控制外，人体内共生的大量微生物的遗传信息也发挥着重要作用，它们所编码的基因数量是人体自身基因的50～100倍，相当于人体的第二个基因组，这些正常菌群，对人体的免疫、营养、新陈代谢起着重要作用。一方面，人体的健康状况发生变化，体内存在的微生物组成就会发生变化；另一方面，体内的微生物组成发生变化也会导致人体健康发生变化，所以人体内微生物的组成可以真实准确地反映人体的健康状况。

正常微生物的组成与数量，不同种属有明显的不同，不同个体也有不同。这不是偶然的，是受客观规律支配的。不同种属、同种属不同个体、同个体不同微生态空间都有差别。最新的研究发现正常微生态群落的微生态平衡可能受宿主遗传性控制。

对微生态平衡与人类疾病的关系进行研究，有利于不断改善对疾病的治疗方法。

三、保持微生态平衡对人类健康的意义

（一）人体健康的标准

健康是指人在肉体、精神和社会等方面都处于良好的状态，包含身体健康和心理健康。世界卫生组织提出“健康不仅躯体没有疾病，而且要具备心理健康、社会适应良好和道德健康”。据此世卫组织制定了健康的十条标准：①充沛的精力，能从容不迫地负担日常生活和繁重的工作而不感到过分紧张和疲劳；②处事乐观，态度积极，乐于承担责任，事无大小，不挑剔；③善于休息，睡眠好；④应变能力强，适应外界环境的各种变化；⑤能够抵御一般感冒和传染病；⑥体重适当，身体匀称，站立时头肩位置协调；⑦眼睛明亮，反应敏捷，眼睑不发炎；⑧牙齿清洁，无龋齿，不挑剔，牙颜色正常，无出血现象；⑨头发有光泽，无头屑；⑩肌肉丰满，皮肤有弹性。

亚健康是指人体虽然没有器质性疾病，但出现免疫力下降、生理功能和活力降低、适应能力不同程度减退的生理状态，是处于健康和疾病之间的一种状态。

（二）微生态平衡在人体健康中的作用

人从出生开始就处于微生物的包围中，这些微生物大部分与人体细胞密切接触，有物质、能量、信息的交流，对人体的营养、生长发育、生物拮抗、免疫等方面起到了重要作用，人和微生物这种平衡关系是人体在长期进化过程中与微生物相互适应的结果，是一种

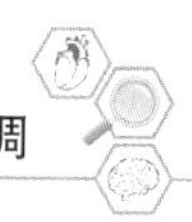

不能脱离的终身伴侣关系，在微环境中，人和微生物相互依赖、相互制约。微生态对于人类机体健康具有重要作用。我们在研究疾病本质时发现，无论物理、化学、生物引起的微生态失调都会产生各种疾病。造成亚健康状态的原因是多方面的，如压力过大、身心状态失衡、饮食结构不合理、饮食习惯不健康、作息没规律、生活方式不科学、情感生活质量下降、人际关系紧张、环境污染等。但是专家研究认为肠道微生态失调是造成亚健康状态的主要原因，总之微生态平衡是人体健康的基础。

（三）保持微生态平衡的意义

微生态平衡与人体健康关系密切，体内的微生态平衡被打破可能引起各种疾病，同时降低机体免疫力。环境污染也会影响人体微生态健康。外环境发生变化时，由外而内，人体抵抗外来致病菌的能力就会减弱。水、大气、食物被污染时，其含有的有害菌会影响人体正常微生物群落，尤其是食物的污染对微生态的影响最大。如何保持微生态平衡是目前研究的重点问题。数据提示现代社会95%的人群处于亚健康状态，他们体内的微生态已经失调了。但是这种失调是可以逆转的，通过一定的手段这种失调可以恢复平衡状态。如何通过有效的手段保持微生态平衡以维持人体健康状态是今后微生态学的研究方向。

第二节　微生态的失调

机体内的微生物种群间及微生物与宿主保持着动态的生理平衡。在某些外环境的刺激下，这种平衡遭到破坏或发生紊乱，这就是微生态失调。机体的微生态失调包含多方面失衡，包括微生物与微生物之间的失调、微生物与宿主的失调、微生物与宿主统一体与外界环境的失调。当这种失调发生时，机体由健康状态转化为疾病状态。

一、微生态失调的概念

正常条件下，微生态系统中的微生物之间、微生物与宿主、微生物与环境间结构合理，功能协调，处于稳定有效的平衡状态。微生态平衡在自然条件下自我形成，在受到干扰时可以通过自我调节重建平衡，但是在干扰超过其自我调节限度时就会出现微生态失调。正常微生物由微生态平衡向微生态失调的转化条件基本上是外环境的变化，与宿主的生理功能与病理功能密切相关。微生态平衡时，可以保证宿主正常的生理功能，微生态失调时可以导致各种病理状态的发展。

二、微生态失调的分类

微生态失调可分为菌群失调、定位转移、血行感染、易位病灶和宿主转换。

（一）菌群失调

菌群失调是最常见的一种微生态失调形式。它是指在微生态环境内正常菌群发生定量或定性的异常变化。特别是常居菌群的数量和密度下降，过路菌群和环境菌的数量和密度升高。因为菌群失调主要表现在菌群量上的变化，故又称菌群比例失调。

菌群失调通常分为三度。

一度失调：又称潜伏性菌群失调，具有可逆性，临床上没有症状或仅有轻微症状。是指在外环境因素、宿主患病或医疗措施造成的暂时性正常微生物群的种类和数量的失调。当失调的因素除去后，便可恢复正常。如应用某些抗生素，往往抑制了这部分细菌，又促进另一部分细菌生长，像临床上用抗生素后消化道菌群紊乱，出现胃肠不适，甚至轻度腹泻，停药后即逐渐恢复。一度失调如不及时处理和治疗，则可能进展为二度甚至三度失调。

二度失调：又称局限性菌群失调，不可逆。是指在将失调诱发原因除去后，失调状态仍不能恢复，菌群的生理性波动转变为病理性波动。在临床上多表现为慢性疾病，如慢性肠炎、便秘、慢性肾盂肾炎、慢性口腔炎、咽喉炎、牙周炎、阴道炎等，但通常还有采取补救措施的余地。

三度失调：又称菌群交替症或二重感染。表现为正常菌群被抑制，而代之以条件致病菌或耐药菌的大量繁殖，如金黄色葡萄球菌、变形杆菌、绿脓杆菌、白色念珠菌、肺炎杆菌及大肠杆菌等，可导致严重的口腔溃疡、鹅口疮、肺炎、伪膜性肠炎、尿路感染、菌血症、败血症等。二重感染其诱发原因主要是大量广谱抗生素的使用，其致病菌多为多重耐药菌，此时病情凶险，病死率较高。一旦发生二重感染，应及时停用广谱抗生素，改用药敏试验取得敏感抗生素，同时应用微生态制剂，协助重建正常菌群，恢复微生态平衡。

（二）定位转移

定位转移又称菌群易位。主要表现在正常微生物群落离开了原籍生境，转移到外籍生境或本来无菌生存的部位。在原籍生境本来不制病的菌群转移到外籍生境时可能成为致病菌，导致临床疾病的发生。

根据转移方位的不同定位转移可分为横向转移与纵向转移。横向转移是指正常菌群由原来位置水平地向四周转移。如下消化道菌向上消化道转移、上呼吸道菌向下呼吸道转移、泌尿道菌转移到肾盂等，这些都属于横向转移。纵向转移是指正常菌群未向四周转移，而是由原位向其他层次转移。如口腔黏膜表层是需氧菌，中层是兼性厌氧菌，下层是厌氧菌，若上层细菌转移到深层，尽管没有比例失调也会引起疾病。如条件致病菌仅在体表时无症状与体征，进入上皮细胞就会表现出水肿与炎症；侵入淋巴组织、胸腺、骨髓、肝、脾时则表现为胸腺、淋巴结、脾、肝大，或细胞增多；一旦侵入关节、胸膜、心包膜、腹膜、脑膜、血管内皮系统时，将出现关节炎、胸膜炎、心包炎、脑膜炎等。

（三）血行感染

血行感染就是易位的微生物循血液运行而传播，实际上也是定位转移的一种形式。血行感染分为菌血症与脓毒血症（败血症）。菌血症比较常见，是指细菌局部入血后未在血液中生长繁殖，只是短暂的一过性或间断性侵入血循环，到达体内适宜部位再进行繁殖而致病。在健康人群中4%～10%的人有过一次菌血症。因此血行感染途径对正常菌群的定位转移具有主要意义。败血症是指致病菌由感染部位进入血液，并在血液中大量繁殖，通过血液扩散至宿主的其他组织或器官，产生新的化脓性病灶。

（四）易位病灶

易位病灶是指正常微生物因其他诱因所致在远隔的脏器或组织形成病灶，这种病例多与脓毒血症连续发生或同时发生。

（五）宿主转换

正常微生物通常在宿主特定的解剖部位定植，并在长期的生物进化过程中与宿主及内环境形成相对稳定的统一体或称生态链。不同种属的宿主都有其独特的正常微生物群，微生物一旦改变宿主就可能出现不适，从而相互发生斗争引起疾病。在新建立的宿主中微生物常常会引发大规模感染性疾病的暴发，在初流行时，发病率和死亡率较高，经过一段时间的流行，微生物与新宿主逐渐趋于新的平衡。宿主转换方式主要根据转换途径的不同分为虫媒方式和经口方式。自然界中的节肢动物体内存在着细菌、螺旋体、立克次体、病毒等微生物，这些微生物在节肢动物体内长期存在，并不致病，但这些节肢动物通过叮咬可将这些微生物传递给其他动物和人类，从而出现宿主转换引起疾病，这就是虫媒方式的宿主转换。还有一些通过食物链经口感染的人畜共患病，其致病微生物是通过食物链由一个宿主侵入另外一个宿主，这种宿主转换方式即为经口方式。

三、微生态失调的影响因素

健康宿主体内的正常微生物群落处于生态平衡状态，这是一个动态、开放的系统，敏感而复杂，任何破坏正常微生物群落平衡的因素都可能成为微生态失调的影响因素。这些因素包括宿主的器质性、功能性或精神上的变化，它们都会通过直接或间接地影响正常微生物群落的构成而导致微生态失调。

以下主要从宿主和外界环境等多方面介绍微生态失调的影响因素。

（一）生理及环境因素

1. 生理因素

健康妇女的阴道有自净功能，阴道中的正常菌群如唾液乳杆菌等可产生乳酸，使阴道酸碱度保持酸性，从而抑制其他细菌的生长。但由于内分泌（月经）、性生活、上环等生理性因素影响，这种防御功能一旦被破坏，某些条件致病微生物和滴虫可乘机过度繁殖，导致阴道内微生物总量迅速增加，出现细菌性、真菌性、滴虫性或非特异性阴道炎。

（1）环境压力。饥饿、情绪波动、生活压力等都会通过某种方式影响正常微生物群落的平衡。当人体情绪不稳定或愤怒时，肠道内菌群都会发生较大波动，工作紧张、长时间旅行、便秘等也可影响肠内菌群。

（2）食物变化。食物也是影响肠内微生态平衡的重要因素。如肉食性饮食可是肠内腐败菌增加，导致便秘、粪便气味难闻，而富含植物纤维的食品可一定程度上抑制有害菌的生长，有利于维持肠内微生态平衡。

2. 影响宿主免疫力的因素

（1）全身系统性疾病。机体患有慢性消耗性疾病，如肝硬化、结核病、糖尿病、风湿性疾病、肿瘤等，机体抵抗力普遍下降，易发生内源性感染。

（2）烧伤。烧伤患者高度易感，因为许多正常的防御功能如皮肤、黏膜、正常菌群及白细胞的活动均被破坏，铜绿假单胞菌、金黄色葡萄球菌、大肠埃希菌等人体正常菌群都会大量繁殖，引起疾病。

（3）放射治疗。人体接受放射治疗后，吞噬细胞的功能和数量均下降，淋巴屏障功能减弱，血清的非特异性杀菌作用消失或减少，免疫应答能力明显降低。而微生物对放射线的抵抗力明显大于宿主，照射后其耐药性提高，毒性增强，此消彼长，微生物和宿主的微生态平衡被破坏，微生物侵入组织和血液，引起各种疾病。

（4）激素的使用。皮质醇激素往往用于慢性系统性疾病患者，长期应用激素会抑制宿主免疫系统，导致一系列副作用，如条件致病菌感染、胃十二指肠溃疡、骨质疏松等。类固醇激素会为真菌提供营养，长期使用会造成严重真菌感染，损害肠壁，导致各种不适，如慢性疲劳、胃胀气、便秘、低血糖和月经不调等。

（5）抗肿瘤药物的使用。大部分抗肿瘤药物都能感染癌细胞内的核酸、蛋白质合成，或直接破坏癌细胞内 DNA，使癌细胞停止生长。但是这些抗肿瘤药物的特异性不强，对骨髓等生长旺盛的组织细胞也会产生抑制作用，也会损害宿主的防御功能，从而破坏机体的微生态平衡。

（6）外科手术。任何外科手术都会破坏宿主的正常生理结构，影响正常微生物群栖息的生境，引起微生态失调。

（7）抗生素的使用。抗生素出现在人类历史上具有划时代意义，但是抗生素的大量使用也是影响宿主微生态平衡的最主要和最常见的因素。抗生素影响的强弱取决于药物的抗菌谱和达到肠道内的药物浓度。抗生素对微生态平衡的影响主要包括两个方面：引起菌群失调，破坏微生态平衡；筛选出耐药菌，导致耐药菌播散。

四、微生态失调与疾病

微生态平衡与人体健康密切相关，正常菌群的存在对于人类抵抗各种疾病发挥着重要作用。微生态的失调和多种疾病都有直接和间接的关系，这些疾病主要为菌群失调引起的感染性疾病，此外随着对人体微生态的全面认识，现在认为微生态失调与许多全身系统性疾病的发生发展相关。微生态失调导致的相关疾病包括消化系统感染性疾病、口腔感染性疾病、呼吸道感染性疾病、生殖道感染性疾病、皮肤感染性疾病，还有代谢性疾病、过敏性疾病、肿瘤性疾病、神经心理性疾病等。纠正人体的微生态失调，将为以上多种疾病的治疗带来新的思路。

五、肠道微生态失调的综合防治

肠道微生态失调的防治原则主要包括：①积极治疗原发病，纠正可能的诱发因素，并减少使用、慎用引起肠道微生态失调的药物（制酸剂、免疫抑制剂、抗生素等），同时关注引起微生态失调的情况，处理好放射化学治疗、各种创伤、围手术期的治疗工作，防止肠道微生态失调的发生。②调整机体的免疫功能和营养不良状态。对不能进食患者，肠道内营养、鼻饲对保持肠道微生态平衡十分重要，尽可能减少肠外营养，使用肠内营养对维

持肠道微生态平衡起重要作用。③合理应用微生态调节剂，可以单独应用活菌制剂（推荐数种活菌联合应用）或益生元制剂，也可两种联合应用。此外，近些年开展的粪菌移植治疗，以及我国传统的中医药，在微生态失调的防治方面有许多积极作用。

（一）益生元

益生元是微生态调节剂的重要组成部分，它是一种不被上消化道消化的营养物质，可直达结肠，能选择性刺激一种或数种生理性细菌生长增殖，从而起到增进宿主健康的作用。益生元主要包括低聚果糖、低聚异麦芽糖、大豆低聚糖、低聚木糖、低聚半乳糖、水苏糖等数百种低聚糖类，以及抗性淀粉。利用口服活菌（益生菌）来治疗某些疾病，如IBS、IBD等已有较多报道，而使用益生元较益生菌在某些方面有更多优点，其在通过胃肠道后具有更高的存活性和在食品或药品中长期的稳定性。从选择性刺激结肠中有益细菌的生长看，对健康是有明显帮助的。除了在饮食中作为膳食纤维外，不能够被消化的低聚糖已被证明可以促进钙的生物利用度、降低结直肠癌的前期病变的风险、改善众多肠黏膜炎性反应、降低体内TG等。而且，益生元与传统的治疗方法相比没有不良反应。通过疾病动物模型和临床病例验证，服用益生元被认为是一种可控的、有一定效果的临床治疗方法。这些可支持益生元作为预防和治疗肠道微生态失衡的一线治疗药物。

（二）粪菌移植

粪菌移植是指将健康者粪便中的功能菌群移植至患者胃肠道中，重建肠道微生态平衡，以治疗特定肠道和肠道外疾病。目前，粪菌移植明确的适应证是复发性难辨梭状芽孢杆菌感染（clostridium difficile infection，CDI），且粪菌移植治疗CDI在2013年被写入美国医学指南。国外另有报道，粪菌移植可治疗IBD、IBS、慢性疲劳综合征、肥胖症、2型糖尿病等胃肠道和非胃肠道相关疾病。粪菌移植需取得供者和受者的知情同意，供者可为健康的患者家属、志愿者或标准粪菌库。健康供者至少需满足：血清学和粪便检查排除可能的传染病，无近期抗生素治疗史，无胃肠道疾病，无肿瘤、代谢性疾病和免疫相关疾病史，无其他相关危险因素等。粪菌移植的途径包括鼻胃管、胃镜、鼻肠管、结肠镜、灌肠等，目前尚无明确的文献报道证实何种方式最佳，Gough等认为移植方式的选择应取决于病变部位和所患疾病的特点，如代谢综合征倾向于经十二指肠输注等。但在临床实施中，患者可能更易接受结肠镜或灌肠。临床上使用较多的是阿姆斯特丹方案处理粪便标本和粪便量，即取供者的新鲜粪便200～300g溶解于500 mL无菌等渗盐水中，经搅拌离心过滤后，形成均一溶液，再将新鲜粪菌液在6h内注入患者的肠道中。目前，除CDI以外，粪菌移植并无明确的适应证，粪菌移植治疗相关疾病的机制，针对不同疾病粪菌移植供者的选择、粪菌液制备、移植途径和移植流程等方面未形成统一的标准。目前虽未见粪菌移植显著不良事件发生的报道，但粪菌移植的安全性仍需要大量高质量的随机对照临床试验证据，并根据临床具体病例和个体差异制定适用的治疗方案。由于粪菌移植筛选、移植流程复杂，用粪人工组合菌群移植（synthetic microbiota transplantation，SMT）可能成为粪菌移植或肠道菌群干预发展的新方向。

第三节　肠道微生态菌群生理功能与人体健康

研究表明人体肠道内栖息着1 000种以上的细菌，其总数接近于$1\times10^{13}\sim1\times10^{14}$ cfu。肠道内的大部分细菌定植于人体结肠内，其中每克肠内容物细菌含量高达1×10^{12} cfu。肠道的微生态系统是机体最庞大和最重要的微生态系统，其对宿主的健康与营养起重要作用，是激活和维持肠道生理功能的关键因素。正常情况下，人体选择性地让某些微生物定植于肠道，并为其提供适宜的栖息环境和营养，而这些微生物及其代谢产物在人体内发挥生物屏障功能，参与免疫系统成熟和免疫应答的调节，并对机体内多种生理代谢起重要作用。此外，人体肠道内有益菌种类和数量的多少在一定程度上可以反映人体的健康状态。

肠道微生态的功能主要表现在以下几个方面。

（1）维持肠道完整性。有研究表明阿克曼菌具有丰富的降解黏蛋白的功能，位于正常人结肠中，其在维持肠道完整性方面发挥重要作用。少数微生物表达凝集素，黏附于黏液之上，在阿克曼菌降解黏蛋白的作用下，防治了细菌对肠道的入侵。

（2）协助肠道免疫系统的防御功能。肠道微生态还参与了全身免疫系统的调节。当一定数量的微生物穿过肠上皮细胞到达肠黏膜固有层时，会被巨噬细胞吞噬消除，或者被树突细胞吞噬进一步激活B细胞、T细胞，诱发B细胞产生的分泌型免疫球蛋白A（sIgA），使细胞、体液免疫参与消除微生物的过程中。肠道中的分节丝状菌可以紧密黏附于小肠上皮细胞和集合淋巴结，诱导黏膜Th17细胞反应，促进肠道细菌与宿主之间的共生。脆弱拟杆菌和梭菌可促进调节性T细胞分化、扩增，诱导肠道免疫耐受。肠道共生菌也参与调节黏膜固有层T细胞亚群的募集和分化。

（3）参与肠道能量代谢。肠道微生物可协助摄入物质的能量代谢，促进营养食物消化吸收、调节能量平衡。如梭菌发酵膳食纤维的代谢物短链脂肪酸可作用于肠道内分泌细胞L细胞，调控胰高血糖素样肽-1、酪酪肽、葡萄糖依赖性促胰岛素多肽的释放，调节机体胰岛素敏感性和能量代谢。

（4）形成生物屏障。微生态也参与其中，如多形拟杆菌和普拉梭菌，有研究表明，这两种细菌可以通过增加杯状细胞分化和诱导黏蛋白糖基化的基因表达促进黏液产生，加厚生物屏障，同时有益菌在肠道的定植还会分泌大量黏液塑造黏液屏障。

当机体受到年龄、环境、饮食、用药等因素影响时，就会引起肠道微生态失衡，又称为肠道菌群失衡，主要指由于肠道菌群组成改变、细菌代谢活性变化或菌群在局部分布变化而引起的失衡状态，表现为肠道菌群在种类、数量、比例、定位转移（移位）和生物学特性上的变化，常见的临床表现除腹泻、腹胀、腹痛、腹部不适等症状外，还在全身多个系统中引发相应的疾病，而菌群调节则是其中的重要治疗手段。

一、肠道菌群与消化系统

（一）Hp相关性胃炎

Hp感染是慢性胃炎的主要病因，随着Hp耐药率的增高和根除率的下降，以及胃内

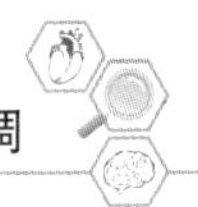

微生态的组成逐渐明确，益生菌的应用为根除 Hp 提供了新的思路。有研究指出，某些微生态调节剂可以减轻或消除根除 Hp 过程中引起的不良反应。布拉酵母菌可提高 Hp 根除率，降低不良反应发生率，减少抗生素相关性腹泻。某些乳酸杆菌和双歧杆菌、酪酸梭菌等具有一定疗效，Meta 分析发现，将添加单株或多株益生菌、使用疗程和剂量不同的亚组与对照组相比，Hp 根除率差异均存在统计学意义。

（二）非酒精性脂肪性肝病和代谢性疾病

非酒精性脂肪性肝病（non-alcoholic fatty liver disease，NAFLD）是指除饮酒和其他明确的肝损伤因素引起的，以弥漫性肝细胞大泡性脂肪变为主要特征的临床病理综合征，包括单纯性脂肪性肝病和由其演变的非酒精性脂肪性肝炎（non-alcoholic steatohepatitis，NASH），脂肪性肝纤维化和脂肪性肝硬化。肠道菌群在 NAFLD 发病中起重要作用，在国内外研究中均发现调节肠道微生态有助于防治 NAFLD。在临床研究中证实，NAFLD 患者口服 3 个月复合益生菌 VSL＃3 后，不仅血清转氨酶水平显著下降，血清 TNF-α 和脂质过氧化终产物水平亦有降低。长双歧杆菌可以降低 NAFLD 患者的 TNF-α、CRP、AST 和血清内毒素水平。保加利亚乳杆菌、嗜热链球菌联合使用可以显著改善 NAFLD 患者 ALT、AST 和 GGT 水平。双歧杆菌三联活菌胶囊也被证实可以降低患者 ALT 和 GGT。鼠李糖乳杆菌不仅可以改善成人 NAFLD，而且可以使 NAFLD 患儿血清 ALT 水平显著下降，并且肝脏酶含量的改善独立于 BMI 和内脏脂肪含量。国内研究也发现，NASH 患者服用益生菌 Lepicol6 个月，血清 AST 水平和肝内 TG 含量较对照组显著下降。枯草杆菌肠球菌二联活菌胶囊治疗 NASH 患者 4 周，治疗前后患者血清内毒素、二胺氧化酶（diamine oxidase，DAO）、D-乳酸和 ALT 水平显著降低。NASH 患者口服双歧杆菌三联活菌胶囊 3 个月，肝功能指标、内毒素、DAO 水平明显下降，肝脏脂肪含量明显减少。

（三）抗生素相关性腹泻

抗生素相关性腹泻（antibiotic-associated diarrhea，AAD）是指伴随抗生素使用而发生的无法用其他原因解释的腹泻，实则为抗生素导致微生态失衡所致的腹泻。随着抗生素的广泛应用，AAD 在临床上日益受到重视。在使用抗生素的患者中，AAD 的发病率为 5%～39%，其中伪膜性结肠炎几乎 100% 由艰难梭菌所致。国内外大量研究表明，使用益生菌能有效减少 AAD 的发病率，目前治疗 AAD 的益生菌主要包括双歧杆菌、乳杆菌、酵母菌、链球菌、肠球菌和芽孢杆菌等。相关研究结果表明多数情况下单独使用乳酸杆菌或联合使用其他益生菌均能有效降低 AAD 的发病率。然而，亦有不少研究认为益生菌对 AAD 的预防和治疗无明显效果，可能与菌种的选择、配伍、用量有关。总的来说，Meta 分析和临床试验均表明，益生菌能有效降低 AAD 的发病率，推荐使用益生菌治疗 AAD。

（四）肠易激综合征

肠易激综合征（irritable bowel syndrome，IBS）是一组以腹部不适或腹痛伴有排便习惯改变为特征的功能性肠病，其发病机制复杂，可能与内脏感觉过敏、胃肠道动力异常、肠道菌群失调、小肠细菌过度生长、肠道感染、食物不耐受、免疫异常、社会心理因素，

以及脑-肠轴异常等有关。诸多研究发现，肠道微生态失衡可能与IBS的症状产生和持续有关，主要表现为肠道微生物定植抗力受损、大肠埃希菌和肠球菌属数量增加、双歧杆菌和乳杆菌数量减少等。益生菌为临床治疗IBS提供了新思路，但目前不同研究对于益生菌治疗IBS的疗效评价存在差异，可能与不同研究采用的益生菌种类、剂量、剂型、使用方法，以及疗效评价标准各不相同有关。根据患者的病情，选取针对性的益生菌制剂尤为重要。根据国内外的研究报道，尽量选取乳杆菌、双歧杆菌等较为安全有效的人体原籍菌，并且根据病情适当调整剂量，才能达到治疗和缓解IBS的目的。益生菌可作为IBS治疗的辅助手段，但作为主要治疗药物加以推荐还需要更充实的临床依据。

（五）炎症性肠病

炎症性肠病（inflammatory bowel disease，IBD）包括溃疡性结肠炎（ulcerative colitis，UC）和克罗恩病（Crohn's disease，CD）。IBD患者肠道中微生物种类与健康者有明显差异。临床研究和Meta分析显示，VSL＃3在UC诱导缓解、维持治疗、预防和治疗术后贮袋炎方面起一定作用，维持治疗与5-氨基水杨酸疗效相当。另外，大肠埃希菌Nissle对UC也有相当于美沙拉嗪的疗效。国内研究表明，枯草杆菌屎肠球菌二联活菌、双歧三联活菌等也有确切疗效。粪菌移植是恢复肠道菌群的治疗方法，对于治疗IBD具有良好的应用前景。目前推荐使用益生菌制剂作为辅助治疗，治疗CD的有效性则尚未定论。

（六）结直肠癌

结直肠癌（colorectal cancer）的发生与遗传和环境因素密切相关。肠道菌群作为重要的环境因素，可通过共代谢途径影响宿主的代谢表型，与结直肠癌的发生具有一定的关联性。有研究发现以下细菌和结直肠癌的发生相关，包括具核梭杆菌、大肠埃希菌、肝螺杆菌、脆弱拟杆菌和牛链球菌等，这些细菌在结直肠癌患者的肠道中数量明显增多，而产丁酸盐菌、罗氏菌、双歧杆菌和乳杆菌的数量则显著减少。近年来，关于益生菌对结直肠癌的防治有一些报道，体外实验证实，青春型双歧杆菌、植物乳杆菌、VSL＃3、嗜热链球菌和保加利亚乳杆菌均能抑制人结肠癌细胞株HT-29、SW480和Caco-2的增殖。体内研究表明，以二甲基肼或氧化偶氮甲烷制备大鼠结直肠癌模型，证实干酪乳杆菌、嗜酸乳杆菌、婴儿型双歧杆菌、长双歧杆菌、酪酸梭菌和聚酵素芽孢杆菌均能显著降低大鼠肠道畸变隐窝的发生率。

二、造血系统疾病

研究表明肠道菌群在正常造血中也发挥重要作用，肠道菌群能够刺激淋巴细胞、巨噬细胞和固有层中的树突细胞，维持造血干细胞和造血祖细胞及淋巴细胞、单核细胞和中性粒细胞的活性，进而促进造血功能稳态及先天性和适应性免疫系统对细菌和病毒感染的警戒作用。广谱抗生素会大幅度破坏肠道菌群的平衡和多样性，即破坏肠道微生态，导致造血功能受损及增加细菌和病毒感染。肠道微生态失调会导致人类造血功能受抑，与一些疾病的发病相关，也会造成不良的血液学效应，如贫血及中性粒细胞减少，进一步了解微生物菌群影响造血的机制有助于研究新的治疗方法，以预防这些并发症及改善疾病预后。

（一）贫血

再生障碍性贫血和慢性炎症性贫血，均与感染和炎症过程有关，提示红细胞和微生物菌群之间可能存在重要的关系。再生障碍性贫血以全血细胞减少和骨髓造血功能低下为特征，可伴发 A、B、C、E、G 肝炎病毒感染，并与微小病毒 B19、CMV、EBV50 相关。此外，各种细菌感染已被证明可诱导铁调素（hepcidin）表达，铁稳态是红细胞代谢的关键，在调节细菌感染方面也很重要。研究慢性炎症性贫血中肠道菌群和 hepcidin 之间的关系具有潜在的临床意义。

（二）淋巴瘤

多种淋巴瘤与特定微生物的存在相关。研究指出儿种致病菌在淋巴瘤发病中的作用，这些微生物包括 EBV、HCV、幽门螺杆菌（HP）和 HIV。胃 MALT 型淋巴瘤与 HP 感染有关，使用抗生素根除 HP 感染的患者中，有 70%的患者表现出 MALT 淋巴瘤的缓解，表明这种常见的胃微生物菌感染在淋巴瘤发病及治疗中具有明显作用。还有一些病毒感染与淋巴瘤相关，如 T 淋巴细胞病毒 1 和成人 T 细胞白血病/淋巴瘤，EBV 和 Burkitt 淋巴瘤和移植后淋巴增殖性疾病，以及人类疱疹病毒 8 和多中心型 Castleman 病。

此外，多种抗生素的使用会导致中性粒细胞减少、影响造血干细胞植入及增加异基因移植相关并发症。一项回顾性分析发现，5%～15%的患者在接受 β-内酰胺类抗生素治疗 10d 或更长时间后出现中性粒细胞减少症。同样的，患者在使用青霉素治疗时出现了中性粒细胞减少症，94%的患者在停止抗生素治疗后中性粒细胞计数恢复。这些研究表明，使用抗生素破坏肠道微生物可能对造血功能有显著的影响。抗生素治疗也可以影响异体造血干细胞移植的结果，研究证明抗生素可以破坏移植后造血祖细胞的植入，表明微生物菌群在移植后环境中起着重要的作用。研究表明，尽管骨髓移植后抗生素的使用较为普遍，但抗生素导致肠道微生态失调会影响移植，增加白血病复发、移植物抗宿主病（GVHD）和移植后死亡的风险。肠道微生态失调与造血相关，长期使用抗生素治疗的患者中有 5%～15%容易出现不良的血液学效应。抗生素疗程大于 2 周时，血液学影响会变得更常见。因此，了解抗生素使用、肠道菌群失调和血液学异常之间联系的机制是临床工作的重点。针对上述问题，临床上的干预措施包括粪菌移植、饮食调整、个性化和靶向抗生素治疗，以调整微生物菌群的多样性。近年来，粪菌移植已成为治疗 GVHD 的一种新疗法。Spindelboeck 等应用粪菌移植治疗 3 例肠道Ⅳ级 GVHD 患者，其中 2 例腹泻症状消失、GVHD 完全缓解、肠道菌群多样性增加，但其有效性及安全性还有待进一步研究。

三、中枢神经系统疾病

目前研究表明，肠道微生物可以诱导和促进大脑发育，对其健康产生长期影响。胎儿生长环境并非无菌，源自母体肠道微生物及其代谢物可能对胎儿大脑发育有影响。肠道微生物可能通过激素、免疫分子及其产生的特定代谢物影响大脑发育。埃希氏菌和链球菌可产生去甲肾上腺素和 5-羟色胺（5-hydroxytryptamine，5-HT），而乳酸杆菌和双歧杆菌可

产生 γ-氨基丁酸和乙酰胆碱，乙酰胆碱充当调节免疫功能的自分泌和/或旁分泌因子可激活 M3 毒蕈碱受体，使细胞内游离 Ca^{2+} 增加，进而明显上调 c-fos 基因表达，从而影响神经系统的发育，并影响局部和中枢神经系统的可塑性。同样，肠道微生物还可以通过改变代谢来影响神经系统的发育。然而一旦出现肠道菌群失调，则可能会引发相关中枢神经系统疾病。

（一）精神心理疾病

生理条件下，由肠道微生物群表达的微生物相关分子模式激活先天免疫细胞表面的模式识别受体，诱导抗炎介质的分泌，促进肠神经系统的发育和功能完善，有助于维持肠道免疫耐受；病理状态下，肠道微生物组紊乱或肠黏膜屏障破坏时，微生物相关分子刺激巨噬细胞和树突细胞产生促炎细胞因子，进而激活适应性免疫细胞，从而导致免疫稳态破坏，同时肠神经系统也可通过脑-肠轴与中枢神经系统产生相互作用。肠道细菌还可直接影响特异性免疫应答。微生物群变化使机体对微生物群的暴露不足，从而导致机体的免疫调节效率降低，患者持续存在高水平的“静息状态”炎症介质和对心理社会压力源的细胞因子过度反应，而炎症介质（如 IL-6、TNF-α 和 IL-1β 等）可以促进抑郁症的发生。肠道微生物还可能通过代谢产物影响精神心理疾病的发生，国外专家在对 29 位自闭症谱系障碍儿童的粪便进行细菌分析，显示患病儿童中拥有 β_2 毒素基因的产气荚膜梭菌菌株显著高于对照者，而β2 毒素具有神经毒性，并且可能与肠道菌群失调导致的炎症状态产生协同效应。以上研究表明肠道微生物与精神心理疾病关系密切，后续可以进一步研究肠道菌群或特异菌属及其代谢产物与这些疾病的因果关系和相互作用的具体机制，并有望成为这些疾病防治的新靶点。因此，肠道菌群失调可能是自闭症、焦虑、抑郁症等精神心理疾病的重要原因。根据 FINEGOLD 等对 33 名患有不同严重程度自闭症的儿童行粪便微生物 16sRNA 基因测序的结果显示：在严重的自闭症组中发现脱硫弧菌属和普通拟杆菌的数量显著增加，同时放线菌门和变形菌属门中也有显著差异，而健康组中以厚壁菌门为主。

（二）退行性疾病

人体的衰老离不开包括免疫系统功能在内的生理功能改变，而年龄相关的神经功能失调常常伴有肠道微生物物种丰富度减低、兼性厌氧菌的总数增加、类杆菌属与厚壁菌属的比例发生变化等改变，而肠道微生物群落与年龄相关性差异的节点与免疫系统开始下降的时间正好吻合。随着年龄的增加，机体的免疫功能逐渐下降，导致微生物-脑信息交流的改变及随之而来的行为改变。此外，肠道微生物还可通过小胶质细胞等影响中枢神经系统的功能。肠道生态失调和肠道炎症可能是神经退行性疾病的共同途径。帕金森病（Parkinson disease，PD）、阿尔茨海默病（Alzheimer disease，AD）等神经退行性疾病患者常伴随着肠道微生物群组成的显著变化；同时，在该类疾病的最早期就存在肠道炎症的迹象。宿主肠道微生物失调导致肠黏膜屏障破坏和免疫系统激活，继而发生肠道神经免疫/炎症反应，通过脑-肠轴上行途径触发中枢神经系统中的炎症和神经变性；反之，中枢神经炎症和随后的神经变性又通过脑-肠轴下行途径加剧肠道神经免疫/炎症反应，呈正反馈调节，推动正在发生的中枢和外周神经炎症和神经退行性过程的进展。肠道微生物群是各种

TLRs配体的生产者，其改变和肠黏膜屏障受到破坏后可激活TLR，触发下游信号传导途径，促进PD、AD等患者的肠和脑中的炎症和氧化应激。另外，TLR（如TLR2、TLR4）还能以病原体相关分子模式和损伤相关分子模式识别错误折叠的纤维状α-突触核蛋白，并清除该蛋白介导的信号传导。肠道微生物还通过对糖、脂质及氨基酸代谢，产生短链脂肪酸（SCFAs）、脂多糖等多种代谢产物，或在代谢过程中影响宿主正常物质的代谢（如谷胱甘肽），穿过血脑屏障直接介导其对中枢神经系统内免疫细胞的作用或间接调节Treg细胞反应，进而刺激或抑制促炎趋化因子和细胞因子，其反过来调节中枢神经系统中的自身免疫反应，促进退行性疾病发生。以上机制可与遗传和环境因素产生协同效应，共同引发和促进神经系统退行性疾病的发生、发展。

（三）急性中枢神经系统损伤

创伤性颅脑或脊髓损伤、卒中、蛛网膜下腔出血等急性中枢神经系统损伤所致的应激状态下，肠黏膜成为最先损伤的器官，肠黏膜屏障功能一旦受损常引起肠道菌群改变，细菌移位和内毒素吸收增加，诱发肠源性感染，从而激发炎症级联反应，甚至诱发全身炎症反应综合征，导致多脏器功能衰竭，严重影响患者的预后。肠道菌群失调可加重创伤性脊髓损伤后的神经损伤程度和脊髓病理变化，其中拟杆菌目减少而梭菌目增加，厌氧菌目和梭菌目与脊髓功能恢复评分呈负相关。肠道微生物能通过调控肠道脂多糖、细胞因子、神经肽和蛋白质信使等因素，改变脑-肠轴调控中枢神经系统损伤。卒中导致肠道微生物失调，肠道微生物失调又通过免疫介导机制影响卒中预后，可以推测在急性中枢神经系统损伤中肠道微生物群是引发脑损伤神经炎症反应的关键调节因子。通过粪便微生物群的治疗性移植可使脑损伤引起的生态失调得以改善，最终改善脑卒中结局。肠道微生物群组成的特定变化可导致肠上皮屏障的破坏和黏膜通透性的增加，导致细菌易位到黏膜中并发生全身性扩散，神经毒性分子（D-乳酸，氨等）和神经毒素吸收增加，通过脑-肠轴等各种传导途径，反馈到大脑并导致中枢神经系统的变化。研究表明，急性中枢神经系统发生损伤后，大肠埃希氏菌、普氏菌和乳酸杆菌在肠上皮损伤后大量繁殖并诱导肠道炎症，并且大肠埃希氏菌在影响肠上皮屏障中紧密连接蛋白的变化发挥了核心作用。相反，在急性中枢神经系统损伤模型中，通过饲养益生菌可引发保护性免疫应答并促进神经保护作用和改善运动恢复功能，这可能是通过稳定肠道菌群、调节免疫、改善肠上皮通透性等途径而产生作用的。

四、骨关节运动系统

（一）肠道微生态与关节炎

肠道微生态能通过免疫系统与骨关节炎病程进展的各阶段发生关联，这使得从肠道微生态入手研究骨关节炎具有重要意义。肠道屏障功能改变与骨关节炎肠道微生态的平衡依靠的是肠道黏膜的屏障功能，其可以阻挡肠腔内有害物质通过和选择性滤过身体需要的营养物质。有研究证实，肠道内菌群可通过改变肠道营养吸收、诱发肠道免疫功能改变和肠道内皮异常转运方式引发肠道屏障功能的异常，从而诱发骨关节炎等肠外疾病的发生。肠

道屏障由机械屏障、化学屏障、免疫屏障和生物屏障共同构成。机械屏障由肠黏膜上皮细胞、细胞间紧密连接和菌膜构成，能有效阻止细菌及内毒素等有害组织透过肠黏膜入血。化学屏障由上皮分泌黏液、消化液和寄生菌产生的抑菌物资构成。免疫屏障由肠黏膜淋巴组织（肠系膜淋巴结和上皮内淋巴细胞）构成，可产生黏膜局部免疫应答，并特异性分泌sIgA防止致病性抗原的损伤。生物屏障由肠道正常寄生菌群与宿主肠道组织之间形成的微空间结构构成。研究发现对因肠道微生态紊乱引发的肠道疾病或肠道外疾病的治疗过程中，部分合并有骨关节炎患者表现出症状缓解和运动能力改善的情况，这对骨关节炎疾病研究和临床治疗提供了新的视角和途径。临床上多采用适当补充微生态调节剂的方式矫正肠道微生态紊乱和稳态调控。目前应用比较广泛的微生态调节剂有益生菌和益生元，其中益生菌为活菌或死菌结构组成或代谢产物，主要来源有益健康的生理优势菌、非常驻共生菌、生理性真菌、双歧杆菌和乳酸杆菌等。通过扶持机体有益菌，可以提高机体对致病菌的抵抗力、调节肠黏膜免疫功能、维持免疫平衡、改善肠道内环境等。益生元主要成分为纤维素，被认为是细菌活化和促进生长的辅助底物，能够抵抗水解酶和多种蛋白酶作用，被肠道菌群发酵后转化为短链脂肪酸，可作为能量使用，引发肠道内生物学效应。

（二）肠道菌群也与骨质疏松

肠道微生态与骨质疏松亦有一定的关系。老年人随年龄增加，肠道微生态环境会发生动态变化，肠黏膜通透性增加，表现为菌群的不稳定性及菌群种类的紊乱，主要是益生菌数量下降。有研究发现，肠道微生态很可能参与骨代谢调节，骨质疏松症患者肠道菌群的丰度及菌群结构会较正常人发生明显变化，主要表现为骨量减少。当部分骨质疏松患者通过益生菌、益生元等相关治疗，达到修复肠道微生态的失衡状态同时，其骨质疏松症得到有效改善。Das等检测了181例骨质疏松症、骨量减少和骨量正常老人粪便中的菌群谱，结果显示，与骨量正常组相比，骨质疏松症组中的放线菌属、蛋鸡菌属和梭状芽孢杆菌属丰度增加，提示肠道菌群丰度的改变可能是老年人骨量减少的独立危险因素。

五、泌尿系统

越来越多的证据表明患有肾脏疾病和肾结石的个体肠道菌群组成异常。迄今为止，尚无任何研究总结这些证据来对这些个体的肠道菌群谱与对照组的差异进行分类。有研究者通过搜索科学数据库及文献资源，采用证据水平标准系统对微生物群的变化进行定量评估，总结分析了肾脏疾病、肾结石与肠道菌群的相关性。研究者纳入了25篇符合资格标准的文章，包括来自892名患有肾脏疾病或肾结石的成年人和1 400名健康成年做对照。与对照组相比，患有肾脏疾病的成年人在包括肠杆菌科、链球菌科在内的几种微生物中的丰度有所提高，而原核科、普氏菌、普氏菌9型和玫瑰菌属的丰度则有所下降。患有肾结石的成年人的微生物组成也发生了变化，其中有拟杆菌属、弓形杆菌科NK4A136组、Ruminiclostridium5组、Dorea、肠杆菌、克里斯滕氏菌科及其克里斯滕氏菌属R7组，还确定了对照组和患有肾脏疾病或肾结石的成年人之间微生物群落功能潜能的差异。

六、肠道菌群与肿瘤治疗

肠道菌群紊乱可以引发相关肿瘤，但相关临床研究也显示，肠道菌群在调节肠道免疫反应以保持肠道免疫稳态方面起着至关重要的作用，其在抗肿瘤治疗方面也有一定的地位。肠道菌群的异质性可能导致肿瘤免疫治疗不同的治疗结果，早前的研究已报道肠道菌群可能影响癌症免疫疗法的功效，一些肠道细菌可以与免疫检查点阻断剂协同作用，并优化针对多种癌症的免疫反应。因此，了解肠道菌群的作用可以帮助提高癌症免疫疗法的临床疗效。国外相关研究表明，部分癌症治疗实际上依靠肠道微生物激活免疫系统。Zitvogel 团队发现化疗药物环磷酰胺可破坏肠道内的黏液层，一些肠道细菌借此进入淋巴结和脾脏，激活特定的免疫细胞。而在那些肠道中没有微生物或事先给予抗生素的小鼠身上，环磷酰胺在很大程度上失去了疗效。根据这一观察结果，Zitvogel 决定进一步探索肠道细菌是否会影响一类被称为检查点抑制剂的免疫治疗药物的疗效。这些药物通常是针对细胞表面分子如 CTLA4 和 PD1 的抗体，会激活人体免疫系统对抗肿瘤细胞。2015 年，Zitvogel 的团队在实验中发现，无肠道微生物的小鼠对这类药物没有反应，而补充特定细菌——脆弱拟杆菌的小鼠比未补充的小鼠反应更好。随后越来越多的科研人员开始关注到这一关系。芝加哥大学的癌症临床医生 Thomas Gajewski 报道称，双歧杆菌属微生物可提高小鼠对癌症免疫治疗的反应。目前肠道菌群对抗癌效果的影响数据多源于初步的动物实验，距离在临床上使用还需要很长的一段研究历程。

（陈丰　周莉　刘玄勇　王月乔）

第四章

微生态与肿瘤发生、发展及转归

人体肠道作为一个多元化的微生态系统，其中共生着100多万亿个微生物菌群，这些微生物菌群、消化液、上皮细胞等生物成分及食源性非生物成分共同组成了肠道微生态系统。肠道微生物种类丰富，包括细菌、真菌、病毒、古细菌和原生动物等，基因测序技术的发展使得上千种新物种被鉴定，如此庞大的微生物群落构成了一个动态平衡的肠道微生态系统，参与形成宿主肠道黏膜免疫系统、抵御病原体入侵、调节营养和非营养物质代谢、影响上皮细胞的增殖和分化等多种生命活动过程。这些肠道微生物菌群以高密度种群数量阻止和抑制外来致病菌的侵入与定植，通过调动调节免疫系统和防护病原体来维护肠道黏膜屏障结构的完整性，维持着肠道微生态系统的稳态。微生态失衡与多种肠道疾病、肥胖、糖尿病等密切相关。目前研究发现肠道微生物对恶性肿瘤发生发展的作用机制主要涉及炎症、免疫反应、物质代谢和遗传物质改变几个方面。通过对微生物与肿瘤相互作用机制研究的不断深入，可以为优化肿瘤防治策略提供新方向。

第一节　肠道微生态与肿瘤发生、发展的关系

现有研究表明，肠道微生物多样性和（或）丰度改变在多种肿瘤中普遍存在，如结直肠癌（colorectal cancer，CRC）患者肠道中存在多种富集菌群和缺失菌群，胰腺癌、肝内胆管细胞癌（intrahepatic cholangiocarcinoma，ICC）、肝细胞癌（hepatocellular carcinoma，HCC）和乳腺癌都存在菌群失调现象。目前研究发现微生物可通过炎性刺激，调控免疫细胞的募集与活化，参与宿主物质代谢、产生基因毒素等机制，影响多种恶性肿瘤的发生和发展。

一、微生物多样性和（或）丰度改变与肿瘤发生、发展相关

肿瘤患者的肠道微生态与非肿瘤患者的肠道微生态存在差异，主要体现在微生物多样性和（或）丰度的不同。肿瘤患者的肠道微生物丰度改变与肿瘤的生物学行为密切相关，可能成为肿瘤诊断和患者预后判断的潜在标志物。

研究发现，ICC患者肠道菌群中乳酸菌、放线菌、消化性链球菌和异斯卡多维亚氏菌属的丰度比HCC、肝硬化患者及健康人更高，肝硬化患者以瘤胃球菌属和明串珠菌属最多，健康个体以毛螺菌属最多；ICC合并血管侵犯患者大多具有较高丰度的家族性疣微菌科，而无血管侵犯患者具有高丰度的家族性优杆菌科、Allobaculum属、片球菌属和消化链球菌属。对HCC患者的粪便菌群分析发现，与肝硬化患者相比，早期HCC患者的放线菌门增加，芽殖菌和副拟杆菌等13个菌属富集；与健康个体相比，早期HCC患者肠道中

产丁酸的菌属减少，生成脂多糖的菌属增加。提示肠道微生物或可辅助诊断 ICC 和 HCC、预测肿瘤侵袭能力和判断临床分期。另有研究发现，CRC 患者肠道中噬菌体群落多样性显著增加，主要由温和噬菌体组成，且早期与晚期 CRC 患者肠道病毒丰度存在显著差异，提示噬菌体可能参与了 CRC 的发生与发展，具体机制还需要深入研究来揭示。真菌被证明也与腺瘤（CRC 的癌前病变）和 CRC 存在相关性。大肠腺瘤患者的肠道真菌丰度发生变化；类似的，与健康群体相比，CRC 患者肠道存在真菌失调，如子囊菌、担子菌、毛孢子菌属和马拉色菌的比例增加，酵母菌和肺孢子菌比例减少；且早期和晚期 CRC 的肠道真菌多样性组成也存在差异。肠道微生物多样性和丰度的变化可能成为腺瘤和 CRC 分期的潜在生物标志物。另外，与既往认知不同，远离肠道的乳腺癌组织中也有微生物存在，与健康乳腺组织不同，乳腺癌组织中菌群特征发生改变，不仅肠道菌群的 α 多样性降低，而且其 β 多样性也发生显著改变，患者肠道中的梭菌科、普拉梭菌科、疣微菌科细菌数量明显增加，而毛螺菌科、Dorea 属的细菌数量明显减少，而且可能是通过非雌激素依赖途径影响乳腺癌发生，另外甲基杆菌丰度也更低，且临床分期和组织学分级不同的乳腺癌患者，肠道菌群的丰度也有显著差异。但这些微生物的存在是否与肠道微生物有关，还没有科学的解释。期待更多的基础与临床研究阐明不同部位微生物组的关联，以及其与乳腺癌发生发展的详细机制。

二、微生物通过诱导宿主免疫抑制促进肿瘤发展

肿瘤患者的肠道微生物可通过诱导肿瘤组织发生免疫耐受，抑制效应细胞的功能，促进免疫抑制性细胞的浸润等途径而促进肿瘤的发展，其中模式识别受体（pattern recognition receptor，PRRs）和免疫抑制性趋化因子等炎症介质起重要作用。

小鼠模型实验证明，在核苷酸结合寡聚样受体、黑色素瘤缺乏因子 2 样受体（absent in melanoma 2，AIM2）、Toll 样受体（Toll-like receptors，TLRs）和 RIG-I 样受体（RIG-Ilike receptors，RLRs）的介导下，肠道微生物能够促进 CRC 及 HCC 的发生，该路激活后，肿瘤细胞得到了有利于生存的微环境，逃避了机体的免疫攻击，进而起到了肿瘤细胞凋亡的效果。但给予一定的益生菌后，抑制现象可被减缓。对胰腺癌的研究发现，肠道微生物可移位并定植于胰腺肿瘤组织中形成肿瘤微生组，其具有免疫抑制作用，通过激活单核细胞的部分 TLRs，导致免疫耐受，而清除微生物后肿瘤微环境免疫原性得到重建，M1 型巨噬细胞分化、$CD4^+$ 和 $CD8^+$ T 细胞活化增强，髓源性抑制细胞（myeloid-derived suppressor cells，MDSCs）数量减少，PD-1 表达上调。胰腺肿瘤微生物组中 a 多样性可作为胰腺癌患者术后生存时间的预测因子，生存期超过 5 年［即长期生存（long time survival，LTS）］的胰腺癌患者，其肿瘤微生物组种类更加多样化，其中，糖多孢菌属、假黄色单胞菌属、链霉菌属和克劳斯芽孢杆菌丰度与患者更佳预后呈正相关；同时，其肿瘤中 $CD3^+$、$CD8^+$ 和颗粒酶 B^+（granzyme B，GzmB）T 细胞的密度高于生存期短于 5 年［即短期生存（short time survival，STS）］的患者，且 $CD8^+$ 和 $GzmB^+$ T 细胞密度与微生物组多样性也呈正相关（$P<0.001$；$P=0.0179$）。而 STS 患者的肿瘤内微生物以梭状芽孢杆菌纲和拟杆菌纲为主，免疫细胞以调节性 T 细胞（regulatory Tcells，T regs）

及 MDSCs 为主。在小鼠模型中应用粪菌移植（fecal microbiota transplantation，FMT）来改变肿瘤中微生物的组成，可调节肿瘤微环境，增加肿瘤中活化 T 细胞的数量，达到控制肿瘤生长的目的。但有研究得出相反的结论，发现肠道微生物可诱导肿瘤细胞产生多种趋化因子如 CXC 趋化因子配体 9［chemokine（C-X-C motif）ligand9，CXCL9］、CXC 趋化因子配体 10［chemokine（C-X-C motif）ligand10，CXCL10］、CC 趋化因子 17［chemokine（C-C motif）ligand17，CCL17］和 CC 趋化因子 20［chemokine（C-C motif）ligand20，CCL20］等，募集细胞毒性 T 淋巴细胞和辅助性 T 细胞至肿瘤组织中，从而抑制肿瘤细胞生长。这些结果提示患者肠道微生物和肿瘤微生物组的不同种属可能通过介导正向与负向免疫应答过程对肿瘤进程产生影响。目前对单一菌种的认识以具核梭杆菌为多，研究发现，CRC 患者的肠道中具核梭杆菌明显增多，其通过募集 MDSCs，导致免疫抑制微环境，从而促进肿瘤的发生发展。同样，在肠道腺瘤患者肠道中，具核梭杆菌丰度也更高，局部促炎细胞因子尤其是白介素-10（interleukin-10，IL-10）和肿瘤坏死因子 a（tumor necrosis factor alpha，TNF-a）与该菌丰度呈正相关，这提示肠道或肿瘤组织富集微生物的变化有可能成为腺瘤筛选的标志物。最近研究发现，真菌也可定植于胰腺组织中并参与胰腺癌的发展。胰腺癌组织内的真菌含量较正常组织增加约 3000 倍，其中马拉色真菌通过与甘露糖结合凝集素（mannose binding lectin，MBL）结合后激活补体级联蛋白系统，这一炎性免疫反应会刺激细胞生长、存活和运动，从而加速了肿瘤进展，且抗真菌治疗可抑制肿瘤生长。该项研究提示，抗真菌治疗、靶向 MBL 或控制真菌感染的免疫反应，可能成为治疗胰腺癌的新途径。利用激素受体（hormone receptor，HR）阳性的乳腺癌小鼠模型发现，发生乳腺癌之前存在肠道菌群失调与肿瘤侵袭性提高有关，表现为循环肿瘤细胞数量增加，易发生引流淋巴结和肺转移；其机制是菌群失调小鼠的乳腺组织发生了早期炎症反应，且在肿瘤进展过程中持续存在，全身及肿瘤微环境炎症介质增多，肿瘤组织有更多的髓系细胞浸润（M2 型巨噬细胞为主），同时原发灶和转移灶肿瘤微环境中的纤维化及胶原沉积更明显。肠道菌群失衡在未来可能成为乳腺癌侵袭性的预测标志物，恢复菌群稳态可能是 HR 阳性乳腺癌的治疗策略之一。

三、微生物通过参与宿主代谢影响肿瘤发生、发展

肠道菌群通过参与宿主膳食纤维代谢产生短链脂肪酸而激活下游免疫反应，参与机体胆固醇代谢产生次级胆汁酸而导致 DNA 损伤，影响肿瘤的发生与发展。此外，肠道菌群可通过调节宿主雌激素的肝肠循环过程，改变雌激素水平，进而参与乳腺癌的发生发展过程。

短链脂肪酸（short-chain fatty acids，SCFAs）是由可溶性膳食纤维经肠道微生物发酵产生的，如丁酸盐和丙酸盐。临床前试验证明，丁酸盐作为一种抗炎分子，可抑制结肠上皮细胞和免疫细胞的组蛋白脱乙酰酶从而下调促炎细胞因子，诱导结肠癌细胞凋亡，被认为是 CRC 的保护性因素，而低纤维饮食导致丁酸盐含量减少会促进腺瘤进展。但在非结肠癌的小鼠模型中发现，SCFAs 能促进免疫抑制性 Tregs 的扩增与分化；因此，SCFAs 很可能受多种因素如 Warburg 效应、宿主遗传背景、其他细菌代谢产物等影响，

对肿瘤起促进还是抑制作用仍有待进一步研究。胆汁酸是胆固醇的代谢产物之一，包括初级胆汁酸和次级胆汁酸，在肠道微生物水解脱氢作用下，初级胆汁酸转化为次级胆汁酸。研究发现，次级胆汁酸如脱氧胆酸具有诱导DNA氧化损伤的作用，促进CRC发生，高脂饮食导致肠道次级胆汁酸增多，增加CRC发生风险。次级胆汁酸会抑制肝毛细血管内皮细胞CXCL16的表达，从而减少对自然杀伤T细胞（natural killer T，NKT）的募集，促进肝脏肿瘤生长，而参与胆汁酸代谢的梭状芽孢子杆菌起关键作用，抗生素能够逆转这一过程。ICC患者血浆中牛磺熊去氧胆酸水平与病灶数目呈正相关，与患者生存时间呈负相关，但具体机制尚待进一步研究。精制可溶性纤维如菊粉、果胶和低聚果糖的摄入会引发肠道菌群失衡小鼠发生HCC，而不可溶性纤维能阻止HCC的发展，但肠道细菌究竟如何分解食物中作为膳食补充的高精炼可溶纤维仍有待阐明。另外，肠道菌群对雌激素的代谢影响体内雌激素环境而影响乳腺癌的发生发展。有学者认为肠道微生物中能够代谢雌激素的所有基因统称为estrobolome基因，带有estrobolome基因的细菌产生β-葡萄糖醛酸酶，对排入肠道的结合雌激素进行去结合，游离雌激素进入肝肠循环，导致体内雌激素浓度升高，促进乳腺癌的发生发展。因此，靶向雌激素的肝肠循环有可能提高乳腺癌的治疗效果。

四、微生物通过损伤DNA促进肿瘤发生发展

肠道微生物可通过产生活性氧等物质，激活促肿瘤生长的信号转导通路，诱导基因甲基化，直接或间接损伤宿主细胞DNA稳定性，从而促进肿瘤发生发展。因此，肠道微生物产生的这些具有致突变和致癌作用的物质也被称为基因毒素。

研究发现，粪肠球菌产生的活性氧化物与细胞DNA损伤和基因组不稳定性有关。携带聚酮合成酶（polyketide synthase，PKS）基因岛的大肠埃希菌（PKS^{+} E. coli）编码一种多聚乙酰一肽的基因毒性物质（colibactin）而造成DNA损伤，诱发细胞癌变，针对colibactin的小分子抑制剂可以降低肿瘤负荷。肠道黏膜上覆盖的成分复杂的细菌生物膜被认为与CRC的发生发展有关。对家族性腺瘤性息肉病（familial adenomatous polyposis，FAP）患者（FAP是CRC的癌前病变，在患者40岁以后几乎100%发生癌变）的粪便分析发现，该层被膜主要由PKS^{+} E. coli和脆弱拟杆菌的亚型肠毒素脆弱拟杆菌（enterotoxigenic bacteroides fragilis，ETBF）构成，两种细菌的联合作用对于遗传性CRC的发生起关键作用。一方面，PKS岛编码colibactin造成DNA损伤，诱发细胞癌变；另一方面，ETBF产生脆弱拟杆菌毒素（bacteroides fragilis toxin，BFT），该毒素可激活Wnt/b-catenin通路以及核转录因子-κB（nuclear factor kappa B，NF-κB）通路而产生大量IL-17，后者与IL-17R结合，进而激活NF-κB和信号传导及转录激活因子3（signal transducer and activator of transcription3，STAT3）信号通路，促使CXCL1高表达，从而募集大量的MDSCs，促肿瘤发生、侵袭、转移和血管生成等过程。另外，有研究者将散发性CRC患者的粪便移植给无菌小鼠，导致小鼠结肠形成异常隐窝灶（一种癌前病变），原因可能是菌群失衡触发了表观遗传机制而诱发基因甲基化，导致细胞癌变。累积甲基化指数（cumulative methylation index，CMI）和致甲基化细菌可能成为散发性CRC

的诊断标志物，但仍需要进一步的临床试验进行评估与验证。利用无菌小鼠的体内研究证明，空肠弯曲菌产生的细胞致死性膨胀毒素（cytolethal distending toxin，CDT）通过其脱氧核糖核酸酶活性，诱导双链 DNA 断裂而致癌。以上结果提示，肠道细菌在 CRC 的发生发展中可能既有辅助作用又有主导作用，未来应进一步明确单一菌种及菌种之间相互作用的具体机制，靶向基因毒素的方法有望成为防治 CRC 的新研究方向。

第二节　肠道微生态与肿瘤转归的关系

肿瘤的治疗方法包括手术治疗、化学治疗、放射治疗、靶向治疗、免疫治疗等。但是药物副反应、疾病耐药和肿瘤复发是目前面临的困难。近年来，越来越多的研究表明，肠道菌群能够直接杀伤肿瘤、影响抗肿瘤药物的药动学和药效，以及通过激活炎症调节免疫机制来对抗肿瘤，提高肿瘤治疗的疗效，减小治疗的副作用，从而进一步提高肿瘤患者的生活质量。

一、微生物的直接抗肿瘤作用

一直以来，研究者们均尝试利用微生态制剂治疗和预防肿瘤。目前主要的微生态制剂包括微生物本身及其代谢产物和生长促进因子。近期研究人员发现了利用肉毒杆菌治疗癌症的方法。神经系统释放的神经递质利于肿瘤的发展，所以干扰神经系统与肿瘤之间的相互作用可以有效地抑制肿瘤。可利用手术切除法、基因敲除法、药物阻碍法及注射肉毒杆菌四种不同的方法来隔绝神经系统与肿瘤之间的关联以期达到抗肿瘤的效果。结果表明，所有的操作都抑制了肿瘤生长，但是注射肉毒杆菌效应特别明显。成熟的肉毒杆菌疗法为那些不接受化疗或化疗效果不理想的患者及不适合手术的患者带来福音。

双歧杆菌在肿瘤治疗领域的应用逐渐广泛，双歧杆菌可以安全地适用于人体，不会引起菌血症或败血症等症状。肿瘤组织不同于正常的组织，肿瘤中存在乏氧区，这也是肿瘤可以顽强抵抗各种抗癌疗法的关键所在，而作为专性厌氧菌的双歧杆菌，它可以定植在实体瘤的乏氧区域，所以以双歧杆菌为载体可以将新兴的抗体或者小分子药物靶向定位到肿瘤中以便更直接有效地治疗肿瘤。日本科学家以小鼠为实验对象，将一种处理过的，能够分泌抑制肿瘤生长的物质的双歧杆菌植入到有肿瘤的小鼠体内。一段时间后，双歧杆菌在肿瘤组织内大量繁殖，小鼠肿瘤慢慢减小。

目前在临床上已经有使用肠道菌辅助治疗恶性肿瘤的案例，并得到了良好的效果，增加了化疗的疗效，同时能增加患者的化疗承受能力，减轻化疗的毒副作用。绿脓杆菌，又称铜绿假单胞菌，其制剂可以有效地辅助治疗乳腺癌、胃癌、肺癌、膀胱癌等。铜绿假单胞菌制剂是一种没有细菌活性的制剂，它能与高甘露糖表达型的肿瘤细胞特异结合，结合后，肿瘤细胞会发生膜去极化、环腺苷酸增加及肿瘤细胞流动性改变等一系列变化，这些变化使得肿瘤细胞生物学行为改变，不利于肿瘤细胞的生长，最终被结合的肿瘤细胞将走向凋亡。

二、微生物通过促进释放炎性因子增强抗肿瘤效应

TLR9 是免疫系统检测微生物 DNA 内非甲基化 CpG 基序的模式识别受体。一旦出现上述 CpG 基序，CpG 寡核苷酸（oligonucleotide，ODN）即可结合浆细胞样树突状细胞和 B 细胞上的 TLR9，诱导肿瘤坏死因子（tumor necrosis factor，TNF）等促炎性因子的释放，促进肿瘤出血性坏死，提高机体的免疫应答反应。有研究表明，对于肿瘤患者，只有 CpG-ODN 与肽疫苗联合应用才能达到预计的抗肿瘤免疫反应效果，而单独使用 CpG-ODN 则无此反应。但对于小鼠，则有明显的不同。小鼠体内的 TLR9 广泛分布于髓系细胞，体内注射 CpG-ODN，特别是与抗白细胞介素-10 抗体（anti-interleukin-10 antibody，a-IL-10 ab）联合应用时，可以有效针对移植性肿瘤。其机制与 CpG-ODN 刺激释放促炎性因子、诱导肿瘤出血坏死有关。值得注意的是，无菌小鼠或是经抗生素处理后的小鼠，则无法获得相应的抗肿瘤效应。同时可以发现，对于上述菌群缺乏的小鼠，髓系细胞内诱导肿瘤出血坏死的 IL-12 与 TNF 的表达明显减少。而一旦接种 TLR4 配体细菌脂多糖（lipopolysaccharide，LPS），又可恢复 CpG-ODN 的抗肿瘤效应。通过对联合使用 CpG-ODN 和 a-IL-10 ab 的动物进行菌群分析，可以发现不同的细菌种类与药物的抗肿瘤效应呈正相关或负相关。例如，革兰阴性菌 Alistipes genera 的丰度与 TNF 的产量呈正相关。

Iida 等对荷瘤小鼠进行 CpG-ODN 的抗肿瘤免疫治疗，治疗前小鼠已接受 3 种抗生素混合物［万古霉素、亚胺培南和新霉素（ABX）］的治疗，发现治疗效果并不理想。研究结果表明抗生素作用显著破坏了小鼠肿瘤细胞中 CpG-ODN 诱导型 TNF 的表达及白细胞产生的频率，且 TNF 减少、活性氧簇产生不足，细胞毒性显著降低，因此导致肿瘤治疗效果减弱。为了验证治疗效果是否与 ABX 有关，该研究随后分别采用无菌荷瘤小鼠及 SPF 荷瘤小鼠接受 CpG-ODN 治疗，结果表明无菌小鼠对于 CpG-ODN 的治疗反应明显不如 SPF 荷瘤小鼠。而进一步研究发现使用外源性的 TLR4 激动剂（LPS）后，可改善 ABX 小鼠 TNF 的释放情况，并能修复其肿瘤细胞中 TNF 的表达及白细胞产生的频率，但上述现象在 TLR4 缺失的小鼠中并未发生。上述研究结果表明，肠道菌群与 CpG-ODN 的抗肿瘤效果相关，强调了肠道菌群在肿瘤治疗中的重要性。

三、微生物对化疗药抗肿瘤疗效的影响

环磷酰胺（cyclophosphamide，CTX）是美国食品药品管理局批准的一种烷化剂细胞毒性化疗药。CTX 由于其高免疫抑制特性，已被广泛应用于与其他抗肿瘤药物的联合疗法，在国内，也已成为临床常用的抗肿瘤药物。有研究表明，CTX 除了其自身具有的细胞毒性外，还可诱导免疫原性细胞死亡，进而引导机体产生自适应抗肿瘤免疫反应；同时还可破坏免疫抑制性 T 细胞，协助辅助性 T 细胞 1（T-helper 1，Th1）和 Th17 起到控制肿瘤细胞增殖的作用。Viaud 等通过研究发现，CTX 可以通过改变已建模的荷瘤小鼠小肠的肠道菌群组成，并诱导某些革兰阳性细菌迁移至二级淋巴器官。迁移之后，这些革兰阳性细菌会刺激致病性 Th17（pathogenic Th17，pTh17）与记忆性 Th1 免疫反应的形成，从而提高 CTX 杀伤肿瘤的效果。然而，实验进一步发现，无菌的荷瘤小鼠和已接种杀死

革兰阳性细菌抗生素的小鼠的pTh17免疫反应明显减弱，且小鼠肿瘤对CTX产生耐药现象。该研究还发现，通过对无菌小鼠或经抗生素处理过的小鼠进行过继转移pTh17细胞，小鼠体内的CTX抗肿瘤效果则会被部分修复。上述研究表明，肠道菌群可以帮助形成抗肿瘤免疫反应，增强CTX的抗肿瘤疗效。

铂类化合物也是目前临床常用的抗肿瘤化疗药物，如顺铂、奥沙利铂等。Iida等发现ABX可干扰铂类化合物对小鼠皮下移植瘤的杀伤作用，且无菌小鼠比无特定病原菌小鼠对化疗药物的反应更差。该结果提示肠道菌群对铂类化合物的疗效有着重要的影响。该研究认为铂类化合物的抗肿瘤作用可能是依赖肠道菌群驱动肿瘤浸润髓源细胞释放活性氧簇，从而诱导DNA损伤杀伤肿瘤细胞。核苷类似物是一类可干扰肿瘤细胞DNA合成的抗代谢药物，主要用于抗病毒、提高机体免疫力、恢复肝功能。有研究报道肠道菌群代谢某些核苷类似物如卡培他滨、氟达拉滨后使其肿瘤杀伤毒性增强，但是克拉屈滨、吉西他滨等被肠道菌群代谢后活性明显减低。

伊立替康是一种拓扑异构酶-1抑制剂，与其他化疗药物联合组成的化疗方案，是晚期结直肠癌的标准治疗。限制其应用的重要原因是药物不良作用（如致命性腹泻和重度骨髓抑制），相关研究发现肠道微生物代谢产生的β-葡萄糖醛酸酶调节肠腔内伊立替康生物活性形式的水平，从而影响伊立替康的毒性。动物实验发现给予口服细菌β-葡萄糖醛酸酶抑制剂可以降低伊立替康在小鼠体内的剂量限制毒性，既不会损伤宿主细胞，同时也不会影响肠道微生态平衡，这个实验说明肠道微生物代谢可以成为抗肿瘤治疗的一个靶点。

四、微生物通过调节免疫反应增强抗肿瘤效应

近年来，免疫检查点的研究使得临床抗肿瘤治疗取得了新的突破。其中，细胞毒性T淋巴细胞相关抗原4（cytotoxic T-lymphocyte associated antigen4，CTLA4）、程序性死亡受体-1（programmed cell death 1，PDCD1，也称PD-1）或程序性死亡受体配体-1（programmed cell death 1 ligand 1，PDCD1LG1，也称PD-L1）是热门的研究靶点。这些靶点的抑制剂，如CTLA4单克隆抗体（anti-CTLA4 monoclonal antibody，aCTLA4 mAb）与PD-L1单克隆抗体（anti-PD-L1 monoclonal antibody，aPD-L1 mAb）的临床应用可增强机体对肿瘤的免疫反应，在治疗晚期黑色素瘤、肾癌和肺癌中表现出显著的临床疗效。现今已有更多的学者开始关注肠道菌群在其中发挥的作用。Vétizou等发现，aCTLA4 mAb对无菌小鼠或经抗生素处理后的荷瘤小鼠治疗无效，这是因为aCTLA4 mAb诱导肠道黏膜损伤，引起细菌移位及树突状细胞浸润，树突状细胞的作用是增加aCTLA4 mAb的抗菌作用、抗肿瘤作用。如此说明肠道菌群可通过调节树突状细胞功能控制aCTLA4 mAb的疗效。通过进一步的研究发现，拟杆菌属可显著提高aCTLA4 mAb的疗效。而无菌小鼠对aCTLA4 mAb治疗反应的缺失可通过类杆菌的定植、脆弱拟杆菌多糖诱导的免疫反应或过继性转移脆弱拟杆菌特异的Th1细胞而修复。在另一项研究中，Sivan等发现JAX小鼠和TAC小鼠中，有不同肠道菌群的同种小鼠皮下黑色素瘤的生长率存在显著差异，而将两种小鼠共同培养可消除免疫反应的差异，结果提示肠道菌群的差异可能影响小鼠的抗肿瘤免疫反应。通过进一步的研究发现，小鼠体内的双歧杆菌可增强

PD-1/PD-L1 抗体的抗肿瘤作用。综上所述，随着对肠道菌群在免疫检查点抑制方面不断地深入研究，抗肿瘤免疫治疗有望得到新的突破。

第三节　肠道微生态研究临床应用的挑战与思考

多项临床前和临床研究探索了肠道微生态与恶性肿瘤发生发展的关联，结果令人鼓舞。但究竟能否及如何更好地应用于临床实践仍面临诸多挑战。首先，各研究之间方法和结果不一致。目前用于研究人体肠道微生物组对肿瘤影响的模型包括无菌鼠、异种移植鼠、人源化鼠等，样品的收集、存储和处理方式及用于分析的测序方法存在差异。改进临床前模型并标准化研究方法是得到可比性结果的第一步，可以利用先进的 3D 器官结构芯片、类器官等体外模型更好地模拟人体环境。除肠道微生物外，宿主基因组学、宿主免疫、环境暴露和肿瘤内在因素（如基因组）和肿瘤微环境的改变都会影响肿瘤的发生发展。因此，建立临床模型前要考虑多种因素，并进行互补实验以验证研究结果。其次，尚不清楚肠道微生物的多样性、特定微生物的相对丰度或功能状态在肿瘤发生发展过程中的相对作用。补充缺失菌群、下调富集菌群的最佳方式需要大规模人群研究。目前多数研究初步确定了微生物种类和肿瘤表型之间的相关关系，而因果关系尚不明确，期望预测性机器学习和人工智能算法可帮助解决这一问题。再者，肠道微生态的复杂性是多方面的：①人类饮食与肠道微生物组的关联是个性化、可变性和多样化的；②药物能对肠道微生物产生影响，非抗生素类如 PPI、二甲双胍等和抗生素类药物会影响胃肠道微生物丰度及细菌基因表达；③微生物间相互作用，如特定菌种产生的抗生素可调节局部菌群群落结构；④不同地理区域人群的肠道微生物组成及功能明显不同；⑤微生物的遗传变异和表型变异等因素，增加了肿瘤相关微生物研究的复杂性和结果差异性，因此，肿瘤相关的肠道微生物研究需要不断深入才可能实现临床转化。

肠道微生物与恶性肿瘤的发生发展及转归密切相关，具体机制涉及微生物作为炎症刺激调节了宿主免疫应答，参与宿主物质代谢产生抗感染或促感染物质，以及产生遗传毒性物质造成 DNA 损伤等。肠道微生物具有成为肿瘤早筛、辅助肿瘤诊断、预测预后的标志物的潜力。但目前研究面临诸多挑战，实现临床转化的前提是需要对肿瘤与肠道微生物间相互作用的机制进行更深入的挖掘，要考虑到多种混杂因素的影响，临床应用价值的确定需要标准化临床试验等。未来，通过调整饮食结构、补充个性化微生物制剂如益生菌或缺失的“有益”菌、口服抗生素靶向下调富集的“有害”菌种、研制靶向基因毒素的药物等针对肠道微生物的方法，可能成为肿瘤预防和治疗的新手段。

（谢　晶　郭　智）

第五章

菌群、肿瘤和肿瘤治疗

在过去的数十年里，我们看到了大量的研究数据将宿主微生物与正常的生理功能联系起来。现在已有大量的文献表明了它们之间具有联系，即微生物群落稳态的破坏（称为失调）和一些病理改变之间具有联系，肠道菌群与神经疾病、代谢和心血管疾病及胃肠道功能紊乱具有一定关联。此外，许多研究也表明，肠道共生微生物群与癌症之间存在联系，最近的一些研究也表明肠道微生物在调节癌症免疫治疗中具有重要的作用，一些特定菌群可能有助于提升免疫治疗效果。然而，我们不能忽视肠道菌群与肿瘤和肿瘤治疗之间具有复杂性，因此需要继续研究如何利用肠道微生物群推动肿瘤治疗的发展，以让菌群调节治疗作为传统抗癌治疗的一个可行的辅助手段。

第一节　肠道菌群失调与肿瘤发生

肠道微生物群因其对健康和疾病的影响而日益被认识。对于肿瘤也是如此，某些细菌和病毒与细胞发育不良和癌变有关（图 5-1）。

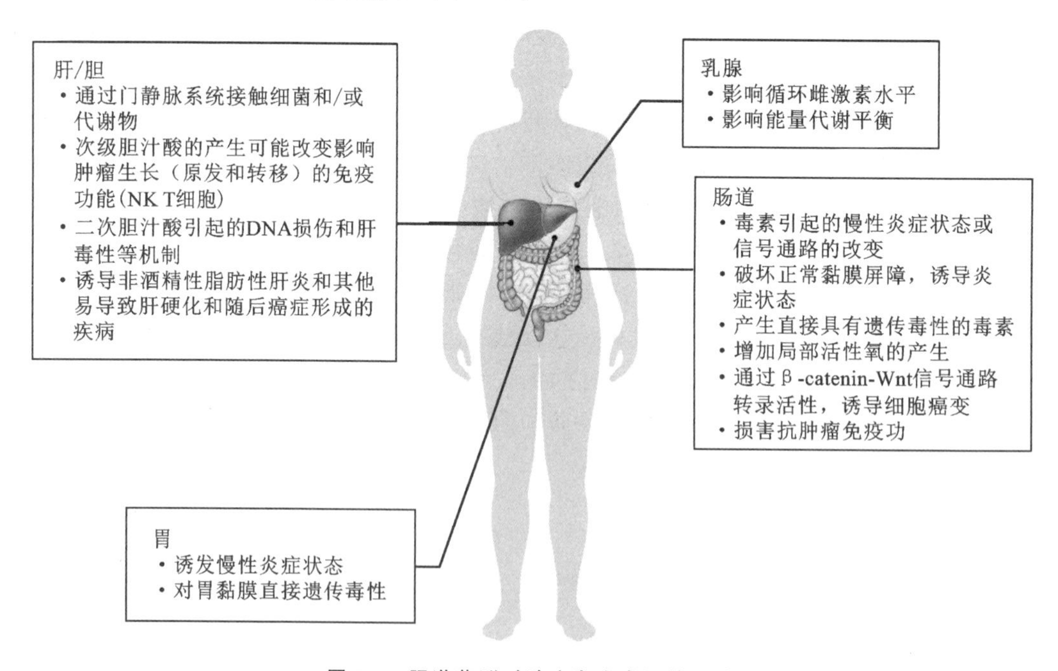

图 5-1　肠道菌群对肿瘤发生发展的影响

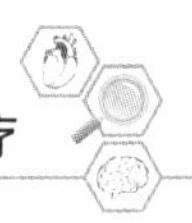

已知能致癌且可在胃肠道分布的细菌包括伤寒沙门氏菌和幽门螺杆菌。伤寒沙门氏菌可诱导胃癌和胆管癌发生，幽门螺杆菌与胃癌发生有关。学界通常认为，肿瘤的发生继发于局部慢性炎症状态；然而，一些细菌，包括幽门螺杆菌，具有直接的遗传毒性作用，并能改变调节黏膜细胞生长和增殖的关键细胞内信号通路。特别是幽门螺杆菌与胃腺癌和黏膜相关淋巴组织（MALT 淋巴瘤）有关，并被世界卫生组织（WHO）认定为I级致癌物。

此外，也有证据支持这样的观点，即肠道微生物群的普遍失调可能导致肿瘤发生。目前一个大样本病例对照研究已经证实，反复多个疗程使用抗生素可能与胃肠道和非胃肠道肿瘤发生有关。但是肠道微生物的失调导致肿瘤发生的机制是多样的，而相关机制并未被全部解析，因此需要进一步研究，以便更好地了解肠道微生物如何影响肿瘤发生。

结直肠癌（CRC）是支持肠道菌群失调促进肿瘤发展的主要模型。首先，在 CRC 中，肿瘤菌群（即腺瘤或癌症相关微生物区系）与邻近健康黏膜菌群显著不同。临床前模型的研究数据表明，从 CRC 患者移植粪便可以诱导无菌小鼠肠息肉，导致致癌信号发生，并改变局部免疫微环境。此外，各种临床前模型和一些人类研究表明，菌群失调是 CRC 的驱动因素。某些细菌在人类肿瘤和小鼠模型中可以刺激炎症状态，通过诱导促炎因子释放，促进癌变（如脆弱拟杆菌），这些细菌可以增加活性氧的产生，改变细胞信号通路（具核拟杆菌），而另外一方面它们可能起到抗肿瘤免疫的作用（具核拟杆菌）。慢性炎症状态可能会导致菌群失调，在该状态下炎症调节基因的基因缺陷会促进某些细菌包括大肠杆菌的积累。这些细菌也可直接产生具有遗传毒性的代谢物（如空肠弯曲菌和大肠杆菌产生的细胞致死性膨胀毒素中产生大肠杆菌素），这些代谢物被证明可以诱导小鼠的肿瘤发生。此外，具核拟杆菌的成分，包括 FadA 黏附素（FadAc）复合物，可以激活人结肠癌细胞系 β-catenin-Wnt 信号通路，导致癌基因相关的转录增加。

已有研究表明，具核拟杆菌在结肠癌包括结肠腺瘤的发生发展中具有一定作用，在这些患者的淋巴结和远处转移中也能检测到这些细菌。但是这些研究往往依赖于 PCR 技术，只能检测核酸，无法对细菌的存活状态及是否是侵入状态进行检测。基于 16S rRNA 原位荧光杂交（FISH）技术，研究者们不仅在原位肿瘤，也在淋巴结转移和肝转移部位，以及肿瘤细胞内均发现该细菌。而从取自结肠癌和肝转移患者的有限数量的新鲜冷冻标本以及患者衍生的异种移植模型中培养出了该菌，进一步证实了该菌与肿瘤的关系。

肠道微生物也与肝细胞癌（HCC）和乳腺癌等其他许多恶性肿瘤有关。通过门静脉系统，肝脏暴露于肠道细菌成分及其代谢产物和副产物中，这可能导致炎症产生，或者这些细菌代谢产物具有的肝毒性可能直接导致癌变。一些微生物可将肝脏产生的初级胆汁酸修饰转化为次级胆汁酸，如脱氧胆酸（DCA），而这些次级胆汁酸可以导致肝细胞 DNA 损伤，具有肝毒性和致癌作用。初级和次级胆汁酸的平衡可改变肝脏中自然杀伤（NK）T 细胞的数量，这些细胞可以抑制小鼠模型中的原发和转移肿瘤生长。肠道微生物群也与传染性肝炎和肥胖以及非酒精性脂肪肝的发展（NASH）有关，某些菌群可导致肝硬化进而导致肝癌的发生与发展。而在乳腺癌方面，肠道微生物群可能通过其对类固醇（雌激素）代谢的影响，特别是通过改变循环雌激素和孕激素的分布能力影响乳腺癌发生发展；还可以通过其对能量代谢和肥胖的影响；或通过抗肿瘤免疫功能的改变来影响肿瘤的发生。已有一些研究表明肠道菌群失调与其他恶性肿瘤发生之间的联系；然而，这些关联的特征相对较差，需要进一步研究。而进一步的临床前、临床和流行病学的研究将有助于理解肠道菌群失调与癌症之间的关系。

第二节　肠道菌群与肿瘤治疗

肠道菌群除了它们在肿瘤发生中的作用外，也被证明对癌症的治疗反应起着关键作用。已发表的研究表明，肠道菌群通过一系列特定的机制，在肿瘤治疗中影响治疗反应和毒性，这些治疗方式包括化疗、免疫检查点阻断和干细胞移植等。

一、肠道微生物在免疫检查点阻断治疗中的作用

目前已发表有多篇研究论文证明肠道菌群在几种肿瘤中具有调节免疫检查点阻断治疗效果的作用。而这些研究都是受到临床前模型中数据启发，并在许多临床队列的研究中得以证实。这些研究都证明，不同的肠道菌群“特征”存在于对免疫检查点阻断治疗有反应的患者中，这些有利的特征包括增强全身免疫和瘤内免疫浸润。此外，部分研究表明，“应答者”和“非应答者”表型可以通过粪便微生物移植（FMT），在无菌或抗生素处理的小鼠中模型中得以重现，或者可以通过移植特定菌群改变肠道菌群特征得以实现。通过基础和临床研究，肠道菌群如何影响免疫检查点阻断治疗效果的机制已被部分阐述。研究表明肠道菌群可能通过多种机制影响抗肿瘤免疫，包括微生物成分或产物与免疫细胞相互作用，如病原体相关的分子模式（PAMPs）、抗原提呈细胞（APC）和先天免疫效应［通过如 Toll 样受体（TLRs）等模式识别受体（PRRs）］，帮助启动适应性免疫反应；或由 APC 或淋巴细胞产生细胞因子增强抗肿瘤效果（图 5-2）。

尽管在不同免疫检查点抑制剂的研究中，已鉴定的菌群之间存在一些系统发育共性，但这些与免疫检查点阻断治疗反应相关的菌群特征在不同队列的研究中只有少量重叠。基于这些研究，人们对利用挖掘出这些菌群特征来设计最佳的免疫检查点阻断治疗具有促进作用的菌群具有极大的兴趣，但是还需要进一步有关机制研究。

二、肠道菌群与化疗

现有研究表明，肠道菌群可能对其他一些肿瘤治疗效果具有一定影响。在临床前模型中，肠道和其他部位的菌群显示对化疗效果具有影响。对环磷酰胺治疗有益反应与这些菌群增加肠道通透性有关，肠道通透性增加后，允许细菌易位并促进在固有层和效应淋巴结内的 T 辅助 17（Th17）细胞成熟，因此增加全身抗肿瘤效果。相反，对局部 CPG 寡核苷酸治疗和奥沙利铂的反应依赖于菌群有关的前炎症因子基因表达和肿瘤微环境中髓系细胞内活性氧簇的产生。

（一）肿瘤治疗对肠道菌群的影响

越来越多的证据表明，除了肠道菌群对肿瘤治疗具有影响外，肿瘤治疗也可能反过来影响菌群。化疗会导致菌群失调并影响多种代谢途径。在化疗过程中也常常使用抗生素来

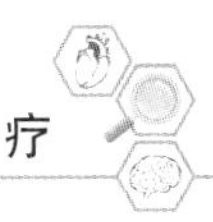

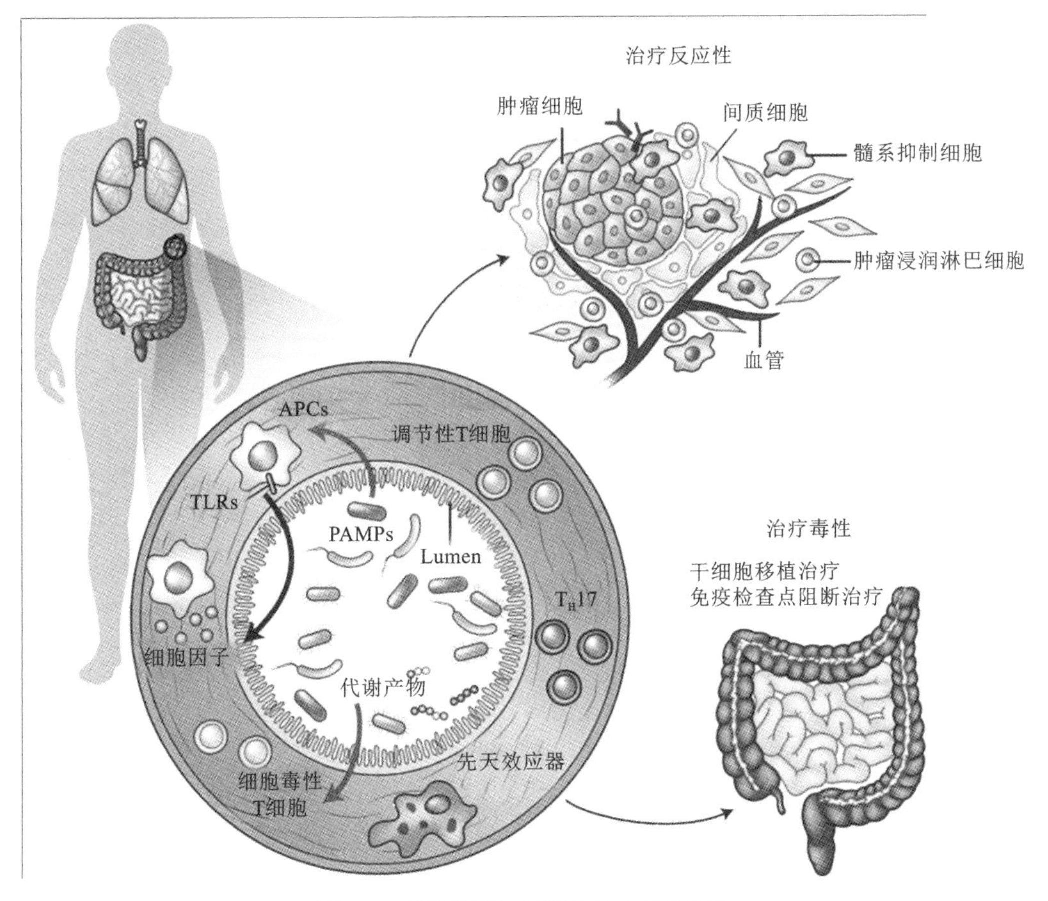

图 5-2　肠道菌群对不同肿瘤治疗的影响

肠道菌群可以影响对各种癌症疗法的反应以及相关的毒性，如结肠炎和 GVHD。肠道菌群被认为可通过体内局部变化如肠黏膜和肠黏膜相关淋巴组织改变全身免疫功能。PAMPs 可以通过与 APC 和 PRRs（TLRs）相互作用启动适应性免疫，通过局部产生的细胞因子和微生物代谢物系统地影响免疫功能。这将导致肿瘤浸润淋巴细胞（TIL）数量增加和髓系抑制细胞（MDSCs）减少，从而增强抗肿瘤效果

预防感染，这也会影响菌群；而且，抗生素的使用对肿瘤免疫治疗结果的负面影响已经在几项研究中被证明。此外，在手术情况下，肠道菌群可能被药物（抗生素）和/或渗透肠制剂的使用所破坏。放射治疗也可能通过损害肠道和/或结肠黏膜来影响肠道菌群，从而改变胆汁盐的吸收和改变患者大便频率。

（二）肠道菌群和肿瘤治疗毒性

除了影响治疗反应外，肠道微生物也参与调节肿瘤治疗毒性。在同种异体干细胞移植治疗各种血液系统恶性肿瘤（包括非霍奇金淋巴瘤、霍奇金淋巴瘤、多发性骨髓瘤和白血病等）的过程中，肠道菌群的组成差异与移植物抗宿主病（GVHD）的发生率有关；GVHD 发生是因为移植物的供体细胞（最常见的是 T 细胞）与患者的主要组织相容性复合体发生交叉反应，产生皮肤、胃肠道和其他组织的免疫相关毒性。GVHD 具有极高的发病率和死亡率。研究表明，急性 GVHD 最常见的发生部位是那些被细菌菌群高度定植

的部位，随着测序技术的不断进步，我们对菌群特定成分在 GVHD 毒性中的作用也有所了解。一些研究指出肠道细菌 *blautia* 是一个潜在的有益参与者，因为肠道内高丰度的这种细菌与较低的 GVHD 死亡率相关。

也有部分研究揭示了抗肿瘤疗法中肠道微生物对治疗毒性的影响。几种肠道细菌群可能对肿瘤免疫治疗的毒性有保护作用。拟杆菌门细菌（*bacteroidetes*）在伊普利单抗诱导的结肠炎患者肠道内丰度更高，而双歧杆菌（*bifidobacterium*）可以在小鼠模型抑制免疫治疗所诱导的结肠炎。一些菌群也可能与免疫治疗的良好反应和较低毒性有关，如厚壁菌门（*firmicutes*）细菌与免疫治疗和免疫治疗诱导的结肠炎有关。因此，了解这些效应的机制是至关重要的。临床前的研究表明，肠道菌群在奥沙利铂的毒性反应中起着双重作用。通过增加背根神经节活性氧簇和前炎症因子的产生，肿瘤细胞毒性和患者机械痛觉过敏。在临床前模型中，放疗也被证明改变了肠道菌群组成，减少了 *firmicutes* 的丰度，增加了变形菌门（*proteobacteria*）的丰度，并因此增加了对放疗相关结肠炎的易感性。

而最近的研究也证明粪菌移植（FMT）对免疫治疗相关结肠炎治疗有效。糖皮质激素和抗肿瘤坏死因子 α 和抗整合素对这类结肠炎均无效。而在内镜下结肠炎的炎症程度与菌群的变化有关，结肠炎症浸润程度也与不同的菌群特征有关。

第三节　肿瘤相关菌群

鉴于人体携带着数以万亿的微生物，因此在肿瘤内部检测到细菌可以理解；肺、乳腺、结肠、胃、胰腺、胆管、卵巢和前列腺癌组织都被发现携带微生物。虽然肠道、呼吸系统或生殖道的肿瘤通常暴露于微生物中，但其他肿瘤组织中存在细菌难以以暴露这个原因来解释。即使在肠道黏膜完整的健康个体中，感染或肠道细菌易位引起的全身播种可能发生率也较高。这些细菌可以通过渗漏异常血管有选择地定植于供血丰富的肿瘤。一旦定植下来，它们可以选择性地在相对低氧的肿瘤微环境（特别是厌氧菌或兼性厌氧菌）中生长。在啮齿动物模型中已经证实了这一点。

虽然与肠道菌群相比，没有直接证据表明瘤内细菌可以影响肿瘤患者的生存，但是一些研究表明它们很可能对肿瘤治疗的反应产生影响。这些瘤内细菌代谢活跃，可以改变常见化疗药物的化学结构，因此改变它们的活性（增加或降低化疗药物活性），从而改变药物在局部的有效浓度。一些菌群，包括 γ-变形菌（在胰腺肿瘤中发现），表达一种胞苷脱氨酶亚型，可灭活吉西他滨，从而降低药物在肿瘤局部浓度，因此赋予肿瘤包括胃肠道肿瘤和胰腺癌对该化疗药物的耐药性。然而，瘤内细菌对肿瘤治疗反应的影响并不限于其产生的酶活性。在结肠癌（CRC）中，梭形杆菌属细菌（*fusobacteriu*）可能通过激活癌细胞上的 TLRs 和诱导肿瘤内某些 miRNA 低表达并启动自噬而赋予肿瘤对化疗药物的耐药性。此外，一些细菌在肿瘤微环境中具有免疫调节功能。一些细菌在肿瘤环境中具有免疫刺激作用，而另外一些研究则表明，瘤内细菌诱导免疫抑制微环境产生。在临床前模型中，肿瘤内天然免疫细胞对细菌的识别（通过 PRRs）可以激活促炎细胞因子的产生，促进多种免疫细胞浸润，改善抗原呈递，从而增强抗肿瘤免疫功能。瘤内细菌也可以改变配

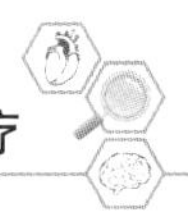

体和受体在免疫细胞和肿瘤细胞上的表达，而这些细胞是目前免疫治疗的靶点。但是它们也被证明具有免疫抑制性。它们可以招募髓性抑制细胞（MDSCs），增加免疫抑制细胞因子表达或激活其他免疫检查点。梭形杆菌属细菌 Fap2 蛋白可抑制 T 细胞通过 Ig 和 ITIM 结构域（TIGIT）激活 NK 细胞，从而抑制 NK 细胞对结肠腺癌细胞的杀伤。减少胰腺癌瘤内细菌负荷的抗生素治疗已被证明可以减少抑制性细胞的招募和增加先天免疫效应细胞的招募，增加细胞毒 T 细胞活性。

第四节　微生物群作为肿瘤治疗的靶点

目前，通过调节肠道菌群来增强肿瘤治疗反应和/或消除治疗相关毒性是一个研究热点，并在一些肿瘤中已经取得了一定的效果，但是由于肿瘤异质性，在一些肿瘤中效果不显著，其机制仍需进一步研究。

一、粪菌移植

粪菌移植（FMT），最初在 2000 年前使用。当时古代中国医生给患者口服“黄汤”——一种健康人排出的粪便，以治疗严重腹泻。第二次世界大战期间，在非洲也有人也使用了这种治疗方法，在该地区的德国士兵和游牧民族常使用骆驼粪便治疗严重痢疾。在 1958 年，在艾斯曼用粪便灌肠治疗暴发性伪膜性小肠炎腹泻患者后，人们对这一治疗方法的概念的兴趣重新燃起。在过去的数十年中，FMT 得到了更广泛的应用，被用以治疗耐药艰难梭菌感染（CDI），并具有较好的疗效。FMT 可以通过许多不同的途径实现，包括结肠镜检查、灌肠或口服（通过鼻胃管或口服胶囊）。通过结肠镜或灌肠给予 FMT 对 CDI 具有最好的治疗效果，其次是通过鼻胃管给药和口服 FMT 胶囊给药。但是最近的一项随机对照试验表明，口服胶囊和通过结肠镜检查给予 FMT 的临床疗效相同。到目前为止，这种方法在治疗非恶性疾病方面具有很好的安全性，即使在免疫功能受损的个体中也是如此。尽管目前有几个临床试验是通过 FMT 调节肠道菌群结合其他治疗方法如放、化疗来治疗肿瘤，但是其在癌症患者中的应用相对较少。这些治疗主要用于干细胞移植治疗前治疗，目前也有越来越多的临床试验使用 FMT 结合免疫检查点阻断治疗肿瘤。

二、益生菌治疗

自 20 世纪初即开始出现一种观点——通过调节肠道菌群来改善人类健康。从理论上说，调节肠道菌群可能具有有益的效果。“益生菌”的定义是指摄入足量的这些细菌或活菌的组合可以给宿主健康带来益处。作为治疗药剂使用的益生菌属于食品和药物管理局（FDA）的规定范畴，但那些被认为是膳食补充剂（占绝大多数）的益生菌却无需严格的 FDA 审查程序即可以上市。但是这也给患者和医疗机构带来困惑，因为这些监管较少的快消产品所声称具有的潜在健康益处可能缺乏强有力的科学依据。而且它们对肠道菌群的调节效果和对整体健康的影响可能是相当有限。一些商业化的益生菌在临床前模型和一些临床试验中研究结果不尽相同。尽管一些研究表明益生菌对肿瘤患者健康具有潜在积极作用，但一些其他研究表明在某些情况下使用益生菌，增加了肿瘤组织生长和多能性。对此结果可能的解释包括益生菌给药的时间不同。给 CRC 患者服用益生菌可以改变肠道菌群构成——服用益生菌后肠道黏膜和粪便样本中产丁酸细菌丰度增加。手术前乳腺癌患者服用益生菌后肠道菌群也发生变化，肿瘤微环境中 $CD8^+$ T 淋巴细胞比例也发生变化。

一些研究表明，肠道菌群或肿瘤微环境中菌群组成的变化可能会影响患者的预后。浅表性膀胱癌患者接受经尿道电切术后，在膀胱内给表柔比星，之后口服干酪乳杆菌制剂一年，患者无复发，生存率有所改善，但与对照组相比，总体生存率无差异。除了关注益生菌对肿瘤发展和治疗反应的影响外，临床试验还关注了益生菌对治疗相关毒性的影响。一些研究表明，在接受 5-氟尿嘧啶（5-FU）化疗的结肠癌患者中，给予鼠李糖乳杆菌（*Lactobacillus rhamnosus*）可降低化疗有关的腹泻。此外，头颈部癌症患者同时接受化疗和益生菌可改善其口腔黏膜炎症状。但是益生菌对肿瘤治疗毒性的影响仍然需要进一步的研究。

三、下一代生物疗法和益生菌设计

鉴于越来越多的证据表明微生物在健康和疾病中的作用，目前亟须努力开发下一代生物疗法，涉及单株或多株细菌的组合，并且需要具有很强的科学证据，支持它们的功效。目前有许多生物技术公司现在正专注于这项工作。但是益生菌作为治疗性药物还是膳食补充决定了对它们的监管原则，因此需要政府相关部门尽早设立相关法规，科学界也需要进一步加强基础理论和临床研究，以确实的证据并建立相对标准的治疗方式，以确保不同研究中能得到一致的结论，在患者中能取得相对一致的效果。最初成功地治疗 CDI 和炎症性肠病（IBD）的益生菌，表明下一代生物疗法可能主要集中于寻找调节肠道菌群的方法。需要进一步关注这些的临床试验中的纵向样本，如最佳剂量、植入方法和参与者招募。由于目前有许多研究证实了对免疫检查点阻断有反应的患者肠道菌群微生物特征的存在，目前需要做的是设计一个“最佳”菌群组合，以增强对这些药物的治疗反应。但是在其中我们遇到了一些复杂的问题，因为迄今为止所进行的研究中与反应有关的菌群很少有重叠。其中的解释包括各个研究所应用测序技术有所不同，分析方法也有差异，此外还有患者队列之间的差异（如这些患者肿瘤类型不同或他们来自地理上不同的地区，饮食和其他环境因素也不同）。这些解释凸显了目前需要标准化微生物组测序和分析方法，以促进队列之间可比较性，另外，代谢组学分析也很重要，在今后的研究中应予以考虑。

四、饮食、益生素与益生菌

食物作为药物的概念可以追溯到著名的希波克拉底的名言“让食物成为你的药，让药物成为你的食物”。而在中国，这一理念也深入人心，很多中药本是食物。事实上，各种微生物群落密切参与了人类消化和营养提取的每一步，肠道菌群发挥最作用的角色。肠道微生物群改变了人体对食物的营养成分的吸收，释放出许多人体无法消化的营养物质。除此之外，饮食可以影响肠道微生物组成（不仅是细菌，还包括病毒、真菌、原生动物和噬菌体）及其转录组和代谢组。

饮食习惯的剧烈变化可以在相对较短的时间内引起肠道微生物群结构的变化。例如，较少动物脂肪摄入可以降低肠道拟杆菌目（Bacteroidales）细菌；而高纤维饮食可以增加产生短链脂肪酸（SCFA）细菌。这些改变也被证明会影响小鼠的免疫反应和人类的代谢。因此，饮食可能最终影响肿瘤治疗。

除了饮食，益生素和益生菌也可以用来调节肠道微生物。益生素由特定的化学物质组成，可以选择性促进某些细菌的生长，从而促进了菌群多样化和肠道内“健康”的菌群。益生素包括果糖（包括低聚果糖和菊粉）等物质，这些物质已被证明能选择性地刺激特定细菌的生长和改变肠道内 SCFA 水平。这些制剂在小鼠模型中，被证明增强了多种常见化疗药物和放疗的作用效果。对益生菌的些研究，主要集中在 SCFAs，在小鼠模型中研究表明其作为高纤维饮食的组成部分，可以预防 CRC。然而该项研究并非基于大量患者。

五、针对性地调节菌群

广谱抗生素的使用与肠道菌群的剧烈变化有关。利用靶向抗生素和/或噬菌体更有针对性地调节肠道菌群可能更有利于人类健康和疾病治疗效果。最近一项关于抗生素对治疗反应的研究结果值得关注。该研究表明，转移性肾细胞癌（RCC）或非小细胞肺癌（NSCLC）患者在开始接受免疫检查点阻断治疗前后接受抗生素治疗会降低患者生存率。抗生素对血液恶性肿瘤也具有不良影响。一项研究表明，接受抗革兰阳性细菌抗生素的患者再接受环磷酰胺治疗慢性淋巴细胞白血病（CLL）或顺铂治疗复发淋巴瘤，它们对化疗药物的总体应答率较低，肿瘤复发较快，患者总体生存率较低。尽管滥用广谱抗生素对肿瘤治疗可能是有害的，但“量身定制的抗生素治疗”选择性地耗尽特定的微生物群落可能会增强和改善疾病治疗效果。

除了利用抗生素，噬菌体也被探索用于调节肠道微生物群以治疗疾病。噬菌体是感染细菌的病毒，是肠道内最丰富和最多样化的病毒，它们可以特定式杀死细菌。在临床前模型中，噬菌体已经显示出在靶向特定的菌群方面具有和抗生素相同的疗效，同时减少了其对共生的、非靶向细菌的破坏。最近的研究表明噬菌体也可能以其他方式塑造肠道微生物群，并可能在一定程度上有助于 FMT 对 CDI 的疗效。但是，基于噬菌体药物的耐药性、安全性及对正常菌群和免疫系统的潜在影响需要进一步研究。

（一）靶向肿瘤菌群

除了通过调节肠道菌群影响肿瘤治疗外，目前针对肿瘤菌群阻止肿瘤的进展、增强肿瘤治疗反应的研究也在进行中。一些研究现已证明瘤内细菌对 CRC 和胰腺癌的治疗反应具有有害影响。通过抗生素的使用杀灭瘤内菌群可以改善化疗反应以及免疫检查点阻断治疗效果。目前一些旨在将这些细菌与常规肿瘤症治疗结合起来临床试验正在进行。然而，这些研究存在复杂性，如系统性抗生素给药对肠道菌群也有影响，这种额外效应也必须考虑。

针对肿瘤菌群，研究者们也创造了一种具有创新性策略。该策略利用了一些细菌对某些肿瘤的偏好，运用生物工程技术使这些细菌成为可直接杀死肿瘤细胞，或可产生有利于抗肿瘤免疫反应的免疫微环境的细菌。如表达 TLR5 配体（鞭毛）的减毒沙门氏菌菌株

（其鞭毛来自弧菌）可激发一系列免疫反应，促进免疫细胞对肿瘤小鼠的抗肿瘤免疫活性。几种高度减毒的沙门氏菌株已被证明其促进了免疫细胞对黑色素瘤和 RCC 的杀伤活性。但是，在这些研究中，这些工程菌对肿瘤生长几乎。此外，对患者使用具有潜在感染性细菌作为治疗方式仍然具有争议。

我们需要对特定肿瘤内所有细菌及每个细菌的特定酶和细胞活性进行表征，这将为基础医学和转化医学科学家们提供更多的数据，以有利于进一步研究它们对肿瘤疗法的治疗效果，并有可能发现新的抗肿瘤细菌。

第五节　菌群在临床的未来展望

越来越多的证据表明，共生微生物（特别是菌群）在人类整体健康中起着重要的作用，因为它对整体免疫系统具有重要的作用。菌群的破坏与失调可能导致包括肿瘤在内的疾病的发生并影响这些疾病的治疗。此外，现有证据表明，这些微生物可能会通过在肿瘤微环境中的局部存在或通过对全身的影响（如肠道和皮肤）而赋予宿主对某些肿瘤的易感性，并影响肿瘤治疗效果和治疗毒性。而后者与肠道菌群调节化疗和放疗及免疫治疗效果有关，并最终影响患者预后。这个调控系统既是多变的，也具有可修改性，因此为基于菌群的治疗提供了潜力。

此外，一些外力（如饮食、抗原暴露、药物和压力）也是通过它们与遗传因素的相互作用发挥对宿主的影响作用，如促进宿主健康或疾病状态。而这些外力，很大一部分影响宿主微生物群，特别是菌群。但是，我们对人类微生物群的理解还远远不够；例如，我们对肠道菌群与神经和内分泌系统间存在广泛的双向反馈系统的理解尚不足。

菌群、肿瘤与肿瘤治疗效果这个研究领域相对较新，也留给我们很多问题。特别是哪些细菌物种和物种群可作用于疾病，它们确切的作用机制以及它们所介导的抗肿瘤效应机制仍需要进一步研究。从基础研究和转化医学研究再到临床研究和流行病学分析，每个层次的研究都有利于解析菌群与疾病的关系，促进我们对这个复杂生态系统的理解。随着我们在肿瘤其他疾病治疗方面的进展，从预后和治疗的角度，我们都应考虑菌群的影响。我们需要制定多种策略来监测和调整菌群有关因素，以优化个体健康和有效治疗疾病。只有通过这样的方法，我们才能实现对疾病的精准治疗。

（詹晓勇　许晓军）

第六章

肠道微生态与肿瘤诊治概况

微生物群（microbiota）由定植于上皮屏障的共生细菌（commensal bacteria）和其他微生物组成，对生物体的健康和生存至关重要，影响着从局部屏障维持到代谢、造血、炎症、免疫等系统生理功能调节。其中，肠道微生态（gut microbiome）是人体最庞大、最重要的微生态系统，是激活和维持肠道生理功能的关键因素，与感染、肝病、消化道疾病、恶性肿瘤、糖尿病、肥胖、自闭症、阿尔茨海默病、高血压病等疾病密切相关。2002年，来自欧洲的科学家利用细菌 16S rRNA 基因测序技术研究肠道微生物，首次提出了欧洲人类肠道微生物计划（the EU human gut flora project）。2007 年，Jeffrey Gordon 等 6 位科学家联名在 *Nature* 杂志提出了人类微生物组计划（human microbiome project，HMP）。2010 年 Science 首次报道了 HMP 第一阶段 178 个微生物基因组测序结果。自此，在二代测序技术（next generation sequencing，NGS）、无菌小鼠（germ free，GF）培养、生物信息学等方法和技术推动下，肠道微生物研究开启了新的篇章，越来越多的科学家着眼于肠道微生物对人体内各个组织器官的影响，以及与各种疾病之间的关系，相关研究出现“井喷”之势，并逐渐向临床转化。利用粪便移植（fecal microbiota transplants，FMT）、肠道微生态调节剂（microecological modulator）、基因工程细菌等微生态治疗策略在难治性梭形杆菌（clostridium difficile）感染、炎症性肠病（inflammatory bowel disease，IBD）、移植物抗宿主损伤（graft versus host injury，GVHD）等治疗中较传统方法有更好的疗效。研究证实，肠道微生物参与肿瘤的发生、进展和扩散，对癌症治疗反应及其毒性副作用有重要影响。随着肠道微生态与肿瘤相关研究不断深入，基于肠道微生态的策略在肿瘤诊断和治疗中也显示出了有希望的前景。在前面章节中，编者已详细介绍肠道微生态、肠道微生态与肿瘤关系等方面研究。本章节在简要概述微生态与肿瘤研究进展的基础上，拟重点介绍肠道微生态研究在肿瘤诊疗中的应用。

第一节　肠道微生态与肿瘤筛查、诊断和预后

肠道微生物普遍存在于消化道，与人类健康密切相关。Faith JJ 等建立了一种新型测序方法，鉴定了 37 个美国成年人长达 5 年的时间点上粪便微生物菌群组成。他们发现，大部分菌株能长时间保持稳定。然而，体重减轻等生理变化显著影响肠道微生物株组成，表明肠道微生物变化可反应肠道功能及宿主健康状态。该研究建立的方法显示了常规粪便采样、检测应用于个体化疾病预防的可行性。同时，这种肠道微生态稳定性及对生理变化的反应性特征也暗示了肠道微生物检测应用于肿瘤筛选、诊断和预后的潜力。

一、肠道微生物诱发致癌性突变“指纹”可作为肿瘤筛查潜在的标记物

烟草或紫外线等因素引起特定DNA损伤，产生致癌性突变“指纹”。肠道微生物已被证实普遍富集于肿瘤患者肠道和粪便中，与肿瘤发生发展密切相关。业已证实，肠道微生物同样可直接损伤细胞DNA、诱导基因突变。研究发现，大肠杆菌携带致病性PKS“岛基因序列”，所编码的酶合成大肠杆菌素（colibactin）能使腺嘌呤残基烷基化、诱发DNA双链断裂。进一步应用重复腔内注射方法使人类消化道器官（organoids）长期暴露于基因毒性PKS^{+}大肠杆菌。结果显示，PKS^{+}大肠杆菌暴露前后，类器官具有显著不同的基因突变标签。更为重要的是，在来自独立的两个人类CRC癌症基因组中检测到了相同的突变特征，进一步暗示CRC突变特征可能来源于肠道特定微生物直接诱发的DNA损伤，这一独特的致癌性突变“指纹”在CRC筛查和早期诊断中有潜在的价值。

二、肠道微生物及其代谢产物在癌症风险预测中的作用

肠道微生物主要通过其代谢产物调节宿主肿瘤发生、发展等病理生理过程。其中，SCFAs由膳食纤维在结肠中经细菌发酵而大量产生，包括丁酸盐、丙酸等。临床研究表明，CRC患者肠道产丁酸盐细菌减少，SCFAs水平降低。有研究发现，较之于对照组的健康人群，344例结直肠腺瘤患者5年的纤维摄入量显著降低，粪便SCFAs浓度明显下降。进一步研究发现，与高纤维饮食对照组健康人群相比，无论是低摄入纤维饮食健康人群还是高纤维饮食结直肠腺瘤患者，肠道内产丁酸菌及丁酸盐水平皆显著降低，结果表明纤维摄入减少或产丁酸盐细菌减少可导致结肠丁酸盐缺乏，与结直肠肿瘤发生有关。检测肠道产丁酸菌或丁酸盐含量变化可作为预测癌症风险潜在的生物标记物。

三、肠道微生物在预测抗肿瘤治疗疗效和不良反应中的作用

肠道微生物及其代谢产物参与药物代谢、慢性炎症、免疫调节过程，并影响化疗、放射治疗、免疫治疗等抗肿瘤治疗的疗效和不良反应。Viaud S等研究发现，环磷酰胺（cyclophosphamide，CTX）抗肿瘤效应依赖于特定肠道微生态组成。Wang A等研究显示血清瓜氨酸（citrulline）和系统性炎症蛋白水平盆腔放疗引起的疲劳相关。肠道微生物多样性、丰度和厚壁菌门/拟杆菌门比例在盆腔放疗前后变化特征可预测盆腔放疗相关腹泻。

基于免疫检查点抑制剂（immune checkpoint inhibitors，ICIs）的免疫治疗是近年发展起来的新颖抗肿瘤治疗策略。然而，大部分患者对ICIs表现出原发或继发耐药，部分甚至出现超进展（hyperprogressive disease，HPD）。此外，ICIs治疗导致免疫相关性不良反应（immune-related adverse reactions，irAE）可累及全身所有组织，少部分irAE甚至是致死性。目前，有多种生物标记物用于富集ICIs治疗有效人群、预测irAE，发挥了有益的作用。研究表明，肠道微生物群及其代谢物影响ICIs免疫治疗效果，是预测ICIs治疗疗效的潜在生物标志物。有研究发现CTLA-4抑制剂伊普利单抗的抗肿瘤效果依赖于不同种类的肠道拟杆菌。Chaput N等前瞻性观察伊普利单抗治疗恶性黑色素瘤患者的疗

效，也证实独特的基线肠道微生物群组成与治疗反应、结肠炎密切相关。Coutzac C 等在小鼠模型和肿瘤患者中发现高血丁酸、丙酸水平与伊普利单抗抗性和较高比例 Treg 细胞相关。动物模型证实，丁酸盐可抑制伊普利单抗诱导的 DC 细胞 CD80/CD86 和 T 细胞 ICOS 表达上调及肿瘤特异性 T 细胞、记忆性 T 细胞浸润。在肿瘤患者中，高血丁酸水平可减轻伊普利单抗诱导的记忆 T 细胞、$ICOS^{+}$ $CD4^{+}$ T 细胞浸润和 IL-2 水平。此外，McAllister 等研究发现特定肠道菌群及菌群多样性是影响 PDAC 患者生存的独立预测因素。因此，结合肠道和肿瘤内微生物组成及肿瘤微环境特征分析，对预测放化疗、免疫治疗等抗肿瘤治疗疗效、不良反应及生存预后有潜在的应用前景，是值得进一步研究探索的方向和思路。

第二节　肠道微生态与肿瘤围手术期管理

胃肠手术是消化道肿瘤的主要治疗手段。随着外科技术、器械以及围手术期管理的进步，胃肠肿瘤外科手术疗效明显提高。然而，术后感染、吻合口瘘（anastomotic leakage，AL）等并发症不同程度影响外科手术疗效提升。肠道菌群在促进营养元素消化吸收、维持肠道屏障功能完整性、调节胃肠道激素分泌及免疫系统激活中发挥重要作用。研究表明，胃肠外科围手术期处理显著改变肠道微生态多样性和组成特征，肠道微生态紊乱影响术后患者胃肠功能恢复、增加术后并发症风险，对肿瘤后期治疗、远期疗效也产生影响。益生菌应用等基于肠道微生态的重建策略在肿瘤围手术期治疗已显示出初步的疗效。

一、胃肠外科手术对肠道微生态的影响

胃肠外科术后患者在自身疾病的基础上，经历饮食改变、抗生素应用等肠道准备管理及外科手术治疗，易发生胃肠道屏障破坏、菌群失衡，引发手术并发症，影响围手术期修复。胃肠道手术对肠道微生态的影响主要包括：一是消化道手术后正常生理结构、生理环境等肠道环境改变，导致肠道菌群组成特征改变；二是肠道蠕动障碍对阻止肠道微生态失衡的调控作用减弱；三是消化道营养物质吸收和能量供应下调，肠道黏膜上皮屏障和黏膜免疫受损，肠道菌群发生易位，继发感染风险增高。纳入 14 项研究的荟萃分析胃肠外科手术对肠道菌群的影响。结果显示，所有研究都显示术后肠道微生物组成发生显著变化，且多见于术后 3 个月内。其中，有 9 项研究结果显示手术后特定细菌菌群比例发生显著变化。患者术后肠道功能改善与较高水平的有益细菌和更多的微生物群多样性有关。因此，重视围手术期处理减少对肠道微生态的干扰、维持肠道微生态稳态有助于患者围手术期恢复。

二、重建肠道微生态有助于肿瘤患者围手术期恢复

胃肠外科手术后患者恢复与肠道微生态结构、功能逐渐恢复相关，积极重建肠道微生态将会显著降低肿瘤围手术期并发症风险，其作用主要包括以下三个方面。

（一）有助于降低术后吻合口瘘发生风险

有研究观察 CRC 术后患者肠道菌群变化，发现发生吻合口瘘患者肠道菌群中具有黏液降解作用的毛螺菌科（*lachnospiraceae*）、拟杆菌科（*bacteroidaceae*）细菌丰度较高，而肠道菌群多样性降低。相反，某些菌种如普雷沃菌和链球菌的丰度则与吻合口瘘发生率呈负相关。

（二）有助于降低围手术期感染发生率

胃肠道肿瘤手术后肠道分泌、蠕动、吸收等功能暂时受到抑制，肠黏膜细胞出现不同程度萎缩、黏膜通透性升高，肠道黏膜屏障和免疫功能受损，严重时可引起肠黏膜坏死、脱落，导致细菌易位形成内毒素血症或脓毒血症。一项随机临床研究证实，应用益生菌可以显著降低 CRC 患者围手术期细菌易位发生率（13% vs 28%）。益生菌通过调控肠道通透性相关蛋白 Zonulin 信号通路，降低上皮细胞的通透性，改善肠屏障功能，从而有效抑制细菌易位。荟萃分析 2007—2017 年间的 21 个临床随机对照试验，共纳入采用术前平均 5～14 天结合术后 2～10 天应用益生菌治疗的 1 831 例择期结直肠手术患者。结果显示，益生菌能够改善患者肠道菌群结构，纠正菌群失调，显著降低患者体内炎性因子水平，降低术后感染相关并发症。

（三）降低术后消化道肿瘤复发风险

降低术后肿瘤局部复发是胃肠肿瘤外科手术疗效评价的重要考量，对降低远处转移、延长患者无病生存至关重要。研究证实，细菌微生物群干扰导致适应性免疫细胞功能失调，或可认为哺乳系统免疫系统实际上为微生物所控制。在失调的肠道菌群环境中，部分共生菌可向致病菌转变，诱导局部炎症反应，改变肠道免疫微环境，促进肿瘤细胞定植和肿瘤复发。Gaines S 等研究发现 CRC 术后复发与有胶原酶活性的大肠杆菌（*collagenolytic E faecalis*）和奇异变形杆菌（*proteus mirabilis*）存在有关。有研究进一步证实，肠球菌通过 GelE/SprE 依赖的信号通路激活巨噬细胞，增加脱落肿瘤细胞侵袭能力、促进脱落肿瘤细胞的迁移和定植，是介导肿瘤复发的重要机制。调节特定肠道微生物组成或其酶活性、积极重建肠道微生态有助于降低肿瘤患者术后复发的风险。

目前，肠道微生态与胃肠外科之间的关系及围手术期肠道微生态重建相关研究逐渐受到临床关注。基于肠道微生态治疗策略尽可能减少微手术期处理对肠道微生态的干扰，维持术前肠道菌群稳态，降低致病性病原微生物的定植。同时，积极应用益生菌促进肠道微生态重建，可有效减少术后并发症的发生，促进肿瘤患者术后恢复，对提升肿瘤外科治疗疗效有重要意义。

第三节　肠道微生态与肿瘤化学治疗

在靶向和免疫治疗时代，抗肿瘤治疗格局发生根本变化，但化学治疗（chemotherapy）仍然是大部分肿瘤系统治疗的“基石”，在肿瘤新辅助、辅助及晚期肿瘤治疗中依然不可替代。众所周知，化学药物的非选择性“细胞毒性”产生广泛毒性反应，如骨髓抑制、胃

肠道反应、神经毒性等，使患者变得虚弱，增加住院时间、费用，部分严重不良反应危及生命。化学药物耐药性和不良反应仍然是导致治疗失败的重要原因。研究证实，化学药物可改变肠道微生物组成特征，诱发复杂的病理生理改变。同时，肠道微生态也影响化学药物疗效和不良反应。关注化疗患者肠道微生态变化，针对化疗耐药或敏感菌群制定有效的化疗方案，是一个提高化疗药物疗效、减轻不良反应的有前景的策略。

一、化疗药物改变肠道微生态组成特征，与宿主复杂病理生理改变相关

化疗药物普遍影响胃肠道功能及肠道微生物组成特征和多样性，与宿主的多系统病理生理改变及药物不良反应相关。Loman BR 等观察了紫杉醇化疗对小鼠的行为、中枢和外周免疫激活、结肠组织学和细菌群落结构的同步变化。他们发现化疗组小鼠肠道微生物细菌组成发生了显著变化，降低了粪便细菌的多样性。其中，乳酸杆菌相对丰度有所增加，但多种对结肠健康非常重要的细菌类群相对丰度降低，包括 *roseburia*、*eubacterium*、*erysipelotrichaceae* 等多种产丁酸菌。他们还发现，在紫杉醇治疗的小鼠中较高的 *ruminiclostridium* 菌与小胶质细胞染色增加显著相关，可能在“微生物-肠-脑”轴中起重要作用。这项研究表明，紫杉醇同时影响雌性小鼠的肠道微生物组、结肠组织完整性、小胶质细胞激活和疲劳状态。特定肠道菌群改变影响结肠组织完整性，并与行为反应改变、认知障碍、疲劳等相关。针对肠道微生物群的治疗策略，或可能减轻化疗对肠道完整性损伤和癌症化疗副作用，包括“化疗后认知改变”所导致疲劳、体重减轻、认知障碍等。

二、肠道微生物影响化疗药物疗效和毒性

Panebianco C 等综述了应用 5-FU、GEM、CTX 等常用药物与肠道微生态相互影响。肠道微生物以多种方式影响化疗药物代谢动力学、抗肿瘤活性和毒性，主要包括以下三种方式。

（一）肠道微生态组成影响化疗药物代谢和生物转化

药物的微生物代谢对疗效的影响已被广泛认识。众所周知，伊立替康（CPT-11）经肠道微生物代谢酶重新激活所产生非抗肿瘤活性代谢物，诱发药物不良反应。Guthrie L 等进一步证实 CPT-11 代谢和肠道菌群组成之间的联系。他们利用代谢组学技术定量分析 CPT-11 非活性代谢物到活性形式的微生物组代谢个体间差异，鉴定、发现一个能将无活性的 SN-38G 转化有活性 SN-38 的高代谢转化型肠道菌群，含有较高水平 β-葡糖醛酸糖苷酶，增加了 CPT-11 不良反应风险。抑制这些酶活性可以降低 CPT-11 不良反应。这项研究结合微生物组元基因和代谢组学，证实肠道微生物组会影响化疗药物生物转化。用药前分析患者机体微生物组成可用于预测 CRC 治疗疗效和不良反应。

（二）肠道微生态通过调节宿主免疫反应影响化疗药物疗效

环磷酰胺（cyclophosphamide，CTX）是临床上重要的抗癌药物之一。Viaud S 等通过对小鼠模型的研究，发现 CTX 可改变小肠微生物群组成，选择性诱导部分革兰阳性细菌进入次级淋巴器官，刺激产生特定的“病理性”T 辅助 17［pT（H）17］细胞亚群，

诱导记忆 T（H）1 免疫反应。反之，无细菌或用抗生素清除革兰阳性细菌的荷瘤小鼠肠道内 pT（H）17 减少，体内的肿瘤对 CTX 有显著耐药性。过继 pT（H）17 细胞治疗能部分恢复 CTX 的抗肿瘤作用。结果表明，肠道微生物群有助于重塑抗肿瘤免疫反应，化疗药物抗肿瘤效应依赖于特定的肠道微生态，部分取决于其刺激抗肿瘤免疫反应的能力。调节肠道微生态有助于提升化疗药物的抗肿瘤疗效。2016 年，该团队进一步研究证实了哪些细菌种类与 CTX 疗效相关及它们参与肿瘤免疫监视的机制。他们发现海氏肠球菌（*enterococcus hirae*）、*B. intestinihominis*（*barnesiella intestinihominis*）杆菌参与了 CTX 治疗。海氏肠球菌从小肠移位至次级淋巴器官，增加了瘤内 CD8/Treg 细胞比例。*B. intestinihominis* 杆菌则在结肠内积累，促进肿瘤组织中 γδT 细胞的浸润。免疫传感器 NOD2 限制了 CTX 诱导的癌症免疫监测和微生物的生物活性。最后，海氏肠球菌和 *B. intestinihominis* 杆菌特异 $CD4^+$ T 细胞免疫反应可预测经化疗联合免疫治疗后进展期肺癌和卵巢癌患者无进展生存。

（三）肠道特定菌群减少组织 ROS 产生

铂剂诱导细胞 DNA 损伤、发挥抗肿瘤活性，这一效应依赖于组织 ROS 产生。多项研究证实，肠道微生物可减少组织 ROS 产生，减轻顺铂诱导的氧化应激、细胞死亡、炎症细胞因水平，减轻肾损伤。

然而，并非所有菌群对化疗药物有益。相反，有的肠道菌群却与恶性肿瘤耐药性密切相关。*F. nucleatum* 杆菌是口腔中常见革兰阴性菌。研究发现，*F. nucleatum* 在 CRC 发展过程中会逐渐增加，与 CRC 患者生存密切相关。此外，化疗后复发患者 CRC 组织中存在 *F. nucleatum*，并与患者的临床病理特征相关。进一步研究发现，*F. nucleatum* 促进 CRC 对化疗的耐药。机制上，F. nucleatum 靶向 TLR4 和 MYD88 先天免疫信号和特异性 microRNAs 激活自噬途径，协调 toll 样受体、microRNAs 和自噬的分子网络，改变结直肠癌化疗反应。检测和靶向 *F. nucleatum* 及其相关通路将为临床管理提供有价值的见解，并可能改善 CRC 患者的预后。

（四）操纵肠道特定菌群可能改善化疗药物疗效，减轻不良反应

特定肠道菌群影响化学药物代谢、抗肿瘤活性及不良反应，这为应用肠道微生态调节剂、抗生素、FMT、基因工程细菌等方法操纵肠道微生物、设计“增效减毒”的新的化学药物治疗方案提供了可行性。事实上，利用肠道微生态调节剂调节肠道菌群用于改善化学药物疗效、减轻不良反应，已逐步在向临床实践转化，显示了初步的疗效。相关研究较多，本章节不再赘述。值得注意的是，这种“细菌联合 CTX”的化学-免疫协同效应可能是化疗联合 ICIs 在非小细胞肺癌（non small cell lung cancer，NSCLC）、尿路上皮癌（urothelial carcinoma，UC）、食管癌（esophageal cancer，EC）等多种肿瘤中显示出较 ICIs 单药更高疗效的重要机制。因此，在 ICIs 为代表的免疫治疗在多种肿瘤中取得成功的背景下，操纵特定肠道菌群、调节肿瘤微环境和宿主免疫反应，可能进一步改善化免联合治疗的疗效，潜藏着巨大的临床应用价值，值得深入观察和研究。

第四节　肠道微生态与肿瘤放射治疗

一、电离辐射诱导DNA损伤和远隔效应

大部分肿瘤患者需要实施放射治疗（radiotherapy，RT），部分局部肿瘤可以通过放疗实现根治。然而，大约75%的患者会出现不同程度的副作用，影响了治疗的效果、完整性和患者的生存。电离辐射（radiation）直接作用于肿瘤细胞DNA、诱导DNA损伤，也可诱导细胞内水分子解离产生ROS间接诱导DNA损坏。有研究发现，AIM-2介导了肠上皮细胞和骨髓细胞因电离辐射和化疗药物引起的双链DNA断裂而caspase-1依赖性死亡。反之，双链DNA传感器AIM-2缺失的小鼠可以保护其免受亚全身辐射引起的胃肠综合征和全身辐射引起的造血功能衰竭。电离辐射还可以诱发邻近的非直接照射细胞产生肿瘤血管系统的正常化、旁观者效应（by stander effect）及全身放射性炎症反应、基因组不稳定性等。Takemura N等研究发现先天免疫受体Toll样受体3（Toll like receptor 3，TLR 3）对胃肠综合征（gastrointestinal syndrome，GIS）的发病机制至关重要。Tlr3（—/—）小鼠对GIS表现出明显的抗性，这是由于其显著降低了辐射诱导的隐窝细胞的死亡。TLR3-RNA结合抑制剂通过减少隐窝细胞死亡来改善GIS。旁观者效应和系统性效应受参与细胞-细胞相互作用的间隙连接蛋白破坏所介导的DNA损伤次级效应，也与ROS、一氧化氮（NO）、细胞因子、外泌体等细胞外介质的大量释放介导DNA损伤有关。类似于微生物所致组织损伤，电离辐射诱导并依赖于特异损伤相关模式分子（damage-associated molecular patterns，DAMP）应激信号系统。更为重要的是，这种远隔效应（abscopal effect）反映了电离辐射对肿瘤特异性适应性免疫反应的诱导，促进肿瘤细胞免疫原性死亡。因此，我们不难假设，肠道微生态在放疗免疫调节效应中有重要作用。目前，肠道微生物在放疗疗效、不良反应中的调节作用研究相对较少。

二、放射治疗改变肠道微生物组成结构特征

成人肠道菌群构成相似且相对稳定，放射治疗可使肠道微生物群发生显著改变，改变程度存在明显个体差异。有研究通过细菌16S rRNA基因的高通量测序，分析接受辐照小鼠肠道微生物变化，探讨电离辐射对肠道大、小肠菌群组成的影响。结果显示，辐照引起肠道细菌组成在属水平上的显著改变，只是消化道不同位置变化程度存在差异。队列研究观察盆腔照射后癌症患者粪便中菌群多样性变化。16S rRNA基因测序分析显示发生腹泻癌症患者的微生物多样性呈现出一个渐进的变化，放射治疗后微生物相似度指数明显下降，而在无腹泻癌症患者和健康志愿者中，微生物多样性相对较为稳定。更为重要的是，研究者发现放疗后对腹泻的敏感性或保护可能与初始肠道微生物定植不同有关。荟萃分析显示，接受细胞毒和放射治疗患者肠道微生物群发生明显变化，最常见的是双歧杆菌、梭状芽孢杆菌群XIVa（Clostridium cluster XIVa）、普氏粪杆菌属（*faecalibacterium prausnitzii*）减少，而肠杆菌科和拟杆菌数量增加。

三、肠道微生态影响放射治疗敏感性

早在 20 世纪初就发现，肠道微生物群加重放射性肠炎，临床上试图应用抗生素调节肠道的辐射敏感性，但至今没有形成有效的治疗。无菌小鼠（germ-free，GF）饲养技术推动了相关研究进展，证实了肠道微生物显著影响小鼠对放疗的敏感性，主要包括：与携带肠道微生物的传统饲养小鼠相比，诱导 GF 小鼠发生 50%死亡率、放射性肠炎组织学证据（黏膜萎缩、间叶炎症、纤维化）所需最低辐射剂量更高。接受致命剂量全身照射（total body irradiation，TBI）后，GF 小鼠存活时间显著延长。相比之下，诱导 GF 小鼠发生骨髓损伤的辐射剂量和范围与传统饲养小鼠无差异。Crawford PA 等进一步证实了 GF 小鼠对致死剂量 TBI 所致放射性肠炎有更强抵抗力、更少的小肠绒毛内皮细胞和淋巴细胞发生凋亡，且 GF 小鼠对 TBI 所致肠道毒性的抵抗可能与肠道菌群和病原微生物的缺乏有关。基因敲除小鼠模型发现，一种脂肪酶蛋白抑制剂人血管生成素样蛋白-4（ANGPTL-4）表达赋予 GF 小鼠抵抗 TBI 肠道损伤。与正常喂饲小鼠一样，ANGPTL-4 基因敲除 GF 小鼠经照射后，绒毛血管内皮细胞、淋巴细胞群对辐射抵抗丢失，导致放射性黏膜损伤。反之，应用产生 ANGPTL-4 蛋白的益生菌，如双歧杆菌、乳酸菌和链球菌等，能够有效保护小鼠抵抗放射治疗所致黏膜损伤。该研究提供了有关肠道辐射敏感性微生物调控的细胞、分子靶点和机制，而调节菌群可以作为改善放疗损伤、增加放疗敏感性潜在的方式。

四、肠道微生态对放疗诱导肿瘤特异免疫反应有重要调节作用

临床前和临床研究均已证实，放射治疗尤其是立体定向消融放疗（stereotactic body radiation therapy，SBRT）诱导肿瘤特异免疫反应，产生远隔效应，显著改善癌症患者疗效、延长生存，放免联合已成为当前癌症治疗的重要治疗模式。PaulosCM 等人首次报道肠道微生态在放疗诱导全身免疫反应中的作用和影响。他们发现肠道微生物可改善淋巴细胞清除或基因缺陷的荷瘤小鼠对特异性 $CD8^+$ T 细胞过继治疗的抗肿瘤活性。肠道微生物这种增强免疫系统攻击肿瘤的能力，可能与 LPS 的释放激活 CD14/TLR-4 信号通路、诱导炎症反应、促进 DC 细胞和特异性 T 细胞激活有关。以此为基础，该团队成功构建了 TLR4 激动剂用于改善过继 T 细胞免疫治疗反应。PaulosCM 等人系列研究证实了肠道微生态通过干扰宿主免疫系统影响放疗对免疫调节作用。显然，调节肠道微生物对优化肿瘤放免联合治疗策略有重要的临床意义。

五、靶向肠道微生态策略减少放射性黏膜损伤，促进放射性黏膜损伤修复

尽管放疗技术“日新月异”、对肿瘤周围正常组织的保护作用不断改善，放射性损伤（radiation injury，RI）仍然是限制放疗应用、影响放疗疗效的重要因素。其中，射线对增殖活跃、更新频繁的肠道黏膜上皮细胞尤其敏感，是仅次于骨髓易受发生辐射损伤的组织器官。临床观察显示，几乎所有的癌症患者腹部、盆腔放疗均不同程度出现消化道症状，

如腹泻、腹痛、出血、感染等，少部分患者出现严重放射性肠损伤（radioactive enteritis，RE）甚至危及生命。同时，由于射线肠道黏膜损伤、黏膜屏障破坏、肠黏膜供血不足等，常导致肠道微生态失衡、致病性肠道菌群增殖、肠道菌群移位等，进一步加重放射性肠损伤。目前，谷氨酰胺、抗生素、粒-巨噬细胞集落刺激因子（granulocyte-macrophage colony stimulating factor，GSF）、硫糖铝等药物治疗放射性肠炎无显著改善。有限临床数据显示自由基清除剂氨磷汀在头颈部、肺和盆腔的放射性黏膜炎中有预防作用，可减少放射性黏膜炎发生。鉴于肠道菌群在维持肠道的平衡和完整性方面起着重要作用，靶向肠道微生态策略对降低放射性肠炎发生、有效管理放射性肠炎有潜在的应用前景。

一项临床前研究在小鼠中评估了益生菌鼠李糖乳杆菌（*lactobacillus rhamnosus* GG）在12.0 Gy全身照射（whole body irradiation，WBI）后肠道黏膜损伤中的预防作用。结果显示，益生菌可通过减少细胞凋亡能显著提高隐窝存活率，改善动物的生存和辐射诱导的体重减轻，发挥黏膜保护作用。这种保护作用依赖于TLR-2/MyD88信号机制导致表达COX-2的间充质干细胞在肠黏膜隐窝基底部重新定位。CuiM等利用粪便移植（fecal transplants，FMT）策略可以在不同程度上缓解辐射对骨髓和肠道黏膜的损伤。他们发现FMT策略升高了接受照射小鼠外周血白细胞计数，改善小鼠胃肠道功能和肠黏膜上皮的完整性，辐照小鼠的存活率显著提高。FMT与骨髓移植联用，可以更加有效的治疗急性辐射损伤。尽管有促进血管生成作用，但性别匹配的FMT并没有加速癌细胞在小鼠体内的增殖。FMT用于预防、缓解放射相关不良反应、改善预后安全、有效。

实际上，用益生菌预防癌症治疗引起的黏膜炎已在多项随机临床试验中进行了研究。有研究分析了6项随机试验观察益生菌在预防盆腔辐射所致腹泻中的作用。其中，3项研究显示益生菌降低放疗相关性腹泻发生率，1项临床试验报告了感染性并发症减少。但另2项研究没有达到预期减少腹泻发生率的观察终点。尽管如此，应用益生菌预防放射性黏膜炎显示了有希望的疗效。另一研究纳入6项RCT试验、共917名参与者，旨在评估补充益生菌预防辐射引起腹泻的疗效。其中，490名参与者服用预防性益生菌，427名参与者服用安慰剂。结果显示，与安慰剂相比，益生菌组腹泻发生率较低，没有观察到抗腹泻药物的使用在两组之间有显著差异。

第五节　肠道微生态与肿瘤免疫治疗

在大多数接受传统癌症治疗患者中，因对治疗产生抗性致疗效不佳或肿瘤复发，并最终导致治疗失败。近年来，以ICIs、过继细胞治疗（adoptive cell therapy，ACT）为代表的肿瘤免疫治疗策略获得成功，奠定了肿瘤治疗新格局，部分患者也因此获得真正意义上的“治愈”和长期生存。同时，也使得肿瘤慢性化管理模式逐渐成为可能。肠道是机体重要的免疫应答场所，具有巨大的免疫潜能，可以有效地抵抗病原体毒素及其代谢物的入侵。肠道微生物及其代谢产物对肠道和全身免疫系统、维持免疫平衡有重要调节作用。肠道微生态失衡、特定代谢产物变化导致肠道和全身免疫系统的紊乱，进而影响肿瘤组织微环境，是形成抑制性肿瘤微环境的重要机制。同时，特定肠道微生态及其代谢产物显著影

响肿瘤免疫治疗反应及免疫相关性不良反应（immune related adverse effect，irAEs）。基于肠道微生态策略为提升肿瘤免疫治疗“低应答率”提供了新的思路和线索。

一、抗肿瘤免疫治疗依赖于肠道微生态多样性组成特征

过继细胞治疗（adoptive cell therapy，ACT）、CpG 寡核苷酸（CpG oligodeoxynucleotide therapy，CpG-ODNs）、免疫检查点抑制剂（immune checkpoint inhibitors，ICIs）等免疫治疗策略受到广泛关注和深入研究，并逐步应用于血液系统肿瘤、实体肿瘤临床实践，显著延长患者生存。然而，大部分肿瘤患者对这些新的治疗表现出抵抗，免疫治疗这种低应答率的原因和机制仍不清楚，潜在的机制包括肿瘤低频突变、肿瘤异质性、抑制性肿瘤微环境形成等。研究证实，肿瘤免疫治疗反应依赖于肠道微生态多样性和组成特征。肠道微生物失衡，影响肿瘤免疫治疗反应，增加 irAEs 风险。精准操纵肠道微生物既可改善免疫治疗反应，又可有效管理 irAEs。

（一）过继细胞治疗

过继细胞治疗（adoptive cell therapy，ACT）是近年发展起来的一种新颖的免疫治疗策略。简言之，是指自肿瘤患者体内分离免疫活性细胞，在体外鉴定、扩增后向患者回输，从而达到直接杀伤肿瘤或激发机体的免疫应答杀伤肿瘤细胞的目的。用于过继治疗的免疫细胞主要包括肿瘤浸润细胞（tumor infiltrating lymphocyte，TILs）、树突状细胞（dendritic cells，DC）、自然杀伤细胞（natural killer cell，NKs）、嵌合抗原受体 T 细胞（chimeric antigen receptor T cell，CAR-T）、T 细胞受体嵌合 T 细胞（T cell receptor modified T cell，TCR-T）等几大类。目前，关于肠道微生物对 ACT 影响相关研究报道较少。

Paulos CM 等证实肠道微生物影响 ACT 治疗。他们利用淋巴细胞基因缺陷的小鼠模型发现全身照射（total body irradiation，TBI）预处理致肠道黏膜屏障受损、肠道共生菌的易位、LPS 的释放、CD14/TLR-4 信号通路激活，促进 DC 细胞激活，从而增强过继 T 细胞攻击肿瘤的能力。随后，该团队构建、验证了 TLR4 激动剂改善癌症免疫治疗的有效性。以此为基础，他们在标准治疗难以治愈的转移性黑色素瘤患者中开展了临床研究。结果显示，患者经化疗、TBI 预处理后过继 TILs 治疗，显著改善客观有效率。这一系列研究为肠道微生态在 ACT、放射治疗等多种手段协同发挥抗肿瘤效应中的作用提供了研究证据，初步展示了肠道微生物对优化免疫联合治疗策略的临床应用前景。

CAR-T 是近年来发展最为迅速的 ACT 策略。CAR-T 可克服肿瘤局部抑制性微环境，对肿瘤杀伤不受组织相容性复合体（major histocompatibility complex，MHC）限制，对难治性 B 细胞白血病、淋巴瘤等血液肿瘤取得显著疗效，长期反应仍需要更多观察。由于缺乏特异性肿瘤抗原、肿瘤异质性、抑制性微环境等原因，CAR-T 细胞治疗实体肿瘤收效甚微。目前，肠道微生物在调节 CAR-T 细胞抗肿瘤反应中的作用尚不清楚。基于分子和免疫学原理推测，有学者认为肠道微生物可能影响 CAR-T 细胞攻击肿瘤的能力。

（二）CpG 寡核苷酸

免疫治疗 CpG 寡核苷酸（CpG oligodeoxynucleotide therapy，CpG ODN）是人工合

成含有非甲基化胞嘧啶鸟嘌呤二核苷酸（CpG）的寡脱氧核苷酸序列（ODN），主要与先天性免疫模式识别受体Toll样受体（TLR），激活免疫细胞，诱导产生免疫应答，在感染性疾病、肿瘤治疗中有广泛的应用前景。研究证实，CpGODNs瘤内注射可有效调节肿瘤微环境协同发挥抗肿瘤效应。Iida N等进一步证实CpG ODN免疫治疗通过调节肿瘤微环境中髓源性免疫细胞功能发挥抗肿瘤效应，但这种调节作用依赖于患者自身完整的肠道微生物群存在，且部分与TLR-4信号通路激活有关。他们发现，在抗生素处理或无菌小鼠中，肿瘤浸润髓源性免疫细胞对治疗反应较差，导致CpG ODN治疗后细胞因子产生降低、肿瘤细胞坏死减少。此外，CpG ODN治疗后细胞因子肿瘤坏死因子（tumor necrosis factor，TNF）产生与不同类型细菌数量有关。Alistipes、瘤胃球菌属与TNF产生正相关，而乳酸菌属、肠乳杆菌和发酵乳杆菌与TNF呈负相关。这些研究提示我们，CpG ODN免疫治疗依赖于肠道微生态的完整性。对部分特定肠道细菌实施操作有助于改善疗效。

（三）免疫检查点抑制剂

肿瘤细胞多种免疫"刹车"分子信号通路表达上调，是肿瘤发生免疫逃逸的重要机制。基于免疫检查点抑制剂（immune checkpoint inhibitors，ICIs）的免疫治疗策略，通过阻断共抑制信号通路、恢复T细胞功能，增强T淋巴细胞介导的免疫杀伤效应，显著改善进展期MM、NSCLC、RCC等肿瘤生存获益，部分患者获得了长期生存。这些ICIs药物中，最常见的就是针对细胞毒性T淋巴细胞相关蛋白-4（cytotoxic T-lymphocyte-associated protein-4，CTLA-4）、细胞程序性死亡蛋白1（programmed death-1，PD-1）及其配体（programmed death-ligand 1，PD-L1）的单克隆抗体。然而，肿瘤异质性和免疫调节机制的复杂性"固化"了这种新治疗策略的低应答特性，使得ICIs不可避免出现原发和继发耐药。探索新的生物标记物、优化免疫联合治疗是提升ICIs反应的重要途径。

研究证实，肠道微生态菌群可以调节ICIs抗肿瘤效应。Wargo等应用16S rRNA测序和全基因组测序观察接受抗PD-1免疫治疗恶性黑色素瘤患者的粪便样品和口腔拭子（buccal swab）。结果发现，较高肠道梭菌、瘤胃球菌数量促进杀伤性$CD8^+$ T细胞肿瘤内浸润，PD-1抗体治疗反应高。相反，更高拟杆菌水平的患者肿瘤微环境内Treg细胞、MDSCs浸润增加，免疫治疗反应较低。进一步FMT策略观察发现，移植来自抗PD-1治疗反应的患者粪便微生物的荷瘤小鼠免疫细胞浸润显著增加。当接受ICIs治疗后有效控制肿瘤生长。Zitvogel团队发现接受抗生素治疗肿瘤患者生存期显著缩短，进一步宏基因组测序、FMT实验分析其原因提示对PD-1药物有效的患者含有更丰富的肠道微生物种类和更多数量厚壁菌门细菌。其中，黏质阿克曼菌（*akkermansia muciniphila*）、海氏肠球菌（*enterococcus hirae*）改善NSCLC、RCC患者抗PD-1抗体反应尤其显著。

肠道微生物影响ICIs治疗反应，但相关机制待阐明。SCFAs等肠道微生物代谢产物是其调节宿主生理功能的主要机制。为此，有研究在转移性黑色素瘤患者中观察CTLA-4抑制剂Ipilimumab单抗反应的影响。他们发现，血清SCFAs重要成分丁酸盐、丙酸盐浓度与总生存期及无进展生存期负相关。进一步小鼠模型研究发现SCFAs显著限制了伊普利单抗对肿瘤微环境抑制性特征的"解除"和对免疫细胞活化。此外，相对于CTLA-4抑制剂，PD-1 抑制剂对肠道损伤较小，免疫相关性结肠炎发生率较低，这种差异是否与肠道微生物的不同有关尚不清楚。Sivan A 等应用具有不同肠道菌群及自发抗肿瘤活性的 JAX、Taconic 恶性黑色素瘤小鼠模型观察两种 ICIs 治疗反应对肠道微生物依赖的差异。PD-1 抑制剂对 JAX、Taconic 小鼠移植瘤均有抑制作用，但对自发抗肿瘤活性较强的 JAX 小鼠移植瘤对治疗响应更为明显。经共同饲养或粪便转移消除自发抗肿瘤差异后，JAX、Taconic 小鼠模型移植瘤对抗 PD-1 抑制剂反应变得无差异。口服含双歧杆菌（*bifidobacterium*）的益生菌增强了 PD-1 抑制剂对肿瘤生长的抑制，且双歧杆菌对 ICIs 疗效改善是 $CD8^+$ T 细胞依赖性的。该研究结果表明，较之于 CTLA-4 抑制剂，PD-1 抑制剂对肠道微生态依赖性较小，但操纵特定菌群仍可以改善肿瘤对 PD-1 抑制剂的反应。

综上所述，研究进一步佐证了特定肠道菌群对肿瘤微环境的重要调节作用及对免疫治疗的反应的影响。同时也表明，精准操纵特定肠道微生态组成特征对改善免疫治疗反应的可行性及潜在应用价值，为优化肿瘤免疫治疗提供了新的思路。

二、抗生素干扰肠道微生物组成结构影响抗肿瘤免疫治疗反应

临床上抗生素被广泛应用，在伴有免疫力下调的肿瘤患者中尤其普遍。抗生素应用可无差别抑制、清除人体微生态系统的致病菌和有益菌，长时间应用导致肠道菌群失调、共生菌落多样性和丰度显著减少、致病性病原微生物增加，影响微生态功能，对宿主健康产生不利影响。因此，抗生素应用对抗肿瘤治疗尤其是免疫治疗的影响引发普通关注。

临床前研究和临床观察显示，肠道菌群的完整性影响各种抗肿瘤治疗疗效相关。广谱抗生素应用导致肠道菌群失调，干扰患者肠道黏膜局部和系统免疫功能，显著降低 ICIs 免疫治疗药物的疗效。Routy B 等研究显示对 ICIs 主要抗性可归因于肠道微生物群组成异常。在晚期癌症患者中，抗生素抑制了 ICIs 的临床疗效，且与特定。无菌或抗生素治疗的小鼠体内移植或补充特定肠道微生物可招募 $CCR9^+$ $CXCR3^+$ $CD4^+$ T 淋巴细胞在小鼠肿瘤内浸润，改善 PD-1 阻断的抗肿瘤效果。临床研究也证实：在免疫治疗前或免疫治疗期间，使用过广谱抗生素的患者，疾病控制率和生存时间都明显降低。在一项纳入 360 名使用 ICIs 的 RCC、NSCLC 患者的临床试验中，有近 13%的 RCC 患者、20%NSCLC 患者在接受免疫药物治疗前 30 天内使用过 β-内酰胺类或喹诺酮类广谱抗生素。结果发现，无论是 RCC 或 NSCLC，均观察到未接受过抗生素治疗的 RCC、NSCLC 患者中位 OS 显著延长（RCC 组 17.3 vs 30.6 ms，$P=0.03$；NSCLC 组 7.9 vs 24.6 ms，$P<0.01$）。POLAR、OAK 研究汇总分析显示，抗生素应用显著缩短 PD-L1 抑制剂阿特珠单抗（atezolizumab）二线治疗 NSCLC 患者 PFS、OS。多西他赛（docetaxel）对照组，抗生素应用有缩短 PFS、OS 趋势。抗生素应用显著增加死亡风险、缩短生存。

尽管如此，抗生素应用对 ICIs 治疗的影响存在争论。Bullman S 等应用抗生素治疗结肠癌移植小鼠可降低肿瘤内梭杆菌数量，同时抑制癌细胞增殖、整体肿瘤的生长。Pushalkar S 等研究显示，较之于正常小鼠和人胰腺组织，胰腺肿瘤内定植了丰富的微生物。微生物“清除”可重塑预防胰腺癌（pancreatic ductal adenocarcinoma，PDAC）肿瘤微环境，诱导 MDSCs 减少，促进 $CD4^+$ T 细胞、$CD8^+$ T 细胞激活，预防癌前病变、侵袭性病

变发生。清除肿瘤内细菌通过上调 PD-L1 表达，增强 ICIs 反应。反之，移植细菌则逆转这种预防性作用。此外，一个小样本临床研究观察发现，抗生素应用与免疫治疗结局无显著相关性。但该研究样本量较小，且属于回顾性研究。因此，抗生素在抗肿瘤治疗中的作用可能依赖于其类型，并非都是“不利的”、负性的，仍然需要前瞻性临床研究评价抗生素应用对免疫治疗疗效的影响。探索肠道微生态、肿瘤微生态与肿瘤微环境的关系，可为免疫治疗基础研究和临床实践提供一种全新的视角。

三、精准操纵肠道微生物是一种有希望的管理 irAEs 策略

与传统癌症治疗策略相比，ICIs 等免疫治疗策略显著降低了毒副作用，但仍然不可避免出现结肠炎、肺炎、肾炎、心脏损伤等 irAEs，少部分患者发生广泛、严重甚至致死性不良反应。研究证实，特定肠道微生物与 ICIs 诱导的 irAEs 相关。Dubin K 等观察接受伊普利单抗治疗的转移性黑色素瘤患者后发现拟杆菌门（*bacteroidetes phylum*）细菌增加与伊普利单抗诱导产生结肠炎不敏感有关。相反，参与多胺转运和 B 族维生素生物合成途径的基因表达缺失增加结肠炎风险。结果表明，识别这类微生物和生物标志物可能有助于降低免疫治疗后产生炎症并发症的风险。

临床上，对 irAEs 多采用类固醇等免疫抑制进行治疗，病情严重或类固醇治疗无效时尝试使用 TNF-α 抑制剂伊普利单抗、抗胸腺球蛋白等其他药物增强对免疫功能的抑制。事实上，约有一半结肠炎患者对最初的类固醇治疗没有反应而不得不停止免疫治疗。此外，增加其他免疫抑制剂显著增加感染等并发症风险。Wang 团队首次报告了应用健康人群粪菌移植（fecal microbiota transplantation，FMT）治疗 2 名应用 CTLA-4、PD-1 抑制剂后发生难治性免疫相关性结肠炎的肿瘤患者取得成功。其中，1 名患有晚期转移性尿路上皮癌患者接受了抗 CTLA-4 和 PD-1 抑制剂联合治疗两周后发生结肠炎。经 FMT 后一个月后几乎完全恢复。另一名接受 CTLA-4 抑制剂后发生结肠炎的前列腺癌患者经 2 次 FMT 后完全恢复。进一步观察表明，移植健康肠道微生物可以重建患者肠道菌群，同时，相对减低了 $CD8^+$ T 细胞比例、增加结肠黏膜中 Treg 细胞的比例，有效抑制肠道免疫微环境的过度激活。这项研究也提示我们，肠道微生物与 ICIs 不良反应有关。操纵肠道微生物群既可以改善 ICIs 疗效，也可以管理 irAEs。

第六节　基因工程菌与抗肿瘤治疗新策略

随着人类微生物组计划（human microbiome project，HMP）在多个领域的拓展，科学家发现人类许多免疫、生化反应等与微生态特定菌株有关。这些特定的菌株主要通过合成、降解底物等过程产生活性代谢产物分子参与生理过程调节。不难假设，通过基因工程改造调控肠道微生物特定菌株或改变特定代谢产物水平，就可能调控肠道微生物对宿主肠道和全身免疫功能的影响，为构建抗肿瘤新策略提供了可能。限于篇幅，本章简要介绍几项基因工程技术对肠道内特定菌群操纵相关的研究，以期为读者拓展思路和线索。

就如何操控肠道微生物菌群，FMT 研究较为成熟并在临床转化中获得成功，但因粪

便微生物来源参差不齐、生物功能多样等原因限制了其广泛应用。为更为有效、精准操作特定肠道微生物，科学家把目光转向基因工程技术、噬菌体技术等手段。有研究发现生胞梭菌等特定肠道菌群利用芳香族氨基酸代谢途径降解色氨酸产生吲哚丙酸（indole propionic acid，IPA），参与肠道壁完整性的调节和神经保护。其中，异三聚体脱水酶（heterotrimeric enzyme phenyllactate dehydratase，Fld）基因为催化该代谢途径所必须。进一步通过基因工程技术，构建Fld-C基因野生型和突变生孢梭菌，在无菌小鼠中成功实现代谢产物水平的人为调控，并观察到肠道的通透性及系统免疫产生重要影响。噬菌体（phage）是生活在机体内生物网络中、能杀灭细菌的病毒微生物。有研究建立一个包含来自16个国家1 986个个体的2 697个病毒颗粒或微生物元基因组的人类肠道数据库（gut viromes database，GVD），识别出存在于人类肠道中33 242种独特的病毒群。其中，几乎所有病毒都是噬菌体，且大多数不会导致疾病发生。进而，他们利用噬菌体“噬菌”特性，试图建立一种能将“失衡”的肠道微生态调整回健康状态的治疗策略。显然，这种基于“噬菌体”“定向”清除“有害”菌群或许能为靶向肠道微生态抗肿瘤治疗带来新的启示。此外，Scott J. Hultgren等利用甘露糖苷成功选择性清除肠道特定大肠杆菌，而不影响肠道菌群平衡，也不存在引发抗药性的问题，也为我们开展肠道菌群中特定“坏菌”的选择性清除研究提供了思路和技术手段。

代谢产物是肠道微生物调节宿主生理功能的重要机制。较之于肠道微生物，检测、操控小分子代谢产物可能更为简便、精准、有效。Mager LF等确定了一个新的激活免疫治疗的微生物代谢产物免疫途径。他们在鉴定、证实伪双歧杆菌（*bifidobacterium pseudolongum*）显著增强ICIs的效力后，进一步发现这种细菌的代谢产物肌苷能激活T细胞、增强抗肿瘤作用。只不过该过程依赖于T细胞，肌苷腺苷A2A受体表达和共刺激信号（costimulus signal）。这一特定信号分子可能被开发应用与ICIs的辅助治疗。有研究利用可诱导启动子（inducible promotor）巧妙设计了一种对小鼠体内缺乏的人工化学物质作出反应的“二聚体开关”，通过饮用水中添加这种化学物质条件性诱导拟杆菌特定基因表达，精准地实时追踪、改变小鼠肠道微生物中活菌基因表达和功能变化。

第七节　肠道微生态在肿瘤诊治中应用的挑战与思考

肠道微生态对人类健康和疾病密切相关。目前，越来越多基础和临床研究探索建立肠道微生态与恶性肿瘤发生发展之间的关联，相关研究不断深入并逐渐向临床转化，结果令人鼓舞。然而，我们对人类肠道微生物群的理解处于快速发展的初级阶段。靶向肠道微生态策略究竟能否及如何更好地应用于临床肿瘤诊疗实践面临诸多挑战，归结起来，主要包括以下几个方面。

一、肠道微生态系统复杂性导致相关研究结果显著差异

众所周知，肠道微生态数量巨大、不同微生物组成的复杂的生态系统，其组成特征和多样受到众多因素的影响。显然，肠道微生态这种异常复杂的特性对肿瘤相关微生物研究

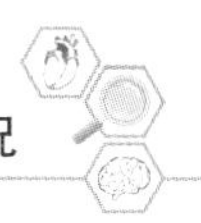

面临巨大挑战。

(一) 肠道微生态是由多种微生物组成的复杂系统

细菌是发挥肠道微生态功能的重要“力量”，研究也最为深入。此外，还包括真菌、原生动物、病毒和内源性逆转录病毒再激活。由于基因组缺乏共同的标记基因序列、缺乏数据库等原因，肠道病毒研究常常被忽略。有研究观察到健康人群和患者机体中病毒多样性的差异，且每个人的肠道或许都存在一种特殊的病毒指纹图谱，表明病毒组通过与肠道微生态系统中其他微生物相互影响，对人类健康发挥潜在的影响。Kernbauer E 等证实真核病毒具有支持肠道稳态和形成黏膜免疫的能力，抵消抗生素在肠道损伤和致病菌感染模型中的有害作用，其作用类似于共生细菌。Chudnovskiy A 等在小鼠体内发现一种新的原生动物寄生虫（Tritrichomonas musculis，T. mu）能激活小鼠肠道上皮细胞中的炎症小体（inflammasome），参与肠道黏膜天然免疫调节。进一步研究发现，T. mu 对小鼠沙门菌有惊人的抵抗力。探索不限于“细菌”肠道有益的微生物用于调节肠道微生态失衡、改善免疫功能、发挥抗肿瘤作用。

(二) 肠道微生态受饮食、药物暴露、环境地域差异等复杂因素的影响

健康人群肠道微生态存在显著异质性，且肠道微生物组成也未真正明确和定义。尽管人类微生态计划（humanmicrobiome project，HMP）数据显示健康人群微生态相对稳定。事实上，肠道微生态受到饮食、药物暴露、环境、地域差异等众多因素的显著影响。Johnson AJ 等研究显示饮食决定人类肠道微生物群变异，建议寻求调节肠道微生物群的食物干预可能需要根据个体微生物组进行定制。质子泵抑制剂、二甲双胍等非抗生素类药物会影响胃肠道微生物丰度及细菌基因表达变化。此外，不同环境地域人群的肠道微生物组成及功能显著不同。

(三) 系统内肠道微生物之间存在复杂的相互作用

特定菌群可产生抗生素活性分子调节肠道局部菌群结构组成。显然，异常复杂的肠道微生态系统增加了肿瘤相关微生物研究的复杂性和结果差异性，使得肠道微生物研究向肿瘤诊疗实践的转化面临挑战。

二、肠道微生物与宿主相互影响及在肿瘤发生发展中的作用远未阐明

当前，对于肠道微生态相关研究可谓如火如荼，许多人类疾病被认为与自身肠道微生物的改变有密切关联。然而，相关性不等同于因果关系。这种改变与发生的疾病之间是因果还是伴随或者根本就不相关，这个问题在还没有清晰的答案。肠道微生物对免疫系统、组织器官功能有调节作用，参与包括肿瘤在内多种疾病的发生、发展。然而，肠道微生物环境毕竟种类繁多，不同细菌之间也存在相互作用。既可能协同，也可能拮抗。定植于肠道黏膜上皮的肠道微生物与远离于消化道的肿瘤发生有关，且发挥远隔免疫调节作用，但肠道微生物这种免疫、炎症调节相关机制及这些微生物的生物学功能远未阐明。

三、基础研究结果向人类转化面临挑战

目前，关于肠道微生态对肿瘤微环境影响、对抗肿瘤治疗观察及相关机制研究结果多来自肿瘤细胞系接种、化学物诱导、遗传修饰等所产生获得的实验性小鼠肿瘤模型，难以完全复制出人体自发产生的肿瘤遗传和生物学特征。即使遗传背景相似、饲养条件相同，小鼠之间肠道微生物组成特征、生物学功能存在显著差异。此外，影响基因改变小鼠表型的微生物群失衡不仅局限于细菌，还可能涉及真菌、原生动物、病毒和内源性逆转录病毒再激活。向 GF 小鼠移植人类肠道微生物群落能部分复制供体肠道微生物多样性，并随食物变化做出敏感性改变，可能有助于验证人体内观察到的抗肿瘤反应。尽管如此，这种“人源化”小鼠肠道微生物群落生物学功能、免疫反应与人类也只是相似，而非相同。在小鼠模型中，双歧杆菌被证实经 TLR-2、TLR-9 信号通路激活免疫细胞、可诱导抗肿瘤免疫效应，增强 ICIs 抗肿瘤效应。然而，TLR-9 在人体内表达显著不同于小鼠。TLR-9 广泛表达于小鼠 MDSCs、DC 细胞，而人体内 TLR-9 限制性表达于浆细胞样树突状细胞(plasmacytoid dendritic cells)、B 细胞。显然，人体内双歧杆菌很难通过 TLR-9 信号通路发挥类似于小鼠的抗肿瘤效应。双歧杆菌这种有益的抗肿瘤活性仍然需要大量临床资料观察和分析。因此，对来源于动物模型肠道微生物对抗肿瘤治疗策略显著影响的评价和向临床转化面临巨大挑战，也需要持谨慎的态度。

(安江宏　钱　莘　谭晓华)

第七章

微生态营养学与肿瘤免疫调节

第一节 微生态营养学概论

一、微生态营养学的定义

近年来，微生态营养学的研究逐渐成为各学者研究的热点，所谓微生态营养学指的是生态营养学的细微层次，也就是细胞水平和分子水平的生态营养学，是微生态学与营养学这两门学科的交叉研究，也是这两门学科的融合。其中的生物宿主包括人、动物和植物，而医学研究中的微生态营养学，是微生态营养学众多分支中的一个分支，这个分支主要研究的是正常微生物群、人体和营养三者之间关系的科学。有学者说道："正常微生物群是人体的一个特殊器官。"这句话也说明了，正常微生物群与人体，在漫长的历史进化过程中，形成了密不可分的具有共生关系的生态系。偌大的人体微生物群系在人体主要分布在皮肤、阴道、口腔及肠道，这其中，肠道菌群占据着最显著的地位。不同肠道部位的菌群分布和功能也不尽相同，肠道共生菌空间分布与人类疾病有关。肠道共生菌群更是构成了人体黏膜免疫系统的重要组成部分，与人体宿主相辅相成，共同维持内环境稳定，促进或引发人体各类疾病。人类肠道中大约有 100 万亿种微生物，这些微生物的数量和复杂性从胃到结肠逐渐增加。肠道微生物菌群即通常所说的"肠道菌群"，其数量巨大，是一个复杂、庞大的微生物生态系统，在动物和人体营养代谢、免疫和疾病等方面都扮演重要的角色。肠道菌群作为肠道内环境的重要参与者，是一个互相依存又互相制约的微生态系统。肠道微生物菌群对宿主健康发挥着重要作用。肠道微生态具有相对稳定性，所谓稳定性是指正常情况下，肠道菌群的结构、种类、数量保持相对稳定，与宿主、外界环境处于相对平衡状态，正常肠道菌群广泛参与宿主的许多功能：营养代谢、维持肠道微生态平衡；调节肠道内分泌功能和神经信号转导；促进肠道免疫系统发育和成熟；抑制病原细菌生长和定植，减少对的肠黏膜侵袭等。但这种平衡状态也受到年龄、饮食、抗菌药物及心理压力、应激等因素的影响，一旦出现异常情况，则会出现肠道菌群失调，病原菌等大量繁殖，产生硫化氢、酚类、乙醛等有毒代谢产物，诱导肠黏膜炎症甚至直接导致 DNA 损伤，从而促进炎症、恶性肿瘤等多种疾病的发生。

肠道内的众多正常菌群也是人体最大的贮菌库和酶库，益生菌是特定的活微生物，当摄入足够的量，可以促进人体健康。肠道的酶其生理作用和反应活性与肝酶反应起互补作用，能促进蛋白质的分解和消化吸收。而对于糖类的代谢，几乎所有的肠内正常菌群都能利用单糖酶将糖类最终酵解为短链脂肪酸。短链脂肪酸不仅是肠黏膜的重要能源物质，促进肠黏膜的增生，为肠黏膜提供营养，而且短链脂肪酸中的乙酸、乳酸、丙酸、丁酸和少量的丁二酸，对钠离子和水在结肠的吸收起着重要作用。除此之外，正常微生物群还参与纤维素、激素及无盐类的代谢和吸收。因此，正常微生物群对机体营养物质的代谢及其吸收，有着极其重要的生理作用，对机体可产生积极的生理效应和生态效应。

二、微生态营养学的临床应用

医学微生态营养学在临床工作中早已广泛应用。例如胃肠道手术后常用的肠外营养，也叫静脉营养。众所周知，胃肠道手术后的禁食水会造成营养不足，对挽救生命、疾病的康复和增强免疫功能会产生许多不利的影响。肠外营养的技术发明之后拯救了许多危重病患者，从而使得这一技术广泛应用。全肠外营养（TPN）液中含有七大营养物质：碳水化合物、氨基酸、脂肪乳剂、电解质、微量元素，维生素及水。碳水化合物中的单糖或糖醇进入人体细胞后，主要在细胞质中进行一系列酶促反应（糖酵解）而产生丙酮酸，在缺氧时可形成乳酸。丙酮酸进入线粒体而进行三羧酸循环，形成一氧化碳及还原型辅酶（NADH，FADH），后者在线粒体膜上进行氧化磷酸化形成 H_2O 及 ATP。但在长期的临床实践中，也暴露出诸多弊端。全肠外营养过高，不但不能改善病人的营养状况，反而可导致严重的代谢紊乱，如高血糖、高血脂、酸中毒、肝内胆汁淤积和肝功能损伤等。而肠内营养主要的优点是能预防长期禁食导致的并发症，如肠黏膜萎缩、静脉营养引起脂肪沉积导致的胆汁淤积和肝功能损害等，同时肠内营养还能预防肠道内黏膜菌群的损伤和菌群失调症，防止肠道菌群移位而导致肠外组织感染。但是完全应用肠内营养，病人情况不允许，对于危重病人由于受肠道蠕动、消化和吸收功能的限制，完全应用肠内营养又有可能造成能量与蛋白质供给不足而危及生命和延误病程的危险。因此，必须肠内和肠外营养并用。而临床常用的肠内营养剂，不仅仅只是糖类、蛋白质、电解质及脂肪等能量的补充，还包括肠道黏膜特异性营养因子的供给和微生态制剂的供给等。这正是因为微生态制剂的供给对机体既有药理作用，又有营养作用，因此也可以称之为微生态营养剂。肠内微生态营养是在提供必须营养素的同时，还需提供人体本身的原籍菌群或原籍菌群加益生元，以维持肠黏膜的完整性，促进肠蠕动。因为肠蠕动是肠道菌群对肠生理功能的一种重要表现。实验证明，肠道菌群能刺激肠壁运动神经末梢以调节正常的肠蠕动。补充原籍菌群或微生态制剂能促进肠黏膜的增生，并且还能通过对肠内致病菌的抑制，恢复肠内正常菌群，阻止肠道菌群的移位。同时，恢复的正常菌群又能产生供机体所需的维生素、酶类、短链脂肪酸等，而且还能促进机体对其他营养物质的吸收，因此，正常微生物群对重建肠道黏膜环境和促进营养物质的吸收有其重要意义。

第二节　微生态营养学与疾病的关系

肠道微生物群的异常可能与肠道疾病有关。此外，越来越多的证据表明，在这个微生物群落中，失调可能与一些额外的内在疾病有关如过敏、肥胖和代谢综合征、风湿病和退化过程。常见的如肥胖、免疫性疾病、心血管疾病或肿瘤等。肿瘤是一种免疫性疾病，其

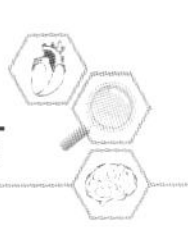

发生发展与机体免疫功能密切相关，而肠道菌群作为肠道内环境的重要参与者，与肿瘤免疫应答之间存在一定的联系。肠道微生态失衡主要是指菌群结构或数量的改变，益生菌总数减少，同时益生菌与致病菌的比例发生明显改变。导致肠道微生态失衡的常见原因包括两类，一类是生活方式相关的，包括饮食结构、运动、服用抗生素、卫生习惯等；另一类是人体本身因素相关的，包括免疫功能异常、慢性炎症、人体代谢内分泌失衡等。上述这些造成肠道微生态失衡的危险因素，同时也是促进癌症发生和发展的高危因素，尤其是饮食、肥胖、慢性炎症等因素。

一、微生态失衡与肿瘤的关系

有研究表明，肠道微生态失衡或变化常伴随着肿瘤的发生，比如与肠道菌群改变息息相关的饮食结构、生活方式、免疫调节等都能够显著影响结肠癌的发生。同时越来越多的科学家 研究并报道了肠道微生态在肿瘤发生发展过程发挥重要作用；而在多种治疗癌症的手段中，良好的肠道微生态更是提高疗效所不可或缺的。研究表明，结直肠癌患者与健康成人相比，其肠道菌群具有显著性差异，结直肠癌患者肠道内发现有更多的肠球菌、埃希氏杆菌、克雷白氏杆菌、链球菌等，同时罗氏菌和一些产丁酸盐细菌则显著减少；在易患结直肠癌的人群中发现，他们有更多的肠道菌群代谢食物时产生的次级胆汁酸，而产丁酸盐细菌的数量较少。肝脏是肠道微生态的首个下游器官，因此肠道菌群及其代谢产物通过门静脉系统也可以对肝脏产生重要影响。肠道微生态失衡促进肝癌发生发展主要是与不断加重的慢性炎症以及鞭毛蛋白、肽聚糖、脂多糖、TLR4 信号调控网络的激活有关，而给予益生菌则能够减轻这些效应。此外，以往发现的肥胖或高脂饮食对肝癌的促进作用其实是由肥胖引起的肠道微生态失衡起作用。由此可见，在多种促进肝癌发生发展的因素中，肠道菌群均起到了决定性的作用。幽门螺杆菌是胃癌发生的高危因素，有研究提示乳酸杆菌可通过诱导具有细胞保护作用的 COX-1 产生来抑制转移性胃癌细胞的生长。幽门螺杆菌感染沙鼠的胃黏膜中乳酸杆菌、拟球梭菌、柔嫩梭菌数量增多，奇异菌数量减少，这种胃内微生态的变化可能对幽门螺杆菌感染具有抑制作用，但目前关于幽门螺杆菌与乳酸杆菌在胃癌中相互作用的机制尚未明确。

二、微生态失衡与肿瘤的免疫调节

免疫系统能容忍正常肠道微生物群，同时确保免疫监视入侵病原体。此外，越来越多的证据表明，肠道的适当发展免疫系统的肠外成分需要肠道微生物群。从这一角度出发，我们讨论宿主与肠道细菌之间亲密关系的失调会影响肿瘤发生、肿瘤进展和对癌症的反应治疗和如何操纵肠道微生物群的治疗目的。另外，遗传缺陷影响肠免疫系统的上皮、髓系或淋巴成分失调，因为它们促进炎症状态，如克罗恩病，增加宿主的肿瘤转化风险。肠道菌群可通过调节“免疫检查点”促进抗肿瘤免疫治疗。“免疫检查点”是一类免疫抑制性分子，其生理学功能为抑制 T 细胞的功能，在肿瘤组织则被肿瘤利用并帮助其免疫逃逸。例如治疗黑色素瘤和肺癌，可以利用 CTLA-4 或 PD-1 抗体促进 T 细胞重新活化、识别并杀死肿瘤细胞。肠道菌群在免疫系统的形成和天然免疫反应中起到了重要作用，腹腔感染、抗生素的使用或两者联系的流行病学研究结直肠癌发病率的增加强调了的临床重要性失调与肠道癌变的关系。而在肠道菌群缺失时无法产生有效的抗肿瘤疗效。肠道菌群同样参与了化疗药物对肿瘤的杀伤作用。研究发现化疗药物环磷酰胺可以改变小鼠的肠道菌群组成，同时使一些革兰阳性细菌发生异位，从而促进 Th17 和记忆性 T 细胞产生免疫反应，增加环磷酰胺对肿瘤的杀伤效力以及防止肿瘤细胞产生耐药；而当给予无菌小鼠或革兰阳性菌缺失小鼠相同的治疗时，效果较差，肿瘤细胞很快产生了耐药。这些研究结果都表明，在利用免疫疗法或化疗来杀伤肿瘤的过程中都需要肠道菌群的参与，而进一步调整肠道菌群后能产生更好的治疗效果。越来越多的证据表明肠道细菌影响致癌、肿瘤进展和对治疗的反应。因此，选择性地操纵肠道微生物可能代表一种可行的方法来限制特定肿瘤在一般中的发病率种群或提高各种抗癌药物的活性。尽管第一种可能在几种具有良好的肿瘤发生模型中结果已被研究，在人类中的实际预防作用仍有待建立。相反，选择性地操纵肠道的组成微生物作为化疗、放射或免疫治疗的最佳方法临床是一个相对较新的概念，需要更多的研究来理解这种方法的临床价值。在这方面，大多数的选择性有限常规抗生素和肠道微生物区系个体间异质性升高可能构成主要障碍。高度特异性抗菌药物，如细菌素和开发新技术，以便能够迅速深入地描述肠道微生物在个性化的基础上可能会绕过这些问题，协调肠道微生物群可能是提高临床疗效的可行策略。

第三节　益生菌相关研究

一、益生菌与自身免疫病

自身免疫病（autoimmune disease，AID）是指机体丧失对自身组织抗原的免疫耐受，自身抗体或自身反应性效应 T 细胞产生过度应答正常组织而导致的一类慢性疾病。此类疾病好发于女性，全球发病率约 0.09%，但呈逐年增长趋势。AID 具有广谱性，据统计 80～100种疾病具有丧失免疫耐受的特性。最常见的 AID 包括类风湿关节炎（rheumatoid arthritis，RA）、系统性红斑狼疮（systemic lupus erythematosus，SLE）、多发性硬化（multiple sclerosis，MS）、自身免疫性肝炎（autoimmune hepatitis，AIH）、干燥综合征（sjogren's syndrome，SS）及炎症性肠病（inflammatory bowel disease，IBD）。AID 治疗的临床常用药物主要包括非甾体抗炎药、甾体抗炎药和改善病情抗风湿药三类。这些药物虽可有效缓解患者临床症状和体征，但是治标不治本，只能临时控制疾病的活动及进展，不能避免复发，且治疗过程中可能伴有代谢紊乱、胃肠反应、免疫抑制等不良反应。AID 发病除免疫耐受异常外，可能还与遗传、环境及肠道菌群紊乱有关。“粪便移植”可纠正肠道菌群紊乱，但技术不成熟，无法广泛应用。

1965 年提出益生菌（probiotics）一词。益生菌的作用是促进有益菌繁殖、抑制致病菌生长，维持肠道菌群平衡，有益于人体健康。按照菌株的种属进行分类，益生菌包括传统益生乳酸菌、非乳酸菌益生菌和二代益生菌（next generation probiotics，NGP）三大类。常见益生菌中乳杆菌（*lactobacillus*）、双歧杆菌（*bifidobacterium*）、嗜酸杆菌（*ac-*

idophilus）等属于传统益生乳酸菌。各类益生菌的作用尚无定论，但其安全性已被多行业认可，如乳酸杆菌在工业中的广泛应用、双歧杆菌及乳杆菌作为胃肠疾病中的辅助疗法、枯草芽孢杆菌在畜牧饲料中的应用等。益生菌在非肠道疾病中的作用仍缺乏充分的研究。已有大量数据证明益生菌具有免疫调节作用。乳杆菌和双歧杆菌是益生菌中重要的抗炎菌，*lactobacilluscasei* 可通过增加机体抑炎细胞因子（IL-10、TGF-β），抑制促炎细胞因子（IL-1β、IL-2、IL-6、IL-12、IL-17）缓解大鼠类风湿关节炎；*lactobacillus plantarum* LC27 和 *bifidobacterium longum* LC67 均可通过抑制核因子 κB（nuclear factor kappa-B，NF-κB）炎性通路，抑制炎症反应；有研究表明 *bifidobacterium infantis* 能促进 Treg 细胞核转录因子 Foxp3 和抗炎因子 IL-10 和转化生长因子-β1（transforming growth factor-β1，TGF-β1）的表达，从而缓解肠道炎症；*lactobacillus casei* 可促使 $CD4^+$ T 分化为 Treg 细胞而抑制其分化为 Th17 细胞，并增强 Treg 细胞功能、抑制 Th17 功能，通过免疫调节缓解类风湿关节炎。现将益生菌对自身免疫病的作用及机制概述如下，为益生菌临床治疗 AID 提供理论依据，同时为开拓其他临床应用提供借鉴。

（一）益生菌与类风湿关节炎

RA 是一种慢性疾病，伴有关节疼痛、痛觉过敏、水肿等症状，骨和软骨发生不可逆破坏，导致关节畸形，如不及时治疗，可能会残疾。RA 的发病机制尚不明确，但肠道菌群紊乱被认为是 RA 发生的触发器。研究发现，RA 患者与健康受试者粪便菌群相比差异显著，RA 患者粪便中 *bifidobacterium*、*bacteroides*、*lactobacillus* 等益生菌水平显著降低，*escherichia coli* 和 *enterococcus* 水平明显升高。一项随机双盲试验表明 RA 患者服用益生菌胶囊（含有 *lactobacillus acidophilus*、*lactobacillus casei* 和 *bifidobacterium bifidum*）8 周后，与安慰剂组相比，血清 C 反应蛋白和胰岛素水平下降；28 个关节的疾病活动度评分下降，提示病情明显改善。

以 $CD4^+$ T 细胞为主的适应性免疫在启动和维持类风湿性关节炎自身免疫反应特征中起着重要作用，其中 $CD4^+$ T 细胞中 Th1 和 Th17 细胞是 RA 重要驱动因素，它们激活巨噬细胞和募集其他炎症细胞，抑制调节性 T 细胞（Terg）介导的免疫耐受。研究发现灌饲 *lactobacillus* 可纠正胶原诱导的关节炎（collagen-induced arthritis，CIA）小鼠肠菌失衡，同时诱导 Th1 和 Th17 细胞分化的细胞因子 IL-12、IFN-γ、TGF-β 和 IL-6 明显降低，即 *lactobacillus* 通过调节 $CD4^+$ T 亚群相关的细胞因子缓解小鼠类风湿关节炎。同样也有发现灌饲 CIA 小鼠 *lactobacillus helveticus* SBT2171，腹股沟淋巴结中抗体生成相关的 B 细胞及 Tfh 细胞明显降低。另有研究认为益生菌对 CIA 大鼠症状的缓解作用与干预时间有关，*Bifidobacterium* 预防性干预较治疗性干预更易于改善肠道微生态、增加短链脂肪酸浓度、提高 Terg 细胞频率，缓解 CIA 大鼠症状。推测益生菌早期干预更利于临床缓解 RA 症状。

RA 症状与促炎因子过量产生和细胞内促炎信号的激活密切相关。研究发现不同剂量的复合益生菌（*bifidobacterium breve*，*lactobacilluscasei*，*lactobacillus bulgaricus*，*lactobacillus rhamnosus*，*lactobacillus acidophilus*）干预 CIA 小鼠后，小鼠关节肿胀程度及疼痛敏感性减弱，同时炎细胞浸润减少；血清 IL-1β 水平下降，脊髓中活化的 p38 丝裂原活化蛋白激酶（mitogen-activated protein kinase，MAPK）炎性通路被抑制。p38MAPK是细胞内一条重要的炎性信号通路，有报道显示，骨关节炎软骨中p38MAPK含量明显升高，p38MAPK抑制剂可显著降低RA小鼠软骨疼痛及退变。*lactobacilluscasei* 灌饲CIA大鼠可明显提高肠道微生物的种类和丰度，经KEGG数据库基因分析发现肠菌丰度与磷酸戊糖途径激活酶负相关，表明 *lactobacilluscasei* 可抑制磷酸戊糖途径的激活，维持氧化还原平衡，减少促炎因子IL-1β、IL-6、IL-17产生，从而减轻大鼠类风湿关节炎。肠道微生物通过调节氧化还原平衡降低炎症因子可能是益生菌缓解类风湿关节炎机制之一。以上研究说明益生菌通过改善RA患者或模型动物肠道菌群失调，抑制炎症并缓解症状，但抑制炎症的机制尚需深入探讨，肠道菌群代谢物及相关酶类可能发挥重要作用。

（二）益生菌与系统性红斑狼疮

SLE是慢性炎症性自身免疫病，可并发肾脏、心血管、肝脏等功能障碍。其发病与自身反应性B细胞产生自身抗体有关。Th17/Treg失衡，免疫耐受功能障碍是全部AID发病的重要因素。同样，Th1、Th17细胞通过分泌IFN-γ及IL-17诱导和促进炎症，参与SLE的进展和免疫病理损伤。$CD4^+CD25^+FoxP3^+$ Treg在SLE患者和模型鼠中的数量减少和功能不全导致的免疫抑制缺陷也是SLE病理损伤的重要原因。近年来研究发现，SLE患者存在肠道菌群失调现象，其特征是厚壁菌门/拟杆菌门（*firmicutes/bacteroidetes*，F/B））比率显著降低，肠道菌群多样性下降，革兰阴性菌数量增多，血清脂多糖（Lipopolysaccharide，LPS）升高。有研究利用来源于SLE患者和健康人群的粪便菌群灭活成分孵育幼稚T细胞，发现前者更能促进Th17细胞的分化，而适当补充 *bifidobacterium bifidum* LMG13195后促使Foxp3表达，使幼稚 $CD4^+$ T细胞发育为Treg而非Th17细胞。复合益生菌（*lactobacillus rhamnosus* 和 *lactobacillusdelbrueckii*）预防性灌饲SLE模型小鼠2个月后，相关自身抗体水平、脾脏中Th1及Th17细胞水平均下降，同时血清促炎因子IL-17、IFN-γ水平下降。有研究表明复合益生菌（*lactobacillus delbrueckii* 和 *lactobacillus rhamnosus*）不仅降低SLE小鼠血清自身抗体水平、腹腔脂肪肉芽肿，还可促进Foxp3表达，升高Treg细胞频率。由此可见益生菌下调Th1及Th17细胞频率及功能、提升Treg细胞的数量和功能是其缓解SLE的机制之一。但是不同益生菌缓解SLE的机制存在差异。有研究发现将不同的3种乳酸杆菌（*lactobacillus paracasei* GMNL-32、*lactobacillus reuteri* GMNL-89、*L. reuteri* GMNL-263）分别灌饲SLE小鼠，3种乳酸杆菌均可通过抑制肝脏中TLR/MYD88信号通路降低促炎因子IL-6和TNF-α水平，但只有GMNL-263可显著促进 $CD4^+CD25^+FoxP3^+$ Treg细胞的分化。提示了 *lactobacillus paracasei* GMNL-263临床替代免疫抑制剂的应用前景。

SLE合并代谢综合征（高血压、高血糖和血脂异常等）是心血管病发生的危险因素，也是SLE患者死亡的重要原因。*lactobacillus reuteri* GMNL-263灌饲SLE模型小鼠16周，心肌异常结构恢复，纤维化水平下降，通过抑制肿瘤坏死因子受体1（Tumor necrosis factor receptor 1，TNF-R1）和Fas相关死亡域蛋白（Fas-associated with death domain protein，FADD）的表达，维持心肌原有功能。同时发现，益生菌 *lactobacillus fermentum* CECT5716可调节肠道微生态，增加肠道致密性，降低血清中的LPS，恢复

Th17/Treg 平衡，抑制血管内皮氧化应激。因此，益生菌可以考虑作为预防 SLE 血管并发症的辅助疗法。

（三）益生菌与多发性硬化症

多发性硬化症（multiple sclerosis，MS）是一种中枢神经系统脱髓鞘的炎症性自身免疫病。实验性自身免疫性脑脊髓炎（experimental autoimmune encephalomyelitis，EAE）症状表现和组织病理学特征高度类似人类 MS，是 MS 最为认可的动物模型。EAE 是将神经组织抗原免疫小鼠或大鼠，诱导相应 T 细胞活化并应答中枢神经系统髓磷脂和少突胶质细胞导致炎性细胞浸润和脱髓鞘，从而导致 EAE 的发展。随着脑-肠轴的提出，益生菌在神经系统疾病中的应用愈为广泛。肠道菌群可以通过神经、免疫及代谢等途径参与调节中枢神经系统功能。MS 患者和正常志愿者同时服用 VSL＃3（*bifidobacterium*，*lactobacillus*，*streptococcus*）益生菌后，肠菌丰度均升高，同时 MS 患者促炎性单核细胞占比及髓源性树突状细胞（dendritic cells，DC）表面 HLA-DR 的表达下降。研究证明 *lactobacillus helveticus* SBT2171 可降低 EAE 小鼠临床评分及脊髓单个核细胞浸润，显著抑制腹股沟淋巴结中 Th17 细胞，同时发现 *lactobacillus helveticus* SBT2171 可体外抑制 LPS 诱导的抗原提呈细胞 DC2.4 与 RAW264.7 的 IL-6 产生。EAE 被认为是 Th1、Th17 细胞介导的以中枢神经系统炎症为特征的自身免疫病。复合益生菌（*lactobacillusplantarum* A7，*bifidobacterium* PTCC 1631）干预 EAE 小鼠，减少中枢神将系统炎细胞浸润，抑制 EAE 小鼠脱髓鞘，其机制可能与复合益生菌减少 Th1、Th17 极化而增加 Treg 细胞频率，减少促炎细胞因子 IL-17、IFN-γ，而促进 IL-4、IL-10、TGF-β 的表达有关。商业化益生菌 *Lactibianeiki* 能够以剂量依赖性的方式降低 EAE 小鼠症状评分，并促使中枢神经系统 mDCs 向具有免疫抑制功能的不成熟方向发展（降低 MHC-Ⅱ分子和 CD80 表达，增加 PD-L1 的表达）。不成熟 DC 具有广泛的免疫抑制功能，可通过分泌 IL-10、TGF-β 诱导 Treg 细胞分化，进而抑制 EAE 小鼠脱髓鞘并降低中枢神经系统炎细胞浸润。经 16S rRNA 测序发现 *lactobacillus reuteri* DSM 17938 缓解 EAE 小鼠症状与 *bifidobacterium*、*prevotella* 和 *lactobacillu* 的丰度增加呈正相关，与 *anaeroplasma*、*rikenellaceae* 和 *clostridium* 的丰度增加呈负相关，因此，肠道菌群的重塑与 EAE 小鼠症状的缓解密切相关。以上表明益生菌预防及缓解 EAE 小鼠症状，机制主要是通过抑制炎性 $CD4^{+}$ T 淋巴细胞，增加 Treg 细胞，减轻中枢神经系统炎症反应。

（四）益生菌与自身免疫性肝炎

自身免疫性肝炎（autoimmune hepatitis，AIH）是一种慢性、进行性、免疫介导的炎症性肝病，病因起始因素不明。但肠-肝轴在 AIH 发病机制中的作用引人注目。24 名 AIH 患者和 8 名健康志愿者粪便 16S rRNA 基因检测显示，AIH 患者粪便中 *bifidobacterium* 和 *lactobacillus* 等厌氧菌数量减少，*escherichia coli* 和 *enterococcus* 等需氧菌数量保持不变；AIH 患者十二指肠活检免疫组织化学分析显示紧密连接蛋白表达降低，血清 LPS 含量升高，提示其肠紧密连接完整性受损。这些发现表明 AIH 与肠道菌群失调、肠道黏膜屏障通透性增加、微生物成分进入了体循环。刀豆蛋白 A（Concanavalin A，

ConA）诱导的小鼠急性肝炎模型是一种广泛用于研究AIH的动物模型，但Con A不能诱导无菌小鼠肝炎发生，而在肠道携带致病性沙门氏菌和链球菌的小鼠Con A可诱导严重的肝损伤，研究证明这与细菌诱导肠内DC增多、活性增强有关。这说明了肠道菌群在启动免疫介导的AIH中的必要性。目前虽已经证明AIH患者及模型鼠肠道益生菌（*bifidobacterium* 和 *lactobacillus*）丰度下降，但尚未见有益生菌干预AIH的小鼠实验研究或临床案例。

（五）益生菌与干燥综合征

干燥综合征（SS）是一种以泪腺和唾液腺淋巴细胞浸润为主要特征的慢性自身免疫性疾病。临床症状多样，除有泪腺及唾液腺受损、功能下降，出现口干、眼干外，尚有其他外分泌腺及腺体外其他器官受累而出现多系统损害的症状。SS的发病机制尚不清楚，仍是研究热点。利用16S rRNA基因测序技术对42名SS患者及35名健康对照人群的粪便进行肠道菌群失调评估，结果表明，SS患者出现严重菌群紊乱，*bifidobacterium*、*alistipes* 及 *faecalibacterium prausnitzii* 均较正常对照组减少。同时，SS患者存在显著的低补体血症、胃肠道炎症标志物、粪便钙卫蛋白（fecal calprotectin，FC）升高。这表明SS患者肠道菌群失调可能与SS患者全身表现及胃肠道炎症标志物的加重有关，提示肠道菌群失调与SS炎症反应的相关性。研究发现无菌小鼠与常规条件下饲养的正常小鼠相比，无菌小鼠可自发发生sjogren样泪腺角结膜炎，伴有角膜屏障破裂、结膜杯状细胞密度降低，泪腺炎细胞浸润增加、泪腺中$CD4^{+}$ IFN-γ^{+}细胞的频率升高。另外，将正常小鼠粪便移植给这种无菌小鼠发现，粪便菌群移植可以改善无菌小鼠眼部表现的症状，增加结膜杯状细胞密度及角膜屏障功能，降低泪腺内$CD4^{+}$ IFN-γ^{+}细胞频率，表明在肠-眼轴的调节下，共生细菌在维持眼表免疫稳态方面发挥了作用。SS患者感染白色念珠菌的概率比一般人群高。念珠菌感染表现为舌肿胀、红斑黏膜病变和牙本质相关的口炎。有研究将36名SS患者分为两组，口服益生菌组（*lactobacillus acidophilus*，*lactobacillus bulgaricus*，*streptococcus thermophilus*，*bifidobacterium bifidum.*）及安慰剂组5周后，口腔漂洗液中念珠菌丰度明显下降，表明该复合益生菌可作为预防白色念珠菌的预防剂。大量研究已表明，肠道菌群失调可能是SS发病的重要原因，为益生菌干预SS的研究探索奠定了理论基础。

（六）益生菌与炎症性肠炎

IBD是免疫异常介导的慢性、反复性肠道炎症，包括克罗恩病（Crohn's disease，CD）、溃疡性结肠炎（Ulcerative colitis，UC）及未定型的IBD，好发于青年。与其他自身免疫病一样，IBD的发病机制尚无定论，越来越多的证据表明，遗传因素、环境因素、免疫防御和肠道微生物群之间的复杂相互作用，导致肠黏膜免疫失调及持续性炎症，引起肠屏障功能障碍促进了IBD的发展。这引起了人们对益生菌缓解IBD的黏膜炎症产生兴趣。IBD患者粪便中有益菌（*bifidobacterium* 及 *firmicutes*）丰度下降，有害菌（*actinobacteria* 及 *proteobacteria*）丰度增加，除了菌群组成的变化外，在IBD患者肠道中还观察到微生物多样性降低。有益菌减少导致炎症因子的产生并诱发肠道炎症，黏附在肠上皮的致病菌的增加会影响肠上皮的通透性，诱导细菌及其代谢产物移位，从而导致免疫功能异常，破坏肠上皮细胞并影响能量代谢导致肠道炎症。双歧杆菌属被认为是人类肠道菌群的重要成员，一项双盲随机对照临床试验显示，*bifidobacterium longum* 可降低 UC 活动性患者慢性黏膜炎症的临床表现。同时，研究发现，*bifidobacterium longum* CCM 7952 可缓解葡聚糖硫酸钠（dextran sulphate sodium，DSS）诱导的小鼠结肠炎。正常小鼠灌饲 *bifidobacterium longum* CCM 7952 10 天后利用 DSS 建立小鼠结肠炎模型，发现益生菌干预后可降低结肠黏膜及固有层炎细胞浸润，降低血清 IL-6、TNF-α 及 IFN-γ 含量，同时增加结肠紧密连接蛋白 ZO-1，Occludin 的蛋白表达。在 DSS 诱导的小鼠结肠炎模型中，lactobacillus casei、bifidobacterium lactis、lactobacillus plantarum 及 bifidobacterium longum 均表现出抗炎作用。结直肠癌被认为与慢性炎症密切相关，慢性炎症可在肿瘤发病早期出现，因此，IBD 会增加结直肠癌的发病风险。研究发现乳酸菌 GG 可产生 2 种可溶性蛋白 p40 和 p75，保护上皮细胞免受凋亡，从而增加黏膜完整性，防止病原菌入侵，降低盲肠 pH 值，增加乳酸和丁酸盐消耗细菌的相对数量，减少肠道炎症。*lactobacillus gasseri* 505 灌胃干预氮氧甲烷（azoxymethane，AOM）/DSS 诱导的小鼠 10 周后，结肠长度增加，促炎细胞因子（TNF- α、IFN-γ、IL-1β 和 IL-6）和炎症相关酶（iNOS 和 COX-2）下调，抗炎细胞因子（IL-4 和 IL-10）上调，促凋亡蛋白（p53、p21、Bax）表达升高，而抗凋亡蛋白（Bcl-2、Bcl-xL）表达下调，结肠屏障实验显示黏液层生物标志物（muc2 和 TFF3）和紧密连接生物标志物（occludin 和 ZO-1）均上调。此外，对肠道微生物群的宏基因组比较分析显示，益生菌组 *staphylococcus* 丰度减少，*lactobacillus*、*bifidobacterium* 和 *akkermansia* 丰度增加，并伴随着短链脂肪酸（SCFAs）增加。因此，该益生菌可能是一种新的潜在的抗 IBD 及结直肠癌的天然健康防护剂。虽然益生菌疗法在 IBD 中已取得一定成效，但存在一定的挑战，如何为不同患者设计个性化治疗方案仍需深入探索。

二、益生菌与感染性疾病

（一）益生菌用于消化道感染

微生物群为免疫系统的发育和功能提供了重要的信号。微生物群落及其代谢产物和组分不仅是免疫稳态所必需的，而且还影响宿主对许多免疫介导疾病和疾病的易感性。微生物群产生的代谢物及其细胞和分子成分越来越被认为是人体生理学的重要组成部分，对免疫功能和功能失调有着深远的影响。微生物代谢物是通过微生物-微生物和宿主-微生物相互作用而产生的，人们越来越认识到这种共同代谢在人类健康和疾病中的作用。这些观察结果支持了哺乳动物是全生物的概念，它们依赖宿主和微生物基因组（即全基因组）来实现最佳功能。

肠道黏膜是影响肠道功能的重要原因之一。益生菌保护宿主免受感染的机制包括增强上皮屏障、增加与肠黏膜的黏附、抑制病原体黏附、竞争性排斥致病微生物群、合成抗菌物质、修饰毒素或毒素受体，刺激对病原体的非特异性免疫反应。

对于感染性腹泻，一项将益生菌用于治疗或预防急性腹泻（定义为每 24 小时超过 3 次稀便或水样大便）的随机双盲安慰剂对照试验表明，与安慰剂相比，使用益生菌可显著降低持续3天以上腹泻的风险，并显著缩短了腹泻持续的时间，尤其对于轮状病毒性胃肠炎引起的腹泻特别明显。一项综合评论纵述认为，特定的益生菌对急性病毒性胃肠炎和抗生素引起的腹泻（包括艰难梭菌毒素引起的腹泻）具有疗效。患有抗生素引起的腹泻和艰难梭菌感染的老年患者在接受抗生素治疗时，若同时服用乳酸杆菌和双歧杆菌，可使艰难梭菌毒素阳性腹泻率降低至2.9%，而安慰剂治疗组为7.3%，在一项针对1～5岁儿童接受抗生素治疗的大型前瞻性研究中，布拉氏酵母菌将腹泻率从18.9%降低到5.7%。而益生菌（芽孢杆菌）和益生元（低聚果糖）联合使用，使120名接受抗生素治疗的儿童腹泻发病率从71%降低到38%，腹泻持续时间从1.6天缩短到0.7天。

随机对照试验研究了益生菌联合应用在根除幽门螺杆菌治疗和标准治疗中的效果，结果表明，益生菌组和对照组的总根除率分别为82.31%和72.08%。此外，益生菌组和对照组的抗生素治疗引起之副反应发生率分别为21.44%和36.27%，因此得知用益生菌辅助标准抗生素疗法可使幽门螺杆菌根除率提高约13%，抗生素副反应减少约41%。由于肠道微生物群通常被认为是抵御肠道内致病微生物的第一道防线，因此通过经常食用益生菌食品和/或补充剂来维持良好肠道菌群共生关系至关重要。

（二）益生菌用于呼吸道感染

口腔的微生物群是多样性的，在舌头、牙齿、牙龈、内颊、腭和扁桃体上能发现700多种不同的菌种。虽然唾液中不含原生细菌，但它含有从口腔其他区域的生物膜上脱落的细菌。这些菌种中超过20%的细菌是属于链球菌属的成员，链球菌在口腔中占有数量最多的占比。

一个人对上呼吸道感染是否耐受或易感与他们的上呼吸道黏膜免疫息息相关，而黏膜免疫主要由口腔内细菌的种类和数量决定，而这些细菌又主要取决于年龄、健康状况、营养状况、生活方式的选择（如是否吸烟和喝酒及口腔卫生）和地理位置。

依据一项针对10项随机对照试验并涉及3451名参与者的系统回顾和荟萃分析，研究发现益生菌可减少儿童和成人急性呼吸道感染的发生，并降低抗生素使用的概率。系统回顾亦显示唾液链球菌K12可能在减少儿童急性中耳炎和分泌性中耳炎的发生和/或严重程度方面发挥作用。另一项系统综述报道唾液链球菌K12预防性治疗显著降低链球菌性咽炎的发病率。一项针对不同益生菌株之临床试验的荟萃分析结果显示，补充益生菌的儿童可显著降低其链球菌性咽炎的发病率，并使服用期间至少发生1次呼吸道感染的受试者人数降低、补充益生菌的儿童人均呼吸道感染天数更少，并且日托/学校的缺勤天数更少。然而，益生菌干预组和安慰剂组之间的呼吸道感染次数没有统计学上的显著差异。由于在早产儿队列研究中已观察到，生命早期补充益生菌或益生元可降低婴儿出生后第一年中发生病毒性呼吸道感染的风险，芬兰研究团队针对94名早产婴儿进行的随机双盲对照试验中发现，接受益生菌和益生元的婴儿呼吸道感染的发病率明显低于接受安慰剂的婴儿，尤其是鼻病毒感染的发生率（占所有呼吸道感染的80%）显著降低。

在许多已被充分研究的益生菌制剂中，其中一种含有人体口腔黏膜共生菌的口服益生菌Bactoblis©已被广泛用于多项针对上呼吸道感染的临床观察，发现到使用Bactoblis©可作为预防链球菌和病毒性呼吸道感染的一种有效策略，已发表的研究亦证实了其高度安全

性。在为期6个月的试验期间，222位刚就读幼儿园一年级的3岁健康儿童，服用该益生菌相较于对照组，其链球菌性扁桃体炎和急性中耳炎的发病率分别降低了约67%和45%，而之后的随访3个月期间，益生菌组的儿童其链球菌性扁桃体炎和急性中耳炎的发生率仍分别降低为42%和67%；而在针对高病发人群于呼吸道感染高病发季节期间预防性使用的分析亦表明，在近期有反复咽链球菌上呼吸道感染史的儿童和成人中，服用该益生菌的受试者其链球菌性咽炎和/或扁桃体炎的发病率降低了86%～96%，病毒性咽炎和/或扁桃体炎发病率减少了80%～95%，需抗生素治疗之天数减少了90%～95%，同时患者的总体生活质量得到了改善，缺课人数明显减少，经历扁桃体切除手术的患者也大大减少；不仅对于反复上呼吸道感染的受试者中，而且在非复发性链球菌的儿童受试者中，每个季度间断使用Bactoblis© 12个月后，扁桃体炎的发病率相较于该群体前一年度降低约90%，急性中耳炎的发生率降低约70%。患有慢性腺样体炎的儿童在30天鼻冲洗液治疗期间伴随使用Bactoblis©，其腺样体炎恶化的发生率比单独使用鼻腔冲洗的患者降低44%，同时在3个月后其被诊断患有急性鼻窦炎之患者减少了73%，急性中耳炎则减少了62%，结果表明，使用Bactoblis©治疗可降低儿童慢性腺样体炎及其并发症的恶化风险，并减少药物治疗的依赖。由于慢性咽扁桃体的炎症是现代儿童耳鼻咽喉科最棘手的问题之一，俄罗斯研究团队发现，对于患有慢性扁桃体炎的儿童，Bactoblis©处方确实有助于改善其健康状况，在用益生菌对口咽进行局部定殖期间，扁桃体肥大和低热病例数明显减少，血细胞指数正常化，咽喉检体采样中分离出的甲型β溶血性链球菌和金黄色葡萄球菌数量减少，急性病毒呼吸道感染伴随慢性扁桃体炎的发生率降低。另外，中耳炎（包括急性中耳炎和分泌性中耳炎，其通常是急性中耳炎的后遗症）亦是儿科最常见的问题之一。意大利研究团队证明，患有反复急性中耳炎和单侧或双侧分泌性中耳炎持续至少2个月以上的儿童，使用Bactoblis©治疗90天后，患者分泌性中耳炎的发生率和/或严重程度显著降低，急性中耳炎发病率明显减少，且安全性良好。另一种使益生菌定殖于呼吸道的替代方法是通过鼻腔喷雾剂或口腔喷雾剂。基于不同菌种之间在鼻咽中的动态抗衡，改变微环境，并改变致病菌的侵袭力或影响宿主整体健康的能力。让共生细菌重新定殖于鼻腔黏膜可以降低病原体的水平，从而限制呼吸道感染。该研究使用α溶血性链球菌喷剂，在标准抗生素治疗后使用10天可以降低咽炎和急性中耳炎的复发率。

值得一提的是，危重病期间的感染仍然是全世界面临的一个重大挑战，益生菌在预防感染性并发症方面的疗效已在许多临床试验中得到广泛评价，尤其是呼吸机相关性肺炎（VAP），VAP仍然是影响机械通气患者发病率和死亡率的重要原因，虽然益生菌预防VAP的效果仍存在争议。一项纳入来自75个国家的1 265个重症监护室包含14 414名患者的综述研究显示，在调查时，51%的ICU患者被认为感染VAP，71%的患者在接受抗生素治疗，其中64%感染源是来自呼吸道，感染患者的ICU死亡率和医院死亡率皆是非感染患者的两倍多（分别是25%比11%，$P<0.001$，以及33%比15%，$P<0.001$）。另一项meta和试验序贯分析综合评价益生菌对于机械通气患者感染VAP的预防效果，共纳入13个随机对照试验，共有1 969名受试者，总的来说，益生菌可降低VAP的发生率，但观察90天死亡率、总死亡率、29天死亡率、重症监护病房死亡率、住院死亡率、腹泻、

ICU 住院时间、住院时间、机械通气时间则无显著性差异。危重病的特征是共生菌群平衡的丧失和潜在致病菌的过度生长，导致对医院感染的高度易感性，另一项纳入 30 项随机对照试验涉及 2 972 名参与者的系统回顾和荟萃分析评估了益生菌与感染的显著降低相关（风险比 0.80，$P=0.009$），呼吸机相关性肺炎（VAP）的发病率显著降低（风险比 0.74，$P=0.002$），未观察到对死亡率、住院时间或腹泻的影响，亚组分析表明，在危重病患者中，单独使用益生菌和合生元混合物对预防感染的改善最大。益生菌对降低感染的手段提供了希望，包括危重病中的 VAP，目前，临床异质性和潜在的出版偏倚减少了强有力的临床建议，并表明需要进一步高质量的临床试验来证明这些益处。

病毒性呼吸道感染的预防需要简单、安全的策略，越来越多的研究报告了食用益生菌对感冒和流感等常见呼吸道感染的影响，它支持益生菌补充剂在提高儿童和成人对普通感冒的免疫力，减少发病率、降低持续时间和症状严重度方面的有益效果。补充益生菌可以改善成人常见的免疫功能。然而，益生菌预防病毒感染的机制及益生菌补充剂的有效时间、剂量和菌株需要进一步研究。

（三）益生菌用于阴道及尿道感染

复发性尿路感染（UTI）困扰着世界各地的许多女性。益生菌的使用，特别是乳酸杆菌，已被广泛认为有助于预防尿路感染。由于乳杆菌在健康绝经前妇女的泌尿生殖道菌群中占主导地位，因此广泛被建议用于恢复泌尿生殖道菌群，在使用特定菌株在针对已患有泌尿系统感染的妇女或预防性使用进行的临床试验中，大多数临床试验都有令人鼓舞的发现。

泌尿生殖道菌群的恢复可以通过检测阴道环境中的益生菌或增加的乳酸杆菌来确认。没有泌尿生殖道感染的健康妇女使用含有鼠李糖乳杆菌 LGR-1 和发酵乳杆菌 RC-14 之阴道塞剂，3 天后可从所有受试者的阴道拭子培养物中检测到该些菌株；而在另一项对照试验，没有泌尿生殖道感染症状的女性中，仅不到一半的受试者带有健康之阴道菌群，在口服 28 天鼠李糖乳杆菌 GR-1 和发酵乳杆菌 RC-14 后，超过一半的受试者其阴道菌群由异常转为正常健康之菌群。在另一项随机双盲、安慰剂对照试验，健康女性口服 28 天鼠李糖乳杆菌 GR-1 和发酵乳杆菌 RC-14 后，其阴道分泌物之乳酸杆菌数量显著增加、酵母菌和大肠菌群减少，她们的阴道健康显著改善。

许多临床试验亦表明益生菌在预防尿路感染复发方面有显著作用，由于抗生素治疗通常效果不佳并导致反复感染，众所周知，益生菌具有恢复细菌性阴道病（BV）患者健康体内菌群平衡的能力，这为将益生菌用于辅助抗生素治疗提供了理论依据。一项随机、双盲、安慰剂对照试验显示，接受含有鼠李糖乳杆菌 GR-1 和发酵乳杆菌 B-54 之阴道内栓剂的受试者，其尿道感染病发率在 1 年内下降了 73%。一项利用 16S rRNA 基因测序技术来观察口服抗生素和益生菌干预后之菌群变化的研究报告指出，虽然患有阴道念珠菌病女性的阴道菌群分布同健康女性一样是以乳酸杆菌为主，也未因为抗生素治疗导致改变，但是在替硝唑伴随乳酸杆菌 RC-14 和鼠李糖乳杆菌 GR-1 治疗后，可使健康阴道共生菌 L. iners 或 L. crispatus 的相对丰度增加。一项纳入 12 项随机临床试验汇集了 650 名患者的荟萃研究，分析了益生菌治疗细菌性阴道炎的治愈率，结果表明，接受益生菌治疗的患

者中约有75%治愈率，而安慰剂组或无干预的患者治愈率约为53%。另一项汇集随机对照试验的综述描述了乳酸杆菌辅助抗生素治疗的影响，并表明使用益生菌2个月，尤其是嗜酸乳杆菌、鼠李糖乳杆菌GR-1和发酵乳杆菌RC-14，可以使阴道菌群正常化，有助于治愈已存在感染并防止细菌性阴道炎复发，甲硝唑治疗后长期服用益生菌可有助于控制细菌性阴道炎复发。系统回顾研究进一步表明，尽管针对细菌性阴道炎、尿道感染、阴道念珠菌感染和人乳头瘤病毒的临床研究在设计、干预和结果方面是有差异的，但仍可观察到益生菌干预对细菌性阴道炎的治疗和预防、预防念珠菌感染和尿道感染的复发及清除人乳头瘤病毒病变是有效的，同时显示高安全性。另外由于许多妇产科疾病在临床上与细菌性阴道炎相关，大约有1/5的怀孕妇女患有细菌性阴道炎，这也导致较高的早产和出生体重不足之风险，有研究表明，当患有细菌性阴道炎的孕妇食用含活菌嗜酸乳杆菌的酸奶时，其阴道检体培养之嗜酸乳杆菌数量显著增加，细菌性阴道炎发作次数显著减少。孕妇使用益生菌的理由非常充分，口服或阴道给予益生菌后，对人体有益的乳酸杆菌可以安全地在阴道内定植、置换和杀死病原体，调节免疫反应，干扰导致早产的发炎反应，此外益生菌还包括可降解脂质和提高细胞因子水平，促进胚胎发育的其他特性。不仅使用益生菌阴道塞剂有助于占据泌尿道上皮表面的特定黏附部位，取代不健康的阴道微生物群，口服益生菌亦被认为可通过一定路径定植到阴道。虽然不同研究的结果存在争议，但大多数研究都支持益生菌预防或治疗细菌性阴道炎的效果，且未见不良反应的报道。因此，建议每日食用含有特定菌株的益生菌产品，改善女性健康状况。

（四）益生菌用于乳腺炎之预防及治疗

哺乳期乳腺炎是一种产生严重疼痛的乳腺组织发炎，常发生在哺乳期，它可能导致免疫力下降，对感染的抵抗力降低，并使母乳喂养提前终止，从而可能导致母亲和新生儿较差的预后。乳腺炎大多发生在产后的6～8周，影响多达1/5母乳喂养中的女性，其治疗手段通常是抗生素，但其尚未被证实是有效的预防手段。一项随机双盲对照试验分析625名在分娩后1～6天内接受预防剂量抗生素之妇女，结果表明在哺乳期口服16周发酵乳酸菌CECT5716，可使临床表现之乳腺炎发病率降低51%，而在干预结束时，服用益生菌CECT5716受试者母乳中葡萄球菌属（乳腺炎常见之致病菌）的含量显著降低。随机对照试验的范围审查研究表明，益生菌可用于乳腺炎的治疗和预防。

人类乳腺炎，包括急性乳腺炎和亚急性乳腺炎，通常被用来定义乳腺的感染过程，事实上，这是一种以乳腺细菌失调为特征的过程，金黄色葡萄球菌是急性乳腺炎的主要病原，一旦进入乳腺，就会增殖并产生毒素，导致乳腺组织强烈炎症，通常会出现乳房红肿等严重的局部症状。由于乳腺在整个哺乳期高度血管化，毒素被迅速吸收并进入血流，导致宿主细胞因子模式的改变，从而导致全身性流感样症状。凝固酶阴性葡萄球菌和绿色链球菌是乳腺生态系统中的正常共生菌，形成薄的生物膜排列在乳腺导管的上皮上，使乳汁在哺乳期间正常流动，不同的因素可能有利于这类细菌的过度生长，从而导致亚急性或亚临床乳腺炎，由于不像金黄色葡萄球菌会产生导致急性乳腺炎的毒素，因此不会出现系统性流感样症状，但它们在乳腺导管内形成厚厚的生物膜，使乳腺上皮发炎，迫使乳汁通过越来越窄的导管，压迫发炎的上皮细胞导致刺痛，并伴有乳房灼热感，阻碍乳汁的流动。

由于母乳微生物群与乳腺生理学和泌乳之间存在着重要关系，此外，肠-乳途径的概念已被证明可以通过肠道膜淋巴结可将活菌从母体肠道转移到乳腺，孕期和哺乳期口服特定益生菌株已被证实可以调节乳腺微生物群的组成，从而改善乳腺健康状况，最终改善哺乳期母亲和新生儿的健康状况。

（五）益生菌用于控制 COVID-19 的流行病暴发

研究表明，由于急性肺损伤介导的肺部微生物群失调可导致血液介导的肠道微生物群失调，COVID-19 感染可诱导肺部微生物群改变，从而破坏肠道微生物群，导致胃肠道症状。通过对 COVID-19 死亡患者肺组织的分析，发现其肺微生物群落失调具有特定菌种增加的特征，该些菌种通常属于导致多重药耐和导致死亡率最高的菌种，因此对 COVID-19 患者进行下呼吸道菌群之连续监测可能有助于提供及时的个性化治疗。根据支气管肺泡灌洗液样本的转录组测序研究显示，SARS-CoV-2 感染患者的肺部微生物群与病毒样社区获得性肺炎患者相似，皆由病原体主导，来自口腔和上呼吸道共生菌之数量水平升高。在大量的细菌继发感染病例中，在 COVID-19 患者的 BALF 中发现了一些口腔来源的机会致病菌，这表明上呼吸道很可能是下呼吸道感染病原体的温床，另外唾液似乎也是一个很好的临床检测标本，在 COVID-19 早期感染患者中，91.7% 唾液中可检测到 SARS-CoV-2，也有研究报道称在 COVID-19 感染症状出现的第一周，后口咽唾液样本中的 SARS-CoV-2 病毒载量最高，显示 SARS-CoV-2 与口腔上皮组织有很高的亲和力。

大多数情况下，SARS-CoV-2 通过呼吸道飞沫在人与人之间传播，或者从环境物表面传播到手，然后由手传播到鼻子和嘴。这两种途径都可使病毒到达上呼吸道，并可能进一步传播到肺部。建立良好的上呼吸道和口腔微生物群第一道防线以保护人体免受呼吸道病原微生物感染，是预防包括 COVID-19 在内的上呼吸道感染的一个有前途的策略。益生菌配方 Bactoblis© 是许多已被做过深入研究的配方食品之一，可在建立稳态上呼吸道微生物群发挥作用，保护宿主免受上呼吸道感染，并通过调节固有免疫应答发挥抗病毒作用，该些固有免疫应答之调节包括，口服含片 10 小时后唾液中 IFN-γ 水平增加，同时未改变 IL-1β 或 TNF-α 水平而未引起促炎反应，激活自然杀手细胞的同时，降低了 IL-8 的释放，通过抑制病毒所诱发 NF-κB 途径来控制严重的炎症反应。自 COVID-19 暴发以来，为了进一步评估益生菌应用于预防呼吸道感染大流行的潜力，我们与武汉一线医护工作者密切合作，于 2020 年 3 月 5 日至 4 月 5 日进行了一项初步的多中心随机开放对照临床研究，与 COVID-19 住院患者密切接触并配备适当防护措施的医生和护士，额外服用益生菌加强保护，结果表明，每天服用 Bactoblis© 含片可显著降低呼吸道感染的患病率 65%（$P<0.005$），上呼吸道感染的患病天数减少了 78%（$P<0.005$），平均感染持续时间缩短了 38%（$P<0.05$），因呼吸道感染工作缺勤天数减少了 91%（$P<0.05$），临床观察期间，益生菌组服用中成药的天数相较于对照组减少了 77.8%（$P<0.01$），服用益生菌全部受试者均无使用抗生素和抗病毒药物治疗的需求，即益生菌组服用抗生素和抗病毒药物的天数相较于对照组减少了 100%（分别为 $P=0.001$ 和 <0.01），最重要的是，由 Kaplan-Meier 曲线可看出，医护人员在服用益生菌 10 天后免受呼吸道感染的侵袭（$P=0.008$），尽管由于研究期间适逢医疗资源短缺受限，本研究未能针对呼吸道微生物群进行监测，但

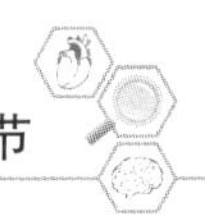

临床结果仍然间接指出，通过给予上呼吸道益生菌，可以达到一个更健康的动态平衡微生态，改变个体对呼吸道感染疾病的耐受性（研究数据尚未发表）。

正如前几版中国国家卫生委员会起草的指导方针所建议的，长期住院并伴随多项并发症、免疫力低下或病程进展迅速的 COVID-19 患者可补充益生菌。研究结果发现，COVID-19 患者肠道菌群的明显变化特征为机会性病原菌的富集和有益共生菌的变化，研究者亦发现该菌群失调与 COVID-19 严重程度息息相关。肠道益生菌的应用可能是另一种有希望的辅助疗法，意大利研究团队发现，几乎所有接受益生菌治疗的 COVID-19 患者在 72 小时内腹泻症状缓解，发生呼吸衰竭的风险显著降低，转移至重症监护室的风险和死亡率皆有降低。

人血管紧张素转换酶（ACE2）在肺泡上皮细胞和肠上皮细胞黏膜上含量丰富，在口腔细胞中亦有 0.52%的黏膜细胞表达有 ACE2，其中有 95.86%表达于舌上皮细胞，这提示着 SARS-CoV-2 可能与肺部或口腔内的口腔微生物有着相互作用。与 SARS-CoV 一样，SARS-CoV-2 利用 ACE2 受体与肺细胞结合，从而导致严重甚至致命的肺炎。ACE2 在肠道菌群平衡中也起着重要作用，当病毒的 S 蛋白附着使 ACE2 脱落的情况下，使肠道微生物群倾向往失衡的方向发展，这也进一步解释了老年 COVID-19 患者的不良预后，尤其是已经存在与年龄相关的心血管和代谢性疾病的患者，他们的 ICU 入院率和死亡率更高。鉴于 ACE2 的关键角色，印度研究团队透过分子生物学的理论和计算器运算进行模拟，利用不同益生菌产生的不同细菌素产物，阻断 ACE2 分子和病毒结合部位，期待找到最佳的细菌素分子作为药物开发。

综上所述，益生菌可以保护人类抵抗病毒感染引起的呼吸道和肠道菌群失调，并通过激活的免疫系统提高个体的免疫力，以及降低 SARS-CoV-2 感染引起的炎症反应（即炎症风暴，它与病毒性肺炎和 SARS-CoV-2 感染的严重并发症息息相关）。在 COVID-19 仍未消失的背景下，除了配备适当的保护装置及良好的卫生习惯外，将益生菌应用于医护人员和高接触风险从业人员可能是另一种安全有效的辅助预防方法，同时，益生菌的益处是菌株特异性的，仍需要更多可靠的临床数据和科学证明来帮助我们了解益生菌对于全身炎症反应、肺和肠道之间的病理生理关联。

（六）益生菌用于替代抗生素的研究趋势

在过去的几十年，对抗生素耐药的细菌种类和数量急剧增加，甚至有一些细菌对现有的抗生素均不敏感。研究益生菌产生的抗菌肽（细菌素）是一种新趋势，可为替代抗生素或减少耐药菌的出现提供帮助。很多人体共生菌能够产生细菌素以防止人体上皮表面的细菌感染，这为治愈多重耐药感染或精细重塑人体正常菌群以达到预防感染目的提供了良机。

目前，针对临床上越来越多的耐药菌株引起的感染，迫切需要有效的解决办法。细菌素对耐抗生素菌株具有显著的抑制作用，其活性谱有窄或宽，值得认真考虑将其作为传统抗生素的替代品。瑞典政府于 2000 年采取了针对性行动，并制定了全国性目标，包括门诊抗生素处方数量、治疗质量指标等，并及时向处方医生和健康宣教提供反馈。目前，瑞典的抗生素使用和耐药性水平在欧盟国家中，不论是在人类或动物的应用都是最低的，

1992—2016年，医院和诊所抗生素处方量减少了43%，而0～4岁儿童的处方数量更是下降了73%，尤其是用于呼吸道感染的抗生素销售已大幅减少。

综上所述，AID的发病机制与肠道菌群密切相关。益生菌在调节肠道微生态平衡、降低肠黏膜通透性、调节机体免疫功能等方面发挥着重要作用，因而在AID的治疗领域颇有潜力。对于常规治疗效果不佳或伴有不良反应的AID患者，益生菌无疑是AID患者的希望。由于益生菌菌种繁多、特性复杂，其作用机制难以界定，有待深入探索。当然，开展针对性的临床研究，明确不同AID的最适益生菌或益生菌相关制剂更具有实际意义。

益生菌通过纠正肠道菌群失衡，改善肠道微生态，增加肠壁致密性，抑制细菌及其代谢产物移位，进而抑制促炎信号通路，影响 $CD4^+$ T细胞过度分化和促炎因子的产生。目前很多细菌对抗菌治疗的耐受性正不断增加，开发替代抗生素疗法显得尤为重要。针对感染灶的益生菌治疗是后抗生素时代预防常见急性感染最令人鼓舞的治疗方法之一。在抗生素过度使用的危害越来越显著和抗生素耐药菌普遍存在的现状下，益生菌显现了巨大的被开发潜力。继续寻找最合适的益生菌菌株以减少某些类型的常见急性感染，全面减少抗生素的使用是至关重要的公共卫生目标。使用益生菌以恢复人体菌群平衡和临床转化的研究已取得了一些成果，旨在选择最佳益生菌的研究很可能在不久的未来为临床提供可靠的替代抗生素治疗和预防感染方案。

（王　敏　黄自明　魏月华　胡伟国　樊卫平　刘青青　王　强）

第八章

微生态调节剂在肿瘤治疗中的应用

第一节　微生态调节剂

一、微生态调节剂概述

微生态调节剂是指在微生态学理论指导下，可调整微生态失调，保持微生态平衡，提高宿主健康水平或增进益生菌及其代谢产物和（或）生长促进物质的制剂，有抗生素样作用。主要是含活菌和死菌包括组分和产物或者是仅含活菌体和死菌体和微生物制剂，供口服或经由其他黏膜途径投入，其目的主要是在黏膜表面处改善微生物和酶的平衡，并在一定程度上刺激特异性和非特异性免疫机制。微生态调节剂包括益生菌、益生元、合生元。

益生菌是指“终生”或抗生素的反义词，当摄入足够量时，可引起生命和非疾病的微生物（细菌或酵母菌）可通过预防（预防）和治疗某些病理性疾病而对健康有所帮助，或者可以减轻感染疾病的可能性称为益生菌。益生菌（probioties）首先于1965年使用，又称为益生素、促生素、生菌素、促菌素、活菌素，是指含活菌或含菌体组分及代谢产物死菌的生物制品，经口或其他黏膜投入，可在黏膜表面处改善微生物区系的屏障功能或刺激特异与非特异性免疫。作为益生菌的菌株应具有生长速度快，对肠黏膜上皮细胞具有优良的吸附性，对胃肠道环境中低pH值、胆汁中所含的胆盐、肠道内容物分解产生的苯酚等抑制因素具有抵抗力，且能产生抗菌物质等能力。各种微生物都被用作益生菌，尤其是乳酸菌（LAB）。LAB包括大部分乳酸杆菌属、双歧杆菌属、肠球菌和链球菌。建立了一种非LAB益生菌，即大肠杆菌Nissle1917，可用于治疗传染性肠道疾病。这些细菌大多数都位于人的肠道中。使用的唯一益生菌酵母是非致病性的酿酒酵母。LAB和某些非LAB益生菌通常被认为是安全的生物，可以安全地用于医学或兽医用途。目前，国内外对益生菌的研究多为来源于乳品、植物、肉品、健康人体或动物肠道及其代谢物中的乳酸菌、链球菌等。常见的有双歧杆菌、瑞士乳杆菌、植物乳杆菌、嗜酸乳杆菌、短乳杆菌、干酪乳杆菌、保加利亚乳杆菌、乳酸片球菌、粪链球菌、嗜热链球菌、纳豆芽孢杆菌、枯草芽孢杆菌、酿酒酵母等。乳酸杆菌是动物肠道中优势菌群之一，它对生物体具有有益作用。研究表明，肉汤、脱脂乳可提高乳酸菌的耐酸性，并且乳酸菌对消化道上皮的黏附性有动物种类的特异性，肠道来源的乳酸菌对胆盐、苯酚和低pH值环境的耐受力均优于非肠道的保加利亚乳杆菌。因此，利用本种动物的菌种筛选出具有优良粘附性及适应性的菌株是益生素生产菌选育的关键。

2016年12月，国际益生菌和益生元科学协会召集了微生物学，营养学和临床研究专家小组，以审查益生元的定义和范围。与益生元的原始实施方案一致，但了解最新的科学和临床发展，专家组更新了益生元的定义：被宿主微生物选择性利用的底物具有健康益处。该定义将益生元的概念扩展到可能包括非碳水化合物物质，除胃肠道以外的身体部位以及食物以外的其他类别。选择性微生物群介导的机制的要求得到保留。对于有益于益生元的物质，必须记录其有益健康的影响。共识定义也适用于动物使用的益生元，其中以微生物群为中心的策略来维持健康和预防疾病与人类一样重要。益生元由G. R. Gibson等在1955年首先提出。益生元应具备以下条件：在胃肠道的上部不能被水解，也不能被吸收；能选择性地刺激肠内有益菌（双歧杆菌等）生长繁殖并激活其代谢功能；能促进肠内健康优势菌群的构成并提高其数量；能增强宿主机体健康。益生元包括低聚糖、微藻及天然植物等。低聚糖类如低聚果糖、低聚木糖、低聚半乳糖、低聚异麦芽糖等；微藻类如螺旋藻、节旋藻等。还有一些天然植物，包括蔬菜、中草药、野生植物等。低聚糖类益生元大多具有良好水溶性，黏度低，不结合矿物质，口感清爽，甜度低，且酸稳定性、热稳定性和储存稳定性均较好，无不良风味。微藻类益生元分布于土壤、沼泽、淡水、温泉以及在一些极端环境中，含有丰富的优质蛋白、微量元素和矿物质、酶和天然色素及大量不饱和脂肪酸，胆固醇含量很低、不含饱和脂肪酸，且消化率可高达93%，因此它被联合国粮农组织推荐为“21世纪人类最理想的保健食品”。

合生元（synbiotics）是指益生菌与益生元合并使用的制剂，具有双重作用，既可发挥益生菌的生理性细菌活性，又可选择地增加这种菌的数量使益生作用更持久。所以合生元越来越受到人们的关注，是一种很有潜力的微生态调节剂。

二、微生态调节剂作用及机制

乳杆菌和双歧杆菌是肠道的正常菌群，对肠黏膜上皮细胞吸附作用强，对肠道内多种微生物群落有调整作用。研究表明，服用人体肠道正常菌双歧杆菌的发酵乳制品，可增加肠道中的双歧杆菌，改善肠道菌群平衡及肠蠕动，使婴儿的获得性腹泻发病率降低，且粪便中排泄的轮状病毒减少；瑞士乳杆菌、植物乳杆菌和路氏乳杆菌也可稳定肠道微生物群或缩短腹泻病程。在过去几年中，已有证据表明，将益生菌引入肠道可通过多种机制抑制常规生物或潜在病原体的生长。这些包括它们降低管腔pH值、分泌杀菌蛋白（细菌素）和抑制细菌黏附上皮细胞的能力。此外，有证据表明益生菌会干扰肠隐窝中防御素的产生。

益生元具有“双歧因子”生理功能，可促进益生菌、抑制有害菌生长、调整肠道微生态平衡，与益生菌有同样的效果。益生元进入机体后，不被人和单胃动物自身分泌的酶水解，可被消化道后部寄生的双歧杆菌等有益微生物选择性的作为营养基质吸收，促进双歧杆菌和乳酸杆菌等肠道有益菌增殖并成为优势菌群，同时抑制大肠杆菌、梭状芽孢杆菌和沙门氏菌等有害菌的生长，从而改善肠道微生态。低聚糖类益生元具有可溶性膳食纤维的基本特性，具有良好的耐消化性，可被肠道细菌代谢，降低粪便pH值，具有洁肠通便、排毒解毒的功能。

外源性病原菌与消化道肠黏膜表面结合、大量繁殖，直接作用或产生毒素而使机体发病。益生菌可降低肠道 pH 值或产生一些细菌素等抑菌物对外源性病原菌发生竞争性排阻作用，抑制、阻止外源菌于肠道停留和繁殖，而益生元通过与病原菌结合，可阻止细菌与肠黏膜上皮细胞表面糖脂或糖蛋白的糖残基膜的结合，甚至将已被结合的肠黏膜上皮细胞的糖基部分置换下来，抑制了外源菌在肠道的黏附，从而促使以双歧杆菌、乳酸杆菌、拟杆菌等为优势菌的理想菌相的恢复与建立。

益生元可改善因化学、放射、免疫抑制剂等引起的菌群失调症，改善肠道微生态，表现出调节脂肪、蛋白质代谢，调节免疫功能的作用。益生元可降低体内毒素水平，对肝脏有保护作用，可显著降低机体血及肝脏中甘油三酯与磷脂水平，改善粪氮代谢与尿氮代谢，促进矿物质吸收。研究表明，微藻类益生元多含有亚油酸和 γ-亚麻酸等多不饱和脂肪酸，以及多糖与糖蛋白，可降低血浆胆固醇水平，改善脂类代谢。低聚半乳糖可降低肠道对钠的吸收，促进对钙、钾的吸收，使股骨中钙的含量增加。这主要是由于低聚糖类益生元经微生物发酵后，降低了肠道 pH 值，提高了矿物质溶解性，从而促进了大肠中钙、镁等矿物质的吸收，这对防止骨质疏松症具有重要意义。

研究表明，一些乳杆菌发酵制品可使肠中与结肠癌有关的 β-葡萄苷酸酶、β-葡糖苷酶、甘氨胆酸还原酶和硝基还原酶活性下降，可使 γ-干扰素和白细胞介素等非特异性免疫系统激活物增加，可使 B 淋巴细胞和自然杀伤细胞数量增加，对包括轮状病毒疫苗在内的各种激发物的特异性免疫应答增强。益生元可明显提高抗体形成细胞数及 NK 细胞活性。一些微藻类益生元所含的叶绿素进入人体后，可转化为血红素，改善血液循环系统功能，从而有助于心脏病、高血压、心血管系统疾病的治疗，螺旋藻还可防止皮肤角化，加速伤口愈合。总之，服用益生菌制剂可直接补入外源性益生菌，通过提高免疫力、降低 pH 值及竞争排斥作用抑制有害菌，同时，通过降低氨、胺对机体的影响及产生相关酶类和 B 族维生素，从而利于营养物质消化吸收。益生元则通过提供使肠道固有有益菌增殖的发酵底物，促进益生菌的增殖，以达到与益生菌相同的功效。

近年来，我国恶性肿瘤的发病率及死亡率不断上升，大部分恶性肿瘤不能治愈，肿瘤研究也是近年医学研究的热点。许多研究表明益生菌可以对抗肿瘤细胞增殖从而起到抗肿瘤作用，同时具有提高化疗和免疫治疗等抗肿瘤药物的疗效，减少药物副反应的作用。因此，可以通过调节微生态来协同肿瘤的治疗，如增加有益菌种，或去除对治疗不利的菌种。微生态调节剂及生物反应调节剂的抗肿瘤作用是多方面的，包括：①刺激提高效应细胞活性和数量，增加可溶性介质，如淋巴因子或单核因子的产生，从而直接加强宿主的抗肿瘤反应。②降低抑制物的作用，从而间接地加强宿主对肿瘤的免疫反应。③本身为一种自然或合成的效应剂或调节剂，能提高宿主的防御功能。④修复抗癌化疗及放疗引起的组织损伤，提高宿主对细胞毒类药物损害的耐受性。⑤修饰肿瘤细胞，充分改变肿瘤细胞膜特征，增加其免疫原性，改变转移模式，使之更易为免疫机制或细胞毒类药物杀灭。⑥防止或逆转肿瘤细胞的变化，促进肿瘤细胞的分化、成熟，使之向正常细胞转化，降低恶性程度。

第二节　微生态调节剂与肿瘤

一、微生态调节剂在免疫治疗中的应用

近年来免疫治疗是肿瘤治疗的热点，有相关研究表明可以通过调节微生态改善免疫治疗的疗效及副反应。肠上皮细胞（IEC）是宿主与肠内微生物之间的初始接触点。IEC是抵御病原菌的第一道防线，它们与共生微生物和益生菌进行广泛交流。益生菌可以增强屏障功能，影响IEC增加黏蛋白的产生，诱导抗微生物和热休克蛋白的产生，干扰病原微生物，调制信号传导途径和细胞存活率（图8-1）。肠道上皮细胞（IEC）屏障功能通过益生菌调节紧密连接及增强黏蛋白产生而得到增强。益生菌通过增加IECs和血浆细胞IgA的β-防御素分泌并直接阻断病原体劫持的信号通路来干扰病原体。益生菌通过调节关键信号通路（如NF-κB和MAPKs）来调节IEC，巨噬细胞和树突状细胞的细胞因子分泌。这些途径的改变也会影响靶细胞的增殖和存活。通过与树突状细胞的相互作用，益生菌可以影响T细胞亚群并使它们偏向Th1、Th2或Treg反应。益生菌还可以通过调节疼痛受体的表达并分泌潜在的神经递质分子来引起肠道运动和疼痛知觉的变化。

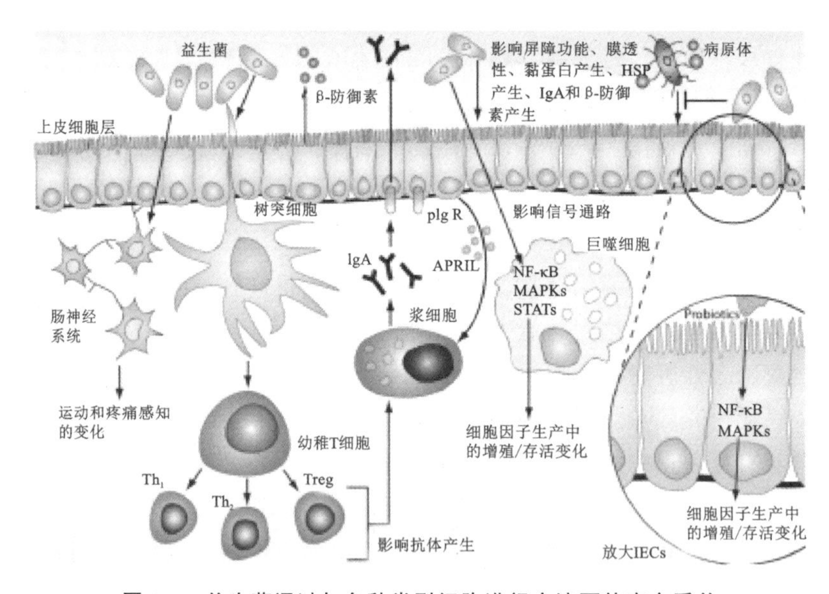

图8-1　益生菌通过与多种类型细胞进行交流而使宿主受益

二、微生态调节剂在肿瘤预防中的作用

益生菌能改良肠道菌群的组成，减少由某些微生物产生的β-葡萄糖醛酸酶和硝基还原酶等，这些酶可将肠道前致癌物转换为致癌物。动物实验证明，益生菌双歧杆菌（*bifidobacteria infantum*）能改变肠道微生物群的组成，且通过上调Toll样受体2（toll-

like receptor 2，TLR2）的表达，改善肠黏膜上皮屏障完整性和抑制凋亡及炎症，进一步降低肠癌的发生率，缩小肿瘤体积，影响结肠癌（cancer of colon，CRC）的发展进程。微生物可以通过多种机制减少癌症的易感性和进展，如调节炎症，影响宿主细胞的基因组稳定性，产生丁酸盐等代谢产物。丁酸盐作为组蛋白脱乙酰酶抑制剂在表观遗传上调节宿主基因表达，丁酸盐也是某些与肿瘤抑制相关的G蛋白偶联受体的配体。益生元纤维素在微生物的作用下可形成短链脂肪酸丁酸，对结肠癌细胞系具有抑癌功能，有研究证明，纤维素以微生物和丁酸盐依赖的方式抑制肿瘤的发生。微生物群是相对易于处理的环境因素，因为它们在个体内具有高度可量化性和相对稳定性。饮食可以调节肠道内微生物群的组成，益生菌和益生元可作为有效的预防策略。当前科研的发展轨迹表明，癌症发生的一些基本机制与微生物相关（图8-2），并且微生物群也将成为肿瘤防治干预的目标。

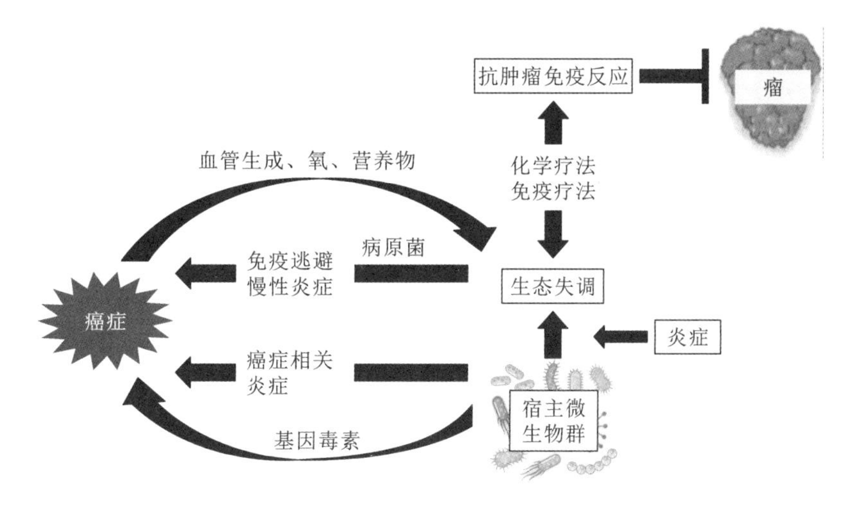

图8-2　炎症、癌症和微生物群之间复杂的相互作用

三、微生态调节剂的抗肿瘤作用

微生物对肿瘤细胞的抑制作用　由于益生菌的抗增殖作用，如今益生菌已经被考虑用于抗肿瘤治疗。有相关研究结果显示，醋酸杆菌菌株分泌物对人口腔癌细胞系显示出明显的细胞毒性，与顺铂相似。有研究表明，干酪乳杆菌和副干酪乳杆菌胞外蛋白具有抑制癌细胞增殖的作用，对人类K562白血病细胞系的抗增殖作用是剂量和时间依赖的，但需要更多的研究来更好地阐明胞外蛋白质的抗肿瘤机制，以及其对其他人类肿瘤细胞系的影响。此外，还有研究表明微生物代谢物对恶性细胞具有抗转移作用，可用于延缓晚期癌症进展。

四、微生态调节剂在化疗中的应用

尽管有关益生菌在预防包括癌症在内的多种疾病中的应用有大量文献，但微生态调节剂在肿瘤患者药物增效减毒方面的应用仍然缺乏明确性。一些研究调查了益生菌改善化疗毒性的潜力。肠黏膜炎（inyestinal mucositis，IM）是接受化疗的癌症患者常见的副作用。可以通过调节微生态减轻化疗副作用，它意味着改善患者的生活质量。而且副反应是限制化疗剂量的因素之一，若能够通过调节微生态减小化疗副反应，进一步增加用药剂量进而使治疗效果更显著，甚至达到延长总生存率的目的。益生元除对癌症的预防和抑制肿瘤作用外，对化疗也有支持作用，改善治疗效果或降低毒性这些研究表明微生物代谢物除了减轻化疗不良反应之外，还可能用来增加化疗的疗效。显然，抗生素可以影响微生物群，能够调节抗癌治疗的治疗结果。针对特定的微生物应用抗生素也是改善化疗药引起副作用的一种新的选择，所以若想应用抗生素提高化疗药物效力，还需更有针对性的实验提供依据，且应视不同化疗药物及不同个体的肠道菌群构成制定具体治疗方案。

以往的文献研究了选择性调节微生态在肿瘤治疗中的应用。然而，这些方法是否能真正应用于临床还需进一步验证。微生物群组成的个体间差异也是需要考虑的因素。我们可以从深入研究微生物抗肿瘤机制入手，针对每一种化疗或免疫治疗药物与特定益生菌的共同应用，探索个体化微生物群调节策略。

（钱崇崴　黄自明）

第九章

肿瘤化学治疗与微生态

既往，研究者们往往关注人类自身基因多态性对化学治疗（化疗）药物的影响，却忽略了人体内“第二套基因”——微生物的多态性对抗肿瘤治疗影响。微生物基因的多态性，微生物种群的构成可以通过影响不同类型化疗药物的药代动力学、作用机制来调节化疗药物的抗肿瘤效果和对正常组织器官的毒性作用。

第一节　微生物对化疗药物的代谢作用

早在 1957 年，人们就发现了人血清胆碱酯酶的遗传变异会影响肌松药琥珀酰胆碱的代谢，甚至在正常的给药剂量下，引起致死性反应。细胞色素 P450（cytochrome P450 oxidases，CYPs）通常被认为是体内负责药物代谢的主要的氧化酶，其作用机制是通过氧化作用改变化合物的化学结构，然后转移酶将氧化产物与葡萄糖醛酸或硫酸盐结合，形成极性衍生物，并通过胆汁或尿液排出体外。与宿主基因组编码的代谢酶作用方式不同，肠道微生物组编码的酶能够以独特的和既往人们所不熟悉的方式来代谢外来化合物，目前已知有超过 60 种具有生物活性的化合物是经过肠道微生物直接或非直接修饰来进行代谢转换的。这些修饰作用可以使化合物失活或者重新激活某化合物活性，但通常经过肠道微生物修饰的化合物会对宿主产生程度不等的毒性作用。

一、直接修饰作用

直接修饰导致的生物转化作用会导致药物失活、产生有害副产物或降低生物利用度，这表明微生物组对影响药物疗效和产生潜在脱靶效应中扮演着非常重要的角色。胃肠微生物对化合物的直接修饰作用包括：还原、水解、开环、去甲基化、脱胺化、去酰化和脱羧化。其中最常见也是最重要的生物转化形式是还原和水解作用。

口服化疗药物在接触肠道和肝脏的酶之前，首先会经过肠道菌群的“还原作用”或“水解作用”来改变化疗药物的化学结构。肠道微生物经过水解作用使药物失活的最经典的例子是用于治疗充血性心脏病的地高辛。肠道微生物 *Eggerthella lenta* 可以通过减少地高辛结构中的单双键，导致地高辛完全失活。

含有硝基、偶氮基和羰基的外源化学物及二硫化物、亚砜化合物，在体内可被还原成另一种化学结构。其中比较常见的是偶氮基的还原反应。含有偶氮基的口服化疗药物在未被还原前是没有生物活性的化合物，直到到达肠道，被微生物产生的偶氮基还原酶活化，才能产生作用，这种前体药物可以减少化疗药物对非肿瘤组织的毒性作用，如柳氮磺吡啶。肠道微生物氮还原酶也能还原苯二氮类药物。综上，还原反应对化疗药物的活化作用起着关键作用。

水解酶包括酯酶和酰胺酶。脂类、酰胺类和磷酸酯类化合物在体内可被广泛存在的水解酶水解。用于治疗结直肠癌的静脉内注射伊立替康（CPT-11）就是利用了β-葡萄糖醛酸酶的水解作用。伊立替康进入人体后会经历一系列复杂的代谢过程：首先，无活性的前体伊立替康会被宿主的羧酸酯酶将转化为具有生物活性的化合物 SN-38；接着，SN-38 在肝脏中被葡萄糖醛酸化成不活跃的代谢物 SN-38G；最后，SN-38G 顺着胆汁被转运到小肠，并被小肠内微生物产生的葡萄糖醛酸酶从 SN-38G 中释放糖基，重新转化有活性的化合物，对小肠壁造成损伤。

肠道微生物群还可以进行其他生物转化，包括脱酰化、去甲基化和脱胺化。例如，在 1974 年，Smith 等人证明，当与大鼠盲肠菌群孵育时，布西丁、聚苯乙烯和对乙酰氨基酚可被胃肠道的细菌进行脱酰作用，这种脱酰作用可以产生有毒的化合物——对氨基苯酚。Zimmermann 等人于 2019 年测量了 76 种人类肠道细菌对不同药物的代谢能力，并观察了细菌对降血压药物地尔硫䓬的脱酰化作用。胃肠道微生物还可以通过对咪丙胺和甲基苯丙胺的去甲基化来对多种化疗药物进行转化。胃肠道微生物还可以将 5-氟胞嘧啶脱氨为 5-氟尿嘧啶（5-FU），并产生相对应的化疗毒性。去酰化、去甲基化和去胺化反应进一步提示了肠道微生物在许多不同化合物的生物转化中，生成了对各种疾病和紊乱有影响的产物。

左旋多巴脱羧后产生多巴胺是另一个众所周知的肠道微生物酶代谢的例子，中枢系统是多巴胺发挥作用的场所，用于治疗帕金森氏症的左旋多巴穿过血脑屏障，在中枢系统脱羧生成多巴胺从而最大程度地发挥药效，而研究证明，肠道微生物群能够可进行脱羧反应，从而降低左旋多巴的生物利用度。而用抗生素根除幽门螺杆菌可以提高 L-DOPA 的生物利用度，单次使用抗生素可以改善 3 个月或更长时间的帕金森病患者的运动症状。将拟杆菌和梭状芽孢杆菌与驱除虫药孵育后，左旋咪唑可产生包括左旋咪唑 I 在内的噻唑开环代谢物，而这些代谢物可能具有抗肿瘤活性。

综上所述，细菌对化合物的直接代谢作用是非常复杂的，这种复杂的化学反应强调了肠道微生物酶的复杂性和多样性，以及定义微生物代谢产物的重要性。目前，肠道微生物对于化疗药物的直接作用与化疗药物的疗效及毒性仍需进一步的探索。

二、间接修饰作用

胃肠道微生物可以通过多种机制间接对药物进行代谢修饰作用，包括改变宿主基因表达、竞争宿主酶、产生途径中间体及外源性生物制剂的肠肝循环等。

多项研究表明，机体肝脏表达经典的药物代谢酶 CYP450 在常规状态和在无菌状态下是不同的。在无菌状态下，构成性雄甾烷受体（CAR）的表达会显著升高，CAR 是内源性和外源性代谢的关键调节因子。CAR 水平的升高会导致异源型化合物代谢率的增加，与常规戊巴比妥麻醉的小鼠相比，无菌化处理的小鼠从戊巴比妥麻醉中恢复更快。因此，对无菌化动物的研究有助于确定微生物对药物（包括全身化疗）的影响。肠道细菌酶也可以通过竞争宿主酶/受体来干扰药物的代谢。这可以从肠道产生的对甲酚和对乙酰氨基酚

之间的竞争中看出。对乙酰氨基酚的毒性因人而异，最近的研究表明，艰难梭菌等肠道微生物群可以从酪氨酸中产生对甲酚。人肝硫代转移酶（SULT1A1）既能够磺化对甲酚，也能够磺化对乙酰氨基酚。因此，胃肠道细菌产生的对甲酚可以和乙酰氨基酚竞争人肝硫代转移酶的结合位点。从而降低对乙酰氨基酚的活性。无法被磺化的对乙酰氨基酚可能会更多地转向更加高效的代谢，并产生 N-乙酰-对苯醌亚胺（NAPQI），这是一种毒性代谢物，会严重损害肝细胞。因此在胃肠道中，此细菌产物可能会与药物竞争性结合解毒性代谢酶，进而导致有毒代谢产物累积，因此，靶向竞争性化合物可能是减少药物毒性的一种有效解决途径。

宿主和胃肠道微生物的代谢途径可以交互作用，这种交互作用会对药物代谢产生影响，这也是蒽环类药物产生心血管毒性的主要机制。胃肠道微生物生成的甘氨酰基自由基酶可以将膳食成分（如红肉）转化成三甲胺（TMA），三甲胺接下来被宿主的黄素单加氧酶氧化，形成 TMAO。TMAO 是一种肠道微生物产生的代谢物，通过多种机制参与心血管疾病的发生发展，包括增强血栓形成潜力和血小板激活。研究表明，抑制将膳食纤维转化为三甲胺的微生物——可以显著减少蒽环类化疗药物引起的心脏毒性。

另一种重要的间接机制就是肠肝循环。在肠肝循环中，被添加上硫酸盐和葡萄糖醛酸的小分子物质才能排出体外。由肠道细菌表达的硫酸酯酶和葡萄糖醛酸酶水解水溶性小分子，在肠道内重新激活药物。结直肠癌化疗药物伊立替康就是通过这种药物活性再激活对胃肠产生毒性。伊立替康的肠肝循环过程在上文已经阐述。针对伊立替康的这种毒性，使用广谱抗生素和平衡膳食纤维是其中一种有效地减少肠毒性的方法，但这两种方式影响的是整体的胃肠道菌群。

另一种更加精确的治疗方式是 Wallace 等人提出的通过靶向抑制 β-葡萄糖醛酸酶来阻止 SN-38G 活化成 SN-38，从而减少对胃肠道的毒性作用。目前我们对肠道微生物对药物代谢的理解还十分有限，还有许多尚未被发现的微生物酶或者反应在影响着我们化疗药物的疗效或是毒性。因此，微生物与化疗药物的代谢的关系仍需要更加广泛、深入的探索。

第二节　化疗中及化疗后人体微生物的变化

人体肠道菌群的基本特征与并发症的发展和肿瘤全身系统性治疗疗效显著相关。然而，同一个体各个阶段以及个体与个体之间的微生物群的组成有着显著差别，近期多项研究结果表明这种差异是预测人体对化疗反应的重要预测因素。人体微生物的多样性通常用 α-diversity 和 β-diversity 两个指标来描述。α-diversity 描述了在一个给定的样本中类群的数目（丰富度）和分布（均匀度）。β-diversity 用来描述不同样本之间共享的类群数量，可视为一个相似度评分。Galloway-Pena 等人于 2016 年证明了，在诱导化疗后发生感染并发症的急性髓系白血病（AML）患者中基线的血清 α-diversity 显著低于无感染的患者相比。Montassier 等人于 2014 年发现经过 5 日高强度化疗方案（卡莫司汀，依托泊苷，阿糖胞苷，美法仑）会显著减少胃肠道微生物种群的数量及多样性（α-diversity）。高强度化疗后，对健康有益的，具有抗炎作用的微生物如 *blautia*、*faecalibacterium*、*roseburia* 及

bifidobacterium 的数量明显减少，同时伴有革兰阳性细菌的减少和革兰阴性菌的增多。通过16s RNA测序分析，Galloway-Peña等人确定了在化疗期间急性髓系白血病患者微生物群中整体微生物多样性的逐步减少，其中厌氧菌的丰度降低，而乳酸菌的丰度增加。在化疗过程中，经常会出现超过30%的微生物属于同一分类优势菌群，而一半以上的“优势菌群”是由已知可诱发菌血症的机会致病菌（如葡萄球菌、肠杆菌、大肠杆菌）引起的。Youssef等人收集了20例胃肠道肿瘤患者的粪便标本及13例健康人的粪便标本进行分析，结果表明与未经治疗的患者相比，胃肠道肿瘤患者进过放化疗后，粪便标本中的乳酸杆菌和乳酸菌的相对丰度明显更高。与健康对照组相比，经过治疗的患者的双歧杆菌、反刍杆菌、*lachnoclostridium* 和 *oscillibacter* 的相对丰度明显较低。另一个与之相似的研究分析了14例接受了替加氟和奥沙利铂治疗结肠癌患者与33例健康组的粪便标本，结果表明 *veillonella dispar* 微生物只出现在结肠癌患者中，同时，*prevotella copri*、拟杆菌及 *plebeius* 在经过治疗的结肠癌患者中的丰度更高。更进一步地，Stringer证明了接受不同化疗方案的不同肿瘤均可以见到乳酸菌、拟杆菌、双歧杆菌和肠球菌的相对丰度降低，同时大肠杆菌和葡萄球菌的相对丰度增加。以上研究成果说明肠道菌群的失衡是在不同的肿瘤治疗后普遍存在的现象。

并且，胃肠道菌群失衡不仅与化疗后的感染风险增加相关，也与患者的预后密切相关。Taur等人的研究表明将自体骨髓移植后患者分为肠道菌群低丰度、中丰度及高丰度之后，发现与高丰度患者相比，低丰度患者3年生存率减少了30%。另一项研究根据治疗后胃肠道菌群丰度，将转移性肾细胞癌患者分为低危组和高危组。高危组拟杆菌丰度高（42%），普氏菌含量低（3%）；而低危组47%的拟杆菌丰度高，13%的普氏菌丰度高。因此，未来基于微生物物种丰富度和微生物组多样性来预测患者的预后可能是一种可行的方法。

第三节　微生物对化疗药物疗效的影响

化疗对癌症的效果通常与患者的免疫反应密切相关。人体微生物的组成通常会对人的免疫系统产生显著的影响，而这不可避免地会影响化疗的疗效及毒性。某些化疗药物需要细菌的作用来发挥药效，另外一些化疗药物则会因为细菌的影响而导致耐药。同样地，特异的细菌也能引起或抑制化疗引起的不良反应。微生物群可以通过多种机制调节化疗疗效和毒性，这些机制包括易位、免疫调节、代谢、酶降解、多样性减少（translocation，immunomodulation，metabolism，enzymatic degradation），统称为“TIMER”。

当化疗损伤肠屏障时，细菌从肠转移到次级淋巴器官（如肠系膜淋巴结、脾脏）。反过来，胃肠道微生物通过免疫调节影响化疗的疗效和毒性。如环磷酰胺（CTX）增加肠道通透性，诱导某些肠道微生物异位，进入肠系膜淋巴结和脾脏，在那里它们通过调节局部和全身免疫活动来刺激CTX的抗肿瘤活性。化疗药物对机体的作用是利大于弊还是弊大于利可能是直接由胃肠道微生物决定的。接下来我们分别阐述微生物调节化疗药物疗效的几个例子。

一、铂类药物

铂类化疗是一类广谱抗癌药物，可以有效抑制包括睾丸癌、卵巢癌、头颈癌、结肠直肠癌、膀胱癌和肺癌在内的一大部分实体瘤的生长。铂类药物的作用机制是通过插入DNA双链或使DNA双链断裂，从而导致细胞周期的永久性阻滞及线粒体途径诱发的凋亡。由于顺铂无法影响细胞内钙网蛋白（CRT）的转运，而无法诱发内质网应激从而无法通过诱导免疫原性死亡来继发免疫反应，从而扩大药物的作用效果。一代铂类药物顺铂常常引起轻到中度的肠毒性、肾毒性及神经毒性。第三代铂类药物奥沙利铂具有与顺铂不同的化学结构，不但大大减少了药物引起的肠毒性、肾毒性，并且能够诱导细胞的免疫原性死亡，从而激活抗肿瘤免疫反应。但不论是顺铂还是奥沙利铂的抗肿瘤效果均受到肠道菌群的影响。研究表明在顺铂和奥沙利铂对无菌处理的小鼠肿瘤和经过广谱抗生素处理后的小鼠肿瘤的抑制作用明显下降。顺铂和奥沙利铂进入无菌小鼠体内后，仍然能够被转运至细胞核并形成铂类药物-DNA复合体，然而，DNA双链很少出现损伤，断裂。这是由于铂类药物引起DNA的损伤需要有肿瘤微环境中骨髓细胞产生的活性氧（reactive oxygen species，ROS）的参与，而肠道菌群在产生ROS的过程中发挥着不可替代的作用。既往人们认为对DNA产生杀伤作用的ROS来自肿瘤细胞本身，直到2020年Iida Noriho等人发现杀伤肿瘤的ROS大部分是由肿瘤浸润的骨髓细胞所产生的。肿瘤浸润的骨髓细胞通过NADPH氧化酶2（NOX2）来产生ROS，NOX2表达缺陷及肠道微生物菌群的缺乏均会导致顺铂及奥沙利铂作用效果的下降，而补充乳酸杆菌后可以恢复顺铂以及奥沙利铂在无菌化处理后的小鼠中的作用。另一方面，奥沙利铂具有诱导细胞免疫原性死亡并激活机体适应性免疫反应的优势。2020年RobertiMP等人证明了，奥沙利铂处理后诱发的小鼠回肠上皮细胞凋亡可以引起滤泡辅助性T细胞（TFH）在肿瘤内聚集，并激活免疫微环境中免疫应答，从而有效消灭小鼠体内最小成瘤量的结肠癌细胞发展成为肿瘤。该研究成果表明，免疫原性回肠细胞凋亡有助于提高结肠癌化疗的预后。然而奥沙利铂在经过广谱抗生素处理的小鼠体内无法发挥激活免疫反应的作用，说明微生物菌群在奥沙利铂诱发的免疫反应中发挥重要作用。既往有研究研究表明，结肠远端物的微生物菌群组成不仅和结直肠癌的基因谱相关，并且可以根据微生物的组成来判断结直肠中肿物的良恶性。RobertiMP等人进一步的研究发现，回肠隐窝细胞凋亡与赤藓科微生物的相对丰度呈正相关，而与梭杆菌科微生物相对丰度呈负相关，同时，梭杆菌科微生物的占比与肿瘤浸润T细胞（TIL）的数量呈负相关。排泄物中含有高丰度的B脆弱杆菌类菌群的患者通常预后良好，然而，排泄物中其他拟杆菌类（如B均匀拟杆菌和粪便拟杆菌）或者普雷沃氏菌科家族的丰度较高时，患者预后通常较差。为进一步明确肠道共生菌群对化疗影响，RobertiMP等人将12个结肠癌患者的近端结肠内容物与经过无菌化处理的小鼠共同培养，2周后，接种MC38人结肠癌细胞，在1周后，接受奥沙利铂的治疗。研究结果表明12个结肠癌患者中的8个患者的结肠内容物可以使奥沙利铂产生与在无特定病原体（SPF）条件下饲养的小鼠相当或更好的抗肿瘤效果，而另外4个患者的微生物菌群则导致了对后续奥沙利铂治疗的抵抗。该研究结果表明宿主肠道菌群的多阳性是结肠癌化疗疗效的独立预后因素。

二、环磷酰胺

抗癌化疗药物常引起黏膜炎（与细菌易位有关）和嗜中性白细胞减少，这两种并发症通常需要用抗生素治疗，然而抗生素的使用会扰乱胃肠道微生物菌群生态失衡。烷化剂类化疗药物环磷酰胺（CTX）和蒽环类阿霉素适用于包括实体瘤，血液肿瘤在内的广谱化疗药。在有效杀伤肿瘤的同时，CTX 和阿霉素会使小肠绒毛缩短，破坏上皮屏障使上皮屏障不连续，导致间质水肿，使固有层单核细胞在局部聚集，绒膜内和小肠隐窝内的杯状细胞和潘氏细胞明显减少，溶菌酶（但不包括 Reg IIIγ）在十二指肠内明显增加。肠道屏障的破坏伴随着肠道菌群的显著易位，革兰阳性菌大量进入肠系膜淋巴结和脾脏，而革兰阴性菌在黏膜固有层大量累积。研究结果表明，CTX 和阿霉素可以选择性地减少厚壁菌群（梭状芽孢杆菌、沙门氏菌属、粪球菌和毛螺菌）和螺旋菌群（主要是密螺旋体）的比例，同时大量革兰阳性菌，如约翰氏乳杆菌、鼠李乳杆菌和希拉肠球菌，迁移到肠系膜淋巴结。CTX 可以诱导细胞免疫原性凋亡，破坏免疫抑制性 T 细胞，并促进 Th1 和 Th17 细胞对肿瘤生长的抑制作用。在小肠固有层中，$CD103^{+}CD11b^{+}$ 的树突状细胞和表达转录因子 ROR（RORγt）的 $TCR\alpha\beta^{+}CD3^{+}$ T 细胞的比例明显降低。RORγt 是生成 TH17 细胞所必须多的分子，环磷酰胺可以使 $CD4^{+}$ T 细胞向 TH1（分泌干扰素 γ 的细胞）和 TH17 细胞分化，而阿霉素不具备这种能力。但 CTX 诱导 $CD4^{+}$ T 细胞分化的过程需要有肠道微生物菌群的参与。用针对革兰阳性菌的广谱抗生素——万古霉素处理小鼠，可以观察到 TH17 细胞生成减少。而小肠黏膜内的乳酸杆菌及丝状细菌与脾脏中 TH1 和 TH17 的细胞计数呈正相关。因此，该研究结果说明小肠黏膜的革兰阳性菌群对 CTX 激活抗肿瘤免疫反应是必不可少的。

三、吉西他滨

变形菌（*gammaproteobacteria*）可以通过一种细菌酶（腺苷脱氨酶）抑制吉西他滨的抗肿瘤功能。在小鼠结肠癌模型中，肿瘤内的变形菌会通过产生腺苷脱氨酶来降低吉西他滨的疗效，而用环丙沙星处理后可以恢复吉西他滨的抗肿瘤疗效。而研究表明，这类细菌在胰腺癌中比例较高，因此，研究者推测，用吉西他滨结合特异性的抗生素治疗胰腺癌可能会提高吉西他滨的治疗效果。

四、5-FU

研究表明，对人体微生态进行调控可以增加 5-FU 的化疗效果同时降低其毒性。例如，微生物诱导的鞣花酸代谢物尿磷脂 A，可以提高 5-FU 的疗效。在 CRC 体外模型中，乳酸杆菌的上清液通过诱导癌细胞凋亡和减少干细胞样癌细胞的数量来增加 5-FU 的细胞毒性。另外一项研究采用大鼠模型研究了发酵菌益生菌和低聚果糖均可以缓解对 5-FU 化疗所致的肠黏膜炎的影响，然而二者联用并不增加比益生菌或低聚果糖单独使用效果更好。此外，研究表明，在小鼠移植了同基因 CT26 结直肠癌细胞后，粪便微生物群移植（fecal microbiota transplants，FMT）可以通过减轻肠黏膜炎和增强肠屏障，减少 5- FU 引起的肠损伤。

第四节　胃肠微生物与化疗毒性

胃肠道直接暴露于营养物质的代谢，具有较高的细胞转换率，并对营养刺激表现出可塑性。黏膜炎是接受化疗患者黏膜毒性的主要表现，接受常规剂量细胞毒性化疗方案的患者20％～40％会发展成为不同严重程度的口腔黏膜炎、浅表性胃炎、肠道黏膜炎等，从而引起恶心、呕吐、溃疡、腹胀、便秘和腹泻等症状，严重的黏膜炎会造成患者依从性降低，剂量调整甚至是停止治疗，从而可能导致临床结果不理想，增加患者及社会经济压力的同时也会严重影响许多癌症患者的生活质量。

细菌可以用来治疗肿瘤的概念并不新鲜，早在1891年，Coley等人就使用了来自丹毒链球菌和马氏沙雷菌的毒素来治疗肉瘤。直到现在，牛分枝杆菌仍然被用于治疗浅表性膀胱癌。2010年，益生菌调节肠道菌群平衡成功用于治疗肠易激综合征患者的腹泻、溃疡性结肠炎、结肠袋炎和克罗恩病。近年来，细菌基因工程作为基因治疗的载体用于化疗药物的传递逐渐被人们所重视。Yuvaraj等人的研究结果显示，利用转基因技术改造大肠杆菌，可以使大肠杆菌分泌一部分抗肿瘤细胞因子——人骨形态发生蛋白-2（human bone morphogenic protein-2）。而利用基因工程改造的能表达溶血素e的大肠杆与5-FU联合使用时，可在体外诱导细胞凋亡，同时在体内抑制肿瘤生长，提高小鼠存活率。因此，基因编辑大肠杆菌可能是益生菌研制的一条有前景的途径。另外，多项研究成果证明益生菌已经可以成功地缓解化疗所导致的胃肠道毒性。然而化疗所引起的胃肠道毒性与益生菌之间的关系极为复杂，特定的胃肠毒性反应与特定的益生菌之间的关系及其背后机制仍需要更加深入的研究。

综上所述，人体微生态在肿瘤患者的化疗过程中起到至关重要的作用，深入研究并掌握肿瘤患者微生态的知识，将有助于精准医疗的发展，同时可以改善患者的生活质量。

（李志铭　孙小晴）

第十章

肿瘤放射治疗与微生态

人体与外界相连腔道中存在着不同种类和数量的微生物。微生态学是研究的人体寄生微生物群与宿主间相互作用关系的学科。近年来越来越多的研究表明，寄生于人体的微生物群体在肿瘤的发生、发展和治疗过程中发挥着重要作用。放射治疗（放疗）是肿瘤主要的治疗手段之一，有60%～70%的患者在肿瘤治疗的过程中需要应用放疗。放疗作用的主要靶点为双链DNA分子，可直接作用于DNA双链造成损伤，也通过电离辐射诱导细胞内水分子解离产生氧自由基（reactive oxygen species，ROS）等方式间接诱导DNA损伤。放射线除可直接影响微生物存活外，也可通过造成正常黏膜上皮的变化等间接方式影响微生物的寄生环境，造成微生态变化。而微生态的变化可能反过来影响放疗的疗效和放疗副作用的发生发展。已有部分临床研究通过调节肿瘤微生态方式治疗放疗相关损伤。

第一节　放射治疗影响微生态的机制

生物暴露于辐射后可产生多种形式的细胞应激，包括对细胞膜的直接影响、氧化应激和DNA损伤。其中DNA双链分子是放射线作用的关键靶点。早期的实验显示辐射引起的细胞死亡敏感部位是细胞核，细胞质收到大量α粒子照射对细胞增殖几乎不产生影响，而只要很少的α粒子进入细胞核即可导致细胞死亡。电离辐射后主要的DNA损伤类型包括双链断裂、单链断裂、碱基损伤、DNA间交联损伤等。其中DNA双链断裂与细胞死亡的关系最为密切。电离辐射沿射线径迹的能量沉积可直接导致DNA损伤，也可通过间接效应电离生成氧自由基造成DNA损伤。在染色体水平上，辐射引起的DNA损伤可以表现为不同类型的畸变，其中染色体畸变和染色体单体畸变是两种主要的畸变类型。DNA损伤后可发生DNA，但部分DNA损伤尤其是DNA双链断裂常常在修复过程中发生错误，导致无法修复的DNA损伤积累，使得细胞无法正常分裂。超过一定剂量的放射线对细菌等微生物具有明显的杀伤作用，日常生活中辐照广泛应用于食品、器械的消毒。影响辐射应答的物理参数包括剂量率、线性能量传递（linear energy transfer，LET）与相对生物效应（relativebiological effectiveness，RBE），同时微生物自身的剂量-效应曲线、固有的放射敏感性、周围乏氧环境等也会影响微生物对辐射的应答。除直接杀伤微生物外，放射线可对人体的正常组织器官造成损伤，造成微生物寄生环境的变化，从而间接影响微生态。

第二节　放射治疗与肠道微生态

肠道是微生物参与人体生理调节的重要场所，人体肠道内约有 1 000 多种微生物，包括细菌、真菌、古细菌、病毒等，形成了复杂的肠道微生态，其中 99% 为以拟杆菌和厚壁杆菌为主的优势菌。肠道菌群的构成由生活环境与宿主基因共同决定，并受多种后天因素影响，具有较高的异质性，目前尚无法对正常的肠道菌群状态做出准确的定义。肠道菌群参与肠道生物屏障的形成，并参与调节肠道运动、营养物质代谢与吸收及人体免疫系统发育。益生菌和条件致病菌的平衡是维护肠道功能的基础，正常菌群失调和炎性肠病、细菌性痢疾等多种肠道疾病密切相关。放疗是腹盆腔恶性肿瘤的重要治疗手段，在腹部恶性肿瘤中常作为术后辅助治疗手段进一步改善手术的局部控制，在盆腔的局部直肠癌及部分妇科恶性肿瘤中，辅助性放疗是标准治疗的一部分。在宫颈癌中，除少部分早期患者外，放疗作为根治性局部治疗手段发挥着不可替代的作用。而腹盆腔部位的照射难以避免造成肠道的放射性损伤。目前临床前实验和部分临床研究均发现放射治疗导致的肠道损伤与正常菌群失调存在联系。

一、放射损伤与肠道微生态的关系

已有研究证实在临床前动物模型水平，全身或局部照射可影响肠道菌群不同水平的丰度和比例，通常会导致益生菌丰度、比例降低及条件致病菌增多，而条件致病菌的上升可能进一步加重放射性肠道损伤。并且这种影响在一定程度上具有时间-剂量效应关系。Goudarzi 等通过对小鼠模型粪便细菌 16S rRNA 测序分析发现在照射 5Gy 和 12Gy 后，小鼠肠道乳杆菌科和葡萄球菌科常见成员的丰度增加，毛螺菌科、梭菌科丰度降低，同时在门水平发现厚壁菌门丰度下降及疣微菌门丰度上升。Jahraus 等在辐射防护剂的研究中，发现小鼠模型经全身照射 550 cGy 后粪便总细菌数和肠链球菌、拟杆菌数量明显下降。同时射线造成肠道上皮损伤、屏障功能减弱，条件致病菌可能通过屏障进入循环系统，造成局部和全身的炎症反应加重损伤。Kim 等发现放射增加小鼠大肠另枝菌属和小肠棒状杆菌属丰度，降低大肠普雷沃菌属及小肠另枝菌属的丰度，同时辐射增加了小肠的可操作分布单元（operational taxonomic units，OTU）数量，但大肠内 OTU 数量未增加，提示放射线对肠道微生态的影响存在肠节段分布特异性。国内也有研究利用菌群 16s rRNA 测序分析腹盆腔放疗小鼠模型放疗过程中肠道微生态的变化模式，发现小鼠小肠和粪便菌群的丰度和多样性均出现显著性降低，其中门水平上厚壁菌门丰度显著减少，拟杆菌门明显增多，出现丰度比倒置，科和属水平上志贺氏菌、肠杆菌等条件致病菌丰度显著增加，乳杆菌等益生菌含量明显降低，细菌 DNA 检测结果表明，照射小鼠肠系膜淋巴结和血液中的细菌 DNA 阳性率明显上升。提示放疗照射提高了肠源性感染的发生率。菌群的变化呈现一定程度的时间-剂量依赖关系，Lam 等发现在大鼠放射模型后粪便乳杆菌科及拟杆菌目的 12 个菌种明显增多，梭菌科有 47 个菌种明显减少，特异性菌种及其比值呈现评估放射剂量和预测早期胃肠道症状的能力。其中变形菌门和梭状芽孢杆菌的丰度分别呈现时间-

剂量依赖性的增加与减少，消化链球菌科等放射耐受菌群可作为内参校正误差并提高剂量评估的准确性。Johnson 等证实小鼠受照后小肠的肠杆菌、乳酸杆菌数量明显降低，呈时间依赖性变化。

在临床实验中同样可观察到肠道菌群与放射损伤间的紧密联系，具有作为敏感特异的肠道放射损伤生物标记物的价值，与动物模型的研究结果类似，临床研究中同样也发现了放射线对人体肠道菌群评估放射剂量与损伤程度的可行性。对 75 名受切尔诺贝利核泄漏事件影响的儿童进行检测发现，其盲肠的肠杆菌、肠球菌、乳酸菌等比未受核泄漏影响对照组的儿童显著减少，并且受辐射组的儿童更易感染肠易激综合征。Manichanh 等研究腹部肿瘤放疗患者发现其粪便菌群中放线菌和芽孢杆菌丰度分别增加 17%和 16%，梭状芽孢杆菌丰度下降 11%，这些改变与放射相关性腹泻的发生存在明显相关性。韩国一项研究检测了盆腔放疗的妇科肿瘤患者的分辨菌群，发现厚壁菌门的含量减少了 10%，而梭杆菌门的含量上升了 3%，伴随梭杆菌科、链球菌科水平显著上升，并与放射剂量呈现出相关性。对宫颈癌行盆腔同步放化疗的患者行多时间点的肠道菌群检测发现，肠道菌群的多样性随着治疗的进行逐渐降低，同时菌群的多样性和胃肠道毒性呈现负性相关。放射线同样对肠道黏膜上皮具有直接影响，造成微生物寄生环境的改变从而影响菌群的分布。研究者分别从接受直肠癌术前放疗和未接受术前放疗的患者中，各截取一段乙状结肠和直肠标本，并将表面的浆膜层、肌层剥离出来安装在 Ussing 灌流室观察被标记物的渗透情况，结果显示接受放疗的患者，其标本中直肠所有标记物的渗透量均较未照射的乙状结肠增加，而未接受放疗的患者，其标本中直肠和乙状结肠的渗透率无明显差异，并且在受照射的直肠标本中发现了隐窝和黏膜萎缩的组织学征象，研究表明腹盆腔放疗可能导致肠道黏膜屏障的受损甚至破坏，进而可促肠道微生物纵向易位并造成一系列功能改变。放射损伤与肠道微生态变化的内在机制及临床意义仍需进一步探索。

除直接对肠道菌群造成影响外，放射性损伤也与肠道菌群代谢产物存在联系。人体面对外界应激时，代谢产物变化可以反映机体的病理改变。肠道菌群参与人体主要营养物质代谢，与人体健康密不可分。其中单糖、寡糖等是重要的能量来源，对肠道有益。蛋白质的代谢产物复杂，部分代谢产物如氨类、胺类化合物等对人体有害，脂质代谢产物短链脂肪酸具有保护肠机械屏障、维持肠道稳态等功能。近年来快速、高分辨率的色谱、质谱检测技术的出现，使研究者通过无创方式获得体液中大量代谢物的定量评价，以进行大规模研究。放射应激下肠道菌群代谢物的形成与变化都是肠道放射损伤生物学效应的最终结果，也是肠道屏障功能与菌群代谢作用的直接表现，其对肠道放射损伤及暴露水平、菌群改变有直观体现。放射可诱导血、尿、粪等多种来源的肠道菌群代谢物发生显著改变，涉及大量碳水化合物、蛋白质、脂质代谢产物，并呈现出一定的剂量-效应关系。在动物模型中，小鼠受到照后，外周血哌啶酸、马尿酸和尿牛磺酸、乙酰氨基葡萄糖等肠道菌群代谢物分别呈现不同放射敏感性的含量改变。多个动物研究提出氨基酸、糖类等肠道菌群代谢物的血、尿、粪含量改变与放射剂量、肠道损伤程度密切相关。Goudarzi 等发现多个肠道菌群代谢物含量如粪哌啶酸、戊烯二酸、尿胆素原、胆汁酸等与小鼠全身受照剂量显著相关，呈现剂量依赖性变化关系。更为直观的一项研究利用色谱-质谱联合鉴定平台分析

小鼠全身放射后的血浆代谢产物，发现一种完全依赖于肠道菌群代谢的色氨酸降解产物——吲哚化合物的血浆含量与照射剂量、肠上皮细胞损伤呈明显相关性，能够作为鉴别放射损伤程度与暴露水平的生物标记物。Johnson 等发现小鼠尿牛磺酸含量随放射剂量增加而上升，可用于鉴别高剂量（8Gy）受照个体。小鼠受质子照射后，尿色氨酸等氨基酸含量变化可用于评估 DNA 损伤修复。国内研究同样发现小鼠外周血中血脂多糖浓度与大肠杆菌丰度高度相关，血 TNF-α 和 IL-1β 浓度与大肠杆菌丰度呈中度相关，提示上述菌群预测炎症反应、毒血症的准确性。根据目前的研究结果提示，辐射导致的肠道菌群代谢物变化的主要影响因素为照射剂量，而剂量率、LET 对菌群变化的影响较小。与低 LET 射线 X 或 γ 射线相比，高 LET 的重离子照射对肠道菌群代谢物的影响似乎更为显著，但总体变化趋势一致，只个别代谢物存在差异。另一项研究对比了不同剂量率对代谢产物的变化，发现剂量率高低对代谢物的影响不显著。在动物模型中，多种肠道菌群代谢物均表现出了其作为肠道放射损伤生物标记物的全面性和准确性，具有进一步探索临床应用的价值。

已有临床研究初步证实脂质、糖类等肠道菌群代谢物的粪便含量与肿瘤患者放疗剂量及肠道放疗不良反应密切相关。Chai 等采用 1H 核磁共振技术检测宫颈癌放疗后发生急性肠道症状患者的粪便，发现 α-葡萄糖、短链脂肪酸等肠道菌群代谢物的含量在放疗后出现明显改变，并且与急性肠道症状如腹泻、腹痛、里急后重等均呈明显相关性。进一步探索可能的代谢标记物及相关的临床价值需更加深入研究。

二、肠道微生态治疗在放射损伤中的应用

部分临床研究已经发现针对肠道微生态的治疗可改善肠道放射性损伤。益生菌是一类活菌制剂，可通过与肠上皮发生直接或间接的作用改善肠道微生态、进而调节肠黏膜屏障，促进宿主细胞抗氧化作用，改善放疗导致的肠道损伤。常见的益生菌制剂有乳酸杆菌、双歧杆菌等。已在小鼠模型中发现，乳酸菌可诱导 CXCR4 激动剂 CXCL12 的表达，并上调脂磷壁酸的水平，而脂磷壁酸可能通过表达 COX-2 的间充质干细胞迁移和激动 TLR2 发挥保护作用，同时 Toll 样受体家族介导（toll like receptors，TLR）信号通路也在肠道放射防护中起重要作用。尽管机制尚未完全明确，但已有多个临床研究表明应用益生菌可用于临床改善放射性肠道损伤症状。2008 年西班牙开展了一项多中心研究，共纳入 85 例患者随机分配至安慰剂组和益生菌组，益生菌组服用含有干酪乳杆菌 DN-114001 的液体酸奶。研究结果在出现肠道毒性的中位时间上没有发现差异。但益生菌干预对大便稠度有显著影响（$P=0.04$），益生菌组的患者出现 Bristol 6 级以上粪便的中位时间为 14 天，而接受安慰剂的患者为 10 天。Chitapanarux I 等开展了嗜酸乳杆菌联合双歧杆菌预防放射性肠炎的随机临床研究，研究采用随机对照双盲设置，将接受盆腔放射治疗的宫颈癌患者随机分配入试验组和对照组，共入组 63 名患者，对照组（$n=31$）和试验组（$n=32$），试验组应用双歧杆菌/乳酸菌/唾液链球菌嗜热亚种组装的高效能益生菌制剂，对照组给予安慰剂。全组 2～3 级腹泻发生率分别为 45% 和 9%（$P=0.002$），试验组止泻药使用明显减少（$P=0.030$），同时粪便黏稠度明显提高（$P<0.001$），并且与试验组相比，

对照组患者出现3级或4级腹泻概率更大，分别为55.4%和1.4%（$P<0.001$），实验组应用洛哌丁胺的时间平均为86小时，而对照组为122小时，实验组的时间显著缩短（$P<0.001$）。该研究表明，应用益生菌制剂可以显著降低放疗所导致的腹泻发生，同时在试验组中没有观察到由益生菌引起的菌血症、败血症或脓毒血症现象。另一项小样本的临床研究同样表明益生菌能通过改变肠道内的肠道菌群的组成和代谢功能来有效调节放疗引起的肠道炎症。因此使用益生菌防护因放疗而引起的放射性肠炎是一种安全、有效、值得临床尝试的方法。

益生元是一种不被消化或难以被消化的食物成分中的寡糖类，其可以被肠道细菌发酵，也可以选择性刺激肠内细菌的增殖，可以与肠道菌群协同维护宿主的健康。益生元化学性质稳定，具有抗胃酸、抗消化酶类且不能被肠道吸收的功能，可以在肠道内稳定发挥作用。目前有Ⅱ期研究表明，益生元联合益生菌和其他营养素的复合方案可起到放疗患者可靠的保护肠道微生态平衡的作用。

粪菌移植（fecal microbiota transplantation，FMT）指将健康人粪便中的功能菌群，移植到患者胃肠道内，重建新的肠道菌群，以实现肠道及肠道外疾病的治疗。该方法已在艰难性梭菌感染、溃疡性结肠炎、克罗恩病上取得了不俗的进展。该方法在肠道放射损伤的可行性尚处在探索阶段，在放射损伤动物模型中，高通量测序发现雄性与雌性小鼠的胃肠道细菌群落的组成不同，并与对放射性毒性的敏感度有关，粪菌移植可提高照射后雄性和雌性小鼠的生存率，增加外周血白细胞计数并改善胃肠道功能和肠上皮完整性，可观察到粪菌移植促进了血管新生，但性别相配的FMT并不会促进体内肿瘤细胞的增殖。我国一项小样本研究纳入了5例腹盆腔放疗后常规治疗无效的慢性放射性肠炎患者接受粪菌移植治疗，评估患者的相关参数变化：如RTOG/EORTC晚期放射毒性分级、CTCAE胃肠道症状严重度分级（腹泻、肠出血、腹痛和大便失禁）、Karnofsky功能状态评分、肠道菌群分析等，有3例患者治疗后临床症状、内镜和影像学表现均改善，1例无效，1例有临床获益于FMT后因其他原因转手术，提示了FMT有作为慢性放射性损伤治疗方案的潜能 。

三、放疗疗效与肠道微生态的关系

目前尚未发现放疗疗效与肠道微生态间的确切关系，但放射治疗和肠道微生物存在类似的免疫增强机制，值得进一步探索两者间的关系。Paulos CM等发现全身照射增强抗原提呈细胞的LPS-TLR4依赖性活化的能力，减少抑制性淋巴细胞，提高了细胞因子水平，促进了过继T细胞疗法的效果。动物实验中发现，应用抗生素清除宿主肠道菌群，或应用多粘菌素B中和血清中脂多糖（lipopolysaccharide，LPS），或者选择剔除CD14/TLR-4信号通路基因的小鼠去除LPS致炎效应，均降低全身照射后过继T细胞治疗对肿瘤消退的作用。相反，用含微生物配体的血清或超纯LPS处理后的小鼠，可增强过继$CD8^+$ T细胞的活化能力，促进肿瘤的消退，研究表明全身照射所致肠道黏膜屏障受损，促使肠道共生菌的易位和LPS的释放，致树突状细胞的启动和过继T细胞的激活，从而增强免疫系统攻击肿瘤的能力。

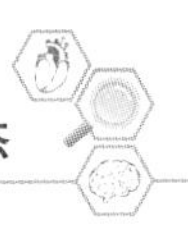

第三节 放射治疗与阴道微生态

正常女性阴道微生物与阴道正常解剖结构、周期性内分泌变化及阴道宫颈局部免疫四个部分共同构成阴道微生态体系，阴道微生物是阴道微生态体系的核心。阴道是人体的开放性的腔道，正常情况下寄生着一定数量的菌群。阴道菌群受年龄、内分泌状态、pH值等多重因素的影响，与肠道菌群相反，阴道菌群健康状态通常是意味着微生物多样性低及只有一种或几种乳酸菌占优势。放射治疗是妇科肿瘤的常见治疗手段之一，特别是妇科恶性肿瘤发病率首位的宫颈癌，放疗是其重要的根治治疗手段，除常规外照射外常采用后装治疗，放射野内累积的生物等效剂量（BED）通常可达80Gy以上。在对妇科肿瘤进行放射治疗的同时，部分乃至全部阴道都可能纳入照射范围内接受高剂量的照射，造成早期和晚期放射损伤，进一步影响阴道微生态的健康程度。目前已经认识到阴道微生态在妇科恶性肿瘤的发生、发展中起重要作用，人乳头瘤病毒型感染与宫颈癌的发病具有确切紧密的联系已得到公认，阴道菌群特别是乳酸菌的改变也在妇科恶性肿瘤发病中发挥重要作用。在肿瘤治疗中，阴道微生态也可能影响治疗毒性和治疗效果，放疗前后阴道分泌样本细菌培养通常表现为乳酸菌检出下降，大肠埃希菌、葡萄球菌属、肠球菌属、变形杆菌属、阴道加德纳菌、摩根摩根菌和真菌等条件致病菌检出增高。利用基因测序研究放射治疗与阴道微生态关系的研究仍然较少，且并未获得一致性结论。德国一项研究对15例宫颈癌放疗患者开始放疗前1天和结束当天的宫颈样本进行了16S rRNA检测，放疗后样本聚合酶链反应扩增产物量明显低于放疗前样品，宫颈细菌负荷明显降低。且α和β多样性都没有明显变化。然而来自美国佐治亚州癌症中心的19名妇科肿瘤患者16S rRNA检测的数据显示，放射治疗患者与细菌性阴道病相关的移动菌、阿托波菌和普雷沃特菌的丰度升高，而乳杆菌、加德纳氏菌和消化链球菌的丰度降低。另一项宫颈癌绝经后患者的研究中，放疗后行阴道菌群的16S rRNA检测出现样本内多样性（α多样性）升高，包括乳螺科的几个成员在内的稀有菌属的丰度升高。研究同时指出阴道菌群受患者年龄、激素水平等临床因素影响较大，因此放疗对阴道微生态的影响及其机制尚需临床前和临床研究进一步明确。

第四节 放射治疗与口腔微生态

口腔是一个天然开放系统，是微生物在人体的重要栖息地，口腔环境为微生物的持续培养提供相对恒定的条件。对于维持口腔微生态健康稳定来说，唾液的正常分泌、合适pH值，口腔内的含氧量均发挥着重要作用。唾液是由唾液腺分泌的混合液体，正常成人每日分泌量为1.0～1.5L，除水分外主要包括黏蛋白、球蛋白、尿素、尿酸、唾液淀粉酶、溶菌酶等有机物和少量无机盐，参与抑菌、防龋、维持正常pH值范围；正常成年人的口腔pH值为6.6～7.1，睡眠、年龄和饮食生活习惯均是其影响因素，口腔中的pH值的降低与龋齿的形成密切相关；口腔内含氧量与口腔内厌氧菌、需氧菌分布有关，厌氧菌是口腔内的主要致病菌，其数量远高于需氧菌，约占总菌属的90%。口腔内的含氧量将明显影响菌群的分布，口腔卫生不佳是导致口腔癌的重要原因之一。

放射治疗在头颈部肿瘤治疗中具有重要地位。以放疗为核心的综合治疗是局限期鼻咽癌的标准治疗，并且取得了不俗的治疗效果。头颈部鳞癌患者需要通过放疗达到根治性效果，或术后辅助改善局部控制。这些治疗通常需60Gy以上的放疗剂量，根治性剂量可达70Gy以上。加之头颈部的正常组织器官空间结构紧凑，导致放疗通常会造成较明显的放射性损伤。

第五节　放射性损伤与口腔微生态

放射性口腔黏膜炎是头颈部放疗中最常见的急性期损伤之一，在根治性放疗中往往是患者主诉最严重的毒性反应。除直接损伤正常口腔黏膜外，口腔微生物在黏膜屏障功能减弱时也可发生感染进一步加重症状。在体外研究中发现，照射后克雷伯氏菌和光滑假丝酵母生物膜的形成减少，但在黏蛋白的保护下可不受影响。同时克雷伯氏菌对甜瓜幼虫的毒力上升，部分揭示了发生放射性黏膜炎后口腔感染的机制。我国Zhu等的研究采用16S rRNA测序方法研究放疗过程中口腔细菌谱的动态变化及其与口腔黏膜炎严重程度和细菌移位的关系。结果显示，在放射治疗过程中，细菌群落结构逐渐改变，革兰阴性杆菌的相对丰度显著增加。最终进展为严重黏膜炎的患者在红斑-斑片性黏膜炎阶段，细菌的α多样性显著降低，而放线杆菌丰度升高。基于此构建的模型可准确预测严重黏膜炎的发生，准确度可达0.89。Hou等的研究同样采用16SrRNA基因测序分别测定了患者放疗前、放疗期间连续剂量梯度的多个时间点的取样标本的菌群分布情况。结果显示放疗过程中，黏膜细菌总体α多样性没有明显变化。20个属丰度与剂量呈显著正相关，10个属丰度与剂量呈负相关。研究发现了两个细菌共丰度组，其中一组内聚集的大多数细菌与牙周病相关，并表现出明显的时间-剂量变化趋势，且与严重黏膜炎的发病时间重合。新西兰一项类似研究发现放疗过程中唾液菌群基本稳定，以链球菌、普氏杆菌、梭杆菌和颗粒菌为主。病周卟啉单胞菌、唐纳菌属专性、兼性厌氧革兰阴性杆菌G2、头细胞吞噬菌、艾肯氏菌、支原体和鼻炎杆菌及厌氧类拟革兰菌均与2级以上口腔黏膜炎呈正相关。在超过2级黏膜炎反应部位样本中类杆菌G2、梭杆菌和呼吸系统细菌的相对丰度显著增加（$P<0.05$）。此外，口腔黏膜上几种革兰阴性杆菌（梭杆菌、嗜血杆菌、坦纳氏菌、卟啉单胞菌和艾希氏菌）的丰度可能影响患者发生口腔黏膜炎的易感性。

头颈部肿瘤放疗结束后常出现唾液分泌的显著下降，口腔微生态环境可能发生持续性的改变。但目前的研究显示，口腔菌群的整体多样性治疗结束后一段时间可以恢复。Gao等的研究显示口腔菌群的整体多样性在放疗结束后一段啥时间可以恢复，从放疗初期到放疗后1个月，口腔菌群可操作分类单位（OTUS）数量和菌群的α多样性在放疗过程中呈下降趋势均呈现下降趋势，在放疗后1个月达到最低点后逐渐上升，放疗6个月后恢复至放疗前水平。从具体的菌群区系分布上，一项研究采用16SrRNA测序检验了3例鼻咽癌患者放化疗前、治疗后7个月和治疗后12个月微生物区系的变化，放疗后对3例鼻咽癌

患者的微生物构成未发生一致性改变，其中 1 例患者基本稳定，2 例微生物区系有明显改变。放射性龋病是口腔微生态改变后常发生的晚期毒性。已有多项研究发现放射性龋病的患者口腔微生态较健康人有明显不同，但两者是否存在因果关系尚存疑问，国内一项研究对比了鼻咽癌放疗后无放射性龋病和放疗后出现放射性龋的患者，两组患者腮腺照射剂量无显著差异，结果表明两组患者口腔培养的微生物多样性、组成和对数菌落计数均无明显差异，两组均以链球菌属和奈瑟氏菌属分布最广，两组间唾液分泌功能也无明显差异。唾液功能和唾液微生物区系的变化并不能解释无放射性龋齿的个体没有放射性龋齿的原因。尽管未能从微生物区系变化找到放射性龋病的发病机制，但数十年的临床应用表明放疗前口腔卫生处理有助于预防放射性龋病和放射性骨坏死，也是目前临床在进行头颈部放疗前进行的常规推荐处理，是否还可通过其他微生态治疗方式治疗头颈部放疗后的放射性损伤有待进一步的研究。

总体来说，已经在多项研究和临床实践中观察到人体微生态和放疗间存在相互作用，但其机制的研究尚处于起始阶段。微生态干预治疗放射性损伤具有临床实用价值。在免疫治疗时代，放射治疗和微生态干预均存在潜在的免疫增强机制，需进一步探索两者在改善生存预后方面的价值。

(张文珏　任　骅)

第十一章

肿瘤免疫治疗与微生态

肿瘤微环境（tumor microenvironment，TME）是指肿瘤细胞存在的周围微环境，包括周围的血管、免疫细胞、成纤维细胞、骨髓源性炎性细胞、各种信号分子和细胞外基质（ECM）。肿瘤和周围环境密切相关，不断进行交互作用，肿瘤可以通过释放细胞信号分子影响其微环境，促进肿瘤的血管生成和诱导免疫耐受，而微环境中的免疫细胞可影响癌细胞增长和发育。

近些年随着肿瘤免疫治疗的发展，TME 被更加详细地定义为肿瘤免疫微环境（TIME）。肿瘤免疫环境的复杂性和多样性对于免疫治疗有着重要影响，证据表明患者对免疫治疗的敏感性和耐药性与 TIME 密切相关。通过进一步分析和了解肿瘤免疫微环境将有助于免疫治疗反应性的改善。

第一节　肿瘤免疫微环境的分类

细胞毒性 T 细胞、B 细胞和巨噬细胞可以促进肿瘤细胞的清除，而其他种群例如调节性 T 细胞（Treg）和髓样来源的抑制细胞则被认为可以减弱抗肿瘤免疫反应并促进恶性细胞生长和组织侵袭。

当前，根据人类和小鼠从组织芯片和免疫组织化的数据分析有关肿瘤免疫浸润物特征，将肿瘤免疫微环境分为了三类，旨在根据免疫相关标准对患者进行分类。

一、微环境的分类

（一）I-E TIMEs

I-E TIMEs（infiltrated-excluded TIMEs）的特点为细胞毒性淋巴细胞（CTL）分布于肿瘤边缘或陷入纤维巢内。大多与各种上皮性癌症有关，如大肠癌（CRC）、黑素瘤（melanoma）和胰腺导管腺癌（PDAC）。其中肿瘤边缘的 $Ly6C^{lo}$ $F4/80^{hi}$ 肿瘤相关巨噬细胞（TAMs）被认为可以阻止 CTL 浸润到肿瘤内部。隶属于该分类的肿瘤对免疫治疗不敏感，为“冷肿瘤”，尽管这一假设仍有待明确验证。与其他炎性 TIME 相比，I-E TIMEs 含有低表达活化标识的 GZMB 和 IFNG 的 CTLS，以及 CTLs 在肿瘤核心的浸润不良。缺乏免疫活化标识的表达和被排斥在肿瘤核心以外是免疫忽视的特征，使得机体获得性免疫无法识别应答病原体或恶性肿瘤。

（二）I-I TIMEs

I-I TIMEs（infiltrated-inflamed TIMEs）被认为是免疫上的“热肿瘤”，其特征是肿

瘤组织 CTLs 高度浸润且表达 PD-1，同时肿瘤细胞表达 PD-L1。

（三）TLS-TIMEs

TLS-TIMEs（tertiary lymphoid structures TIMEs）是 I-I TIMEs 的子类。TLS-TIMEs 内含有大量的淋巴细胞包括幼稚和活化的常规 T 细胞、调节性 T 细胞、B 细胞和突出状细胞（DC）。TLS-TIMEs 通常存在于侵袭性肿瘤的边缘和基质中，其细胞组成与淋巴结类似并被认为是淋巴募集和免疫激活的部位。TLS-TIMEs 大多数与良性预后相关。

目前根据此分类法大致可以估计肿瘤微环境中的免疫敏感度和细胞分布状态，但是它们缺乏与细胞绝对数量、异质性和深层空间分布等信息。未来，我们期望以更精准的高分辨率技术将揭示免疫学组成、空间分布和功能异质性。

第二节　肿瘤与 TIME 的互相作用

一、TIME 对肿瘤的影响

（一）T 细胞

肿瘤是否继续发生或发展的速度在某些程度上取决于 TIME 内的 T 细胞的比例和特征。

$CD4^+$ T 细胞和 $CD8^+$ T 细胞是公认的抗肿瘤免疫细胞，通过释放 γ-干扰素、穿孔素和颗粒酶 B 等肿瘤毒性细胞因子达到杀死肿瘤细胞的作用。Treg 细胞是一类控制自身免疫反应的细胞群，肿瘤内的 Treg 细胞分泌的转化生长因子（transforming growth factor，TGF）-β 和白介素（interleukin，IL）-10 能产生一个免疫抑制环境，有助于减弱 $CD4^+$ T 细胞、$CD8^+$ T 细胞及 NK 细胞产生的抗肿瘤效应。

对肿瘤标记物具备特异性识别能力，和有高反应性的 T 细胞统称为肿瘤特异性 T 细胞（tumor-specific T cell）。将具备肿瘤识别、对抗肿瘤能力的 T 细胞从微环境中分离出来，去除如 Treg 细胞等因素的抑制和避免过早耗竭，给予适宜条件体外扩增后的肿瘤特异性 T 细胞回输，可实现肿瘤杀伤的功能，这在黑色素瘤临床试验中表现出极好的治疗效果。肿瘤特异性 T 细胞的价值还在于，可协同免疫检查点抑制剂的治疗方法。实体肿瘤内部存在浸润 T 细胞是使用免疫检查点抑制剂治疗的前要条件。然而关于小鼠模型的几项研究显示，由于肿瘤诱导的免疫耐受机制，T 细胞并不能抑制某些新生肿瘤的初期发展过程。这些功能异常的 T 细胞通常表现为其表面的抑制性受体的（如 CTLA-4、PD-1、TIM-3、LAG-3 和 2B4）的高表达；失效应功能，如细胞因子 IFN-γ、IL-2 和 TNF-α 的生产功能及丧失繁殖能力等导致无法对原发性肿瘤进行免疫攻击或出现免疫抑制。如何逆转或预防 TIME 内 T 细胞的耗竭是我们仍需攻克的难题。

（二）TAMs

肿瘤相关巨噬细胞（tumor-associated macrophages，TAMs）在大多数类型的恶性肿瘤中大量存在，促进肿瘤血管生成，癌细胞从肿瘤中逃逸进入循环，抑制抗肿瘤免疫机制。TAMs也有助于癌细胞在肺部等远处扩散，进而促进它们的存活和持续生长，形成转移的菌落。越来越多的研究表明，TAMs可以拮抗、增强或介导细胞毒性药物、肿瘤照射、抗血管生成/血管损伤药物和检查点抑制剂的抗肿瘤作用。

巨噬细胞分为M1及M2两大表型，研究证明M2修复性巨噬细胞在人类肿瘤中具有主导作用，会以修复损伤类似的方式分泌肿瘤细胞生长因子。因此，将M2型修复性巨噬细胞向M1杀伤性巨噬细胞转变能减缓甚至阻止肿瘤生长。这个过程，利用了M1杀伤性巨噬细胞的直接杀伤作用和M1杀伤性巨噬细胞对Th1细胞毒性T细胞，以及其他效应细胞的刺激作用。巨噬细胞反应也能反映人体患癌症的可能性，具有M1/M2型巨噬细胞高比例的个体不容易患癌。巨噬细胞/先天免疫细胞能被用于直接或者间接对抗癌症是一个重大突破，有望最终实现通过免疫治疗攻克癌症。

除表型外，有研究提出TAMs的功能至少在一定程度上可能受到其在肿瘤内位置的调控，认为它们至少在肿瘤早期的癌细胞侵袭区、基质、缺氧/坏死区等表现出不同的功能。

1. 癌细胞侵袭的区域

侵袭的癌细胞（表达CSF1，colony-stimulating factor 1，集落刺激因子）和巨噬细胞（表达EGF，epidermal growth factor，上表皮生长因子）可能相互合作，促进癌细胞向邻近血管移动，血管周围的巨噬细胞促进癌细胞进入循环。巨噬细胞释放VEGFA也刺激血管生成。巨噬细胞通过表达PD-L1和IL-23来保护入侵的癌细胞免受抗肿瘤免疫。

2. 癌细胞密度高的区域（即所谓的肿瘤“巢”）

TAMs在肿瘤“巢”中接近癌细胞的可能功能似乎随肿瘤类型而变化。例如，子宫内膜癌中巢状TAMs的高表达与预后的改善相关。然而，巢TAMs也与恶性黑色素瘤以及乳腺和食管肿瘤的总体和无病生存期降低相关。

3. 基质

研究发现乳腺、食管、胃、胰腺、口腔和皮肤肿瘤中基质TAMs的高数量与较差的总体生存率和/或无病生存期之间存在相关性。然而，这可能取决于肿瘤类型，因为子宫内膜癌、宫颈癌和肺癌与膀胱癌没有这种相关性。基质的生物物理特性还调节TAMs的功能，基质的不同区域的化学和生物物理性质可能不同，因此对TAMs的调节也不同。

4. 血管周围生态位

在小鼠和人肿瘤中，TAMs的一个子集靠近或位于血管的清创表面。研究发现，这些血管周围（PV）细胞通常表达高水平的M2相关标记物TIE-2（血管生成素的主要受体）、MRC1和CD163，并在肿瘤一线治疗后刺激肿瘤血管生成、转移和复发中发挥关键作用。在肺等转移部位，一部分$CCR2^{+}$ Ly6C/$Gr1^{+}$巨噬细胞促进癌细胞外渗并形成转移灶。

5. 缺氧/坏死区

缺氧是实体瘤的一个显著特征，与侵袭和转移的增加、治疗的耐受性及较差的临床结果有关。大量的缺氧TAMs与乳腺癌、子宫内膜癌和子宫颈癌的肿瘤血管生成、转移、无病生存期和/或总生存率的降低相关。低氧也能使TAMs间接方式抑制T细胞的激活，包括上调IL-10和阴性检查点调节因子，如PD-L1。

（三）树突状细胞

有效的抗肿瘤细胞免疫应答包括：①树突状细胞（dendritic cells，DC）识别肿瘤抗原分子；②DC 活化并募集非特异细胞如巨噬细胞、自然杀伤细胞等；③DC 摄取肿瘤抗原提呈给 T 细胞；④特异 T 细胞增殖活化；⑤抗原特异性 T 细胞迁移至肿瘤部位并杀死肿瘤细胞。除了激发细胞免疫反应，DC 还可以通过激发体液免疫、与肿瘤细胞直接接触而抑制其生长、自分泌和诱导旁分泌多种细胞因子等多种机制起到抗肿瘤免疫应答。小鼠研究表明 $CD103^+$ DC 被认为是抗肿瘤 $CD8^+$ T 细胞的有效激活剂，而 $CD103^+$ DC 会随着时间增加在肿瘤内进行性缓慢减少，从而减弱对 $CD8^+$ T 细胞激活，并降低对 PD-L1 治疗的反应。重要的是，在多个实验模型中，已发现 $CD103^+$ DC 的扩增和激活与免疫治疗拥有协同作用。

（四）髓系来源抑制细胞

骨髓来源抑制细胞（myeloid-derived suppressor cells，MDSC）分为 polymorphonuclear-MDSCs（PMN-MDSCs）和 monocytic-MDSCs（M-MDSCs）。二者都是不成熟的髓系来源的细胞且具有免疫抑制功能。正常情况下，在机体对抗细菌或病毒的免疫反应中，髓细胞能快速分化为成熟的粒细胞、DC 或巨噬细胞，通过激活吞噬作用、呼吸爆发、释放前体炎症因子，以达到抑菌和抗病毒作用；当炎症消散后，骨髓细胞的生成恢复正常水平。但是在病理状态下，特别是肿瘤发生时，骨髓腔受异常信号持续刺激，大量非成熟髓细胞（即 MDSC）聚集于肿瘤和外周淋巴器官，MDSC 分化为成熟髓细胞（成熟粒细胞、DC、巨噬细胞）的能力降低，并过多产生 ROS、NO、Arg1、抑制性细胞因子，抑制 T 细胞免疫活性，抑制免疫功能正常发挥。

二、肿瘤对 TIME 的影响

肿瘤与 TIME 的作用是互相的，除了免疫细胞所构成的 TIME 对肿瘤的生长转移有抑制或促进作用外，肿瘤本身能够对免疫环境作用，建立免疫抑制环境。其中非常重要的方式就是产生强效的细胞因子和趋化因子。

（一）肿瘤基因型影响细胞因子产生

癌基因所促使的细胞因子的表达决定了免疫细胞，特别是髓系细胞的募集和表型。在人类黑素瘤中，$BRAF^{V600E}$ 是 MAPK 家族成员 *BRAF* 的一种高度致癌的突变形式。$BRAF^{V600E}$ 基因被证实可诱导 IL-10、IL-6 和 VEGF 等因子的表达，从而在体外促进产生耐受性单核细胞相关的 DC 表型，这一过程理论上会影响体内 T 细胞功能。而位于黑色素瘤中的另一致癌基因 $KRAS^{G12D}$ 可诱导 GM-CSF 的分泌，从而导致免疫抑制的 $Gr\text{-}1^+$ $CD11b^+$ 骨髓细胞的增殖。这些数据证明癌基因促进了支持恶性发展的免疫抑制性 TIME 的建立。

（二）肿瘤基因型影响趋化因子产生

由特定致癌基因驱动的肿瘤衍生趋化因子的分泌是肿瘤基因型与募集的免疫细胞之间相互作用的另一个关键点。如上文提到的黑色素瘤中的 $BRAF^{V600E}$ 基因可诱导 WNT /β-连环蛋白信号的传导，减少趋化因子CCL4的产生，$CD103^+$ DC的数量降低，导致免疫浸润不良和抗肿瘤T细胞无效。

（三）其他

除了细胞因子、趋化因子等影响之外，肿瘤细胞的整体突变也会决定免疫浸润的程度和表型。如结直肠癌（CRC），可分为四种亚型（CMS1～4），由DNA错配修复缺陷导致的CMS1表现为CTL的高浸润：$CD8^+$ T细胞深层浸润且有大量Th1细胞，因此被认为归属于抗肿瘤免疫敏感型。但是，CMS1 CRC亦可显著表达免疫检查点蛋白，包括CTLA-4、PD-1、PD-L1和IDO-1。但是由于高浸润性$CD8^+$ CTL和Th1细胞，在接受免疫检查的治疗后，该类型肿瘤具有较好的反应。

CMS4 CRC以具有间充质样表型的肿瘤细胞为特征，与预后不良和高表达的肿瘤基因有关，包括与T辅助细胞17（TH17）、TGF-β途径和单核/巨噬细胞谱系相关的基因，因此TIME环境偏向免疫抑制。CMS2和CMS3 CRC表现出低免疫和低炎症特征，通常为PD-L1阴性为冷性肿瘤，肿瘤的浸润率低于CMS1。CMS2～CMS4被认为对免疫检查点的治疗反应较差。

三、治疗

认识TIME后，通过改变微环境间接增强免疫原性以加强免疫治疗已成为癌症治疗的新方向。目前较为热门的免疫治疗有靶向CTLA-4和PD-1/PD-L1的免疫检查点抑制剂（ICI）及靶向CD19的CAR-T细胞形式的细胞疗法等。这些治疗方法的局限性在于只有少数接受治疗的患者对这些药物有反应，这少部分患者在后续又有一部分发生获得性耐药。而人们发现肿瘤微环境可以与肿瘤互相作用，动态的微环境会影响对免疫疗法的敏感性，而免疫治疗本身也常常会导致微环境的改变。因此微环境靶向疗法与ICI或细胞疗法的合理组合将构成下一代基于免疫的癌症治疗方法。

（一）阻断抑制性检查点

PD-1和CTLA-4是免疫检查点中最广为人知的，它们使T细胞丧失对癌症的反应性，并成为肿瘤细胞使免疫系统失去抗肿瘤免疫功能的目标。基于CTLA-4和PD-1/PD-L1抑制剂的成功，更多可供选择的免疫检查点的阻断是广泛的临床前和临床研究的领域。

迄今为止，ICIs针对LAG-3（lymphocyte-activation gene 3）（一种在Teff和Tregs上表达的细胞表面分子）的研究是最为深入的领域之一。LAG-3以类似于PD-1的方式抑制Teff活性并上调Treg活性，从而为肿瘤的生长创造了可耐受的微环境。在小鼠模型中，LAG-3的抑制作用与PD-1抑制作用具有协同作用，并能使T细胞对树突状细胞Toll样受体（TLR）疫苗的刺激产生更强烈的反应，这表明共同信号（co-signaling）阻断可以恢复有利的免疫微环境，可以对抗原刺激产生反应。

另一个被广泛研究的介导T细胞衰竭的抑制性检查点是TIM-3（T-cell immunoglobulin and mucin-domain-containing molecule 3），其在多种类型的免疫细胞上表达。TIM-3在TIL上的上调与多种不同类型癌症的不良预后相关，而抗TIM-3似乎能够使产生IFN-γ

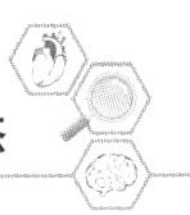

的 $CD8^+$ T 细胞激活，尽管可能加剧自身免疫介导的反应，包括肺炎。肺癌的临床前模型表明，TIM-3 上调可能是阻断 PD-1 治疗获得性耐药的机制。TIM-3 抑制与抗 CTLA-4 或抗 PD-1 的组合已显示出临床前疗效，并且许多临床试验正在进行中。

近期一个新的免疫检查点被发现，名为 CD24 的蛋白可以作为新的免疫检查点，对卵巢癌和乳腺癌的免疫治疗可能有较好的效果。CD24 可以与肿瘤相关巨噬细胞表面的 Siglec-10 结合，激活 SHP-1/SHP-2 介导的抑制性信号通路调控巨噬细胞介导的抗肿瘤免疫反应。对人类细胞和动物的研究证实，当 CD24 信号被阻断时，免疫细胞被激活并开始杀伤癌细胞。实验结果表明，CD24 信号阻断方法对于卵巢癌和三阴乳腺癌更加有效，或可成为肿瘤免疫治疗尤其是乳腺癌或卵巢癌免疫治疗的新靶点。

（二）溶瘤病毒

另一种增强肿瘤抗原识别和增强 T 细胞反应的策略是直接将溶瘤病毒引入肿瘤微环境。溶瘤病毒首先在肿瘤细胞中感染或复制，后续的抗肿瘤作用包括：①通过细胞内增殖诱导肿瘤细胞裂解；②释放细胞因子和病毒病原体相关分子模式（PAMPs），增强 CD8 T 细胞活化；③NK 细胞介导的先天性免疫应答。这些影响不仅在局部可见，而且在远处的位点也有 $CD8^+$ 和肿瘤特异性 $CD4^+$ 细胞增加的报道。

第一种经 FDA 批准的溶瘤病毒（talimogene laherparepvec，T-VEC）具有多种增强免疫的微环境效应。T-VEC 是一种改良的单纯疱疹病毒，用于无法切除的黑色素瘤患者瘤内注射。它引起肿瘤细胞的直接裂解并释放粒细胞-巨噬细胞集落刺激因子（GM-CSF），它是促进 APC 募集、成熟和功能的细胞因子。T-VEC 在注射部位和远处的肿瘤部位显示出强大的 T 细胞反应。

类似的基于腺病毒的 ONCOS-102 可激活先天免疫系统，包括树突状细胞。ONCOS-102 由经工程改造以表达 GM-CSF 的腺病毒组成，该腺病毒作为单一疗法已显示出初步的抗肿瘤功效。ONCOS-102 已与环磷酰胺合用，以上调促炎性免疫成分并使免疫抑制细胞的微环境衰竭。目前正在研究 ONCOS-102 与环磷酰胺和其他抗癌疗法组合治疗黑色素瘤（NCT03003676）、前列腺癌（NCT03514836）和晚期腹膜恶性肿瘤（NCT02963831）。

其他溶瘤病毒，包括牛痘病毒、麻疹病毒、柯萨奇病毒和脊髓灰质炎病毒等，也正在探索当中。

（三）阻碍免疫耐受

免疫激活被促进免疫耐受和防止失控炎症的微环境因素所抵消。肿瘤采用这些机制来抑制抗肿瘤免疫力。除 PD-1 和 CTLA-4 等抑制性检查点外，肿瘤免疫耐受的关键细胞介质有 MDSC、Treg、肿瘤相关巨噬细胞和缺陷型 APC 等。

异常活化的 Treg 细胞可能是 PD-1/PD-L1 疗法不尽如人意的原因。癌症发生时，Treg 细胞经 TCR 介导的信号刺激活化后可分泌多种抑制性细胞因子，进而限制免疫系统对抗癌症的能力，让肿瘤细胞逃避免疫监视。有研究通过靶向 Treg 细胞中的重要信号调控蛋白——CBM 复合物，实现对 Treg 细胞的重编程。新编程 Treg 细胞有效降低了细胞抑制性因子的分泌，并使炎症促进因子的分泌大大增加，使得肿瘤组织产生了局部炎症，

导致细胞毒性 $CD8^{+}$ T 细胞、天然杀伤细胞的浸润增加，解除了 Treg 细胞所致的免疫抑制。因而在进一步用抗体阻断 PD-1 时疗效显著。

关于 Treg，还有研究发现糖皮质激素诱导的肿瘤坏死因子受体相关蛋白（GITR）旨在下调 Treg 功能，并且目前正在研究这些抗体与 PD-1 抑制的结合。

（四）改变肠道微生物群

靶向微环境的细胞成分不是修饰免疫原性的唯一方法。另一个新兴因素是肠道微生物组。由于一些主要的环境因素，包括饮食习惯和抗生素暴露，患者的肠道菌群构成各不相同。虽然已知像幽门螺杆菌这样的肠道细菌会介导癌变，但最近的数据表明细菌也可能改变对包括 ICI 在内的癌症治疗的反应。

研究发现肠道内梭杆菌（fusobacterium nucleatum）在结肠癌组织中大量富集且能够抑制免疫，减少 T 细胞的在肿瘤组织中的浸润。而后研究证明梭杆菌能够促进结肠癌的发生和发展，通过给小鼠口服梭杆菌可以诱导结肠癌的产生。进一步研究证明梭杆菌在结肠癌原位和肝转移灶都能检测到，意味着梭杆菌可能能够跟随肿瘤细胞一起转移到肝。

另有研究发现肠道微生物分泌的肌苷可增强免疫检查点抑制剂的治疗效果，为开发基于微生物的辅助疗法提供了新的思路。在这篇文章中，作者分离了三种细菌，分别为假长双歧杆菌、约翰逊乳杆菌和龈乳杆菌，发现它们在 4 种小鼠癌症模型中显著增强了免疫检查点抑制剂的效果。机制上，肠道假长双歧杆菌通过代谢产物肌苷增强了免疫治疗的效果。

第三节　过继性细胞疗法

在通过修饰肿瘤免疫微环境，从而间接调节肿瘤免疫原性的策略中，尽管许多策略专注于修饰天然肿瘤微环境，但另一种策略则涉及通过过继性细胞疗法将工程免疫细胞或细胞受体直接输注到患者体内，目的是增加识别肿瘤表达抗原的效应细胞的数量。

与单独努力增强天然免疫细胞的反应相比，外源细胞或细胞成分的输注可能具有多个优势。离体培养的淋巴细胞不会持续暴露于致耐受性的微环境中，并且在重新输注后可能对肿瘤抗原提供更有效的反应。此外，过继性细胞疗法能够选择和扩增针对特定抗原的细胞或细胞成分，从而集中了与肿瘤最相关的效应因子。

目前正在研究三种主要的过继 T 细胞疗法类型，包括 TIL 治疗、CAR-T 细胞疗法和 TCR 工程化的细胞疗法。

一、TIL 输注

在多项跨多种肿瘤类型的研究中，TILs 水平的增加与良好的微环境和预后改善相关。该方法包括从切除的肿瘤组织中收集和培养淋巴细胞，然后测试对特定新抗原表位的反应性。被认为能以高亲和力识别肿瘤抗原的淋巴细胞离体扩增并重新注入患者体内。最初的 TIL 研究仅涉及肿瘤抗原特异性淋巴细胞的输注，结果显示疗效不高。

近来更多试验已经将 TIL 输注与通过准备性和输注后方案控制宿主微环境的努力结合

起来，以促进转移后 TIL 的活化和增殖。

在 TIL 输注后给予 IL-2 以维持体内扩增，但可能会并发类似流感的症状和毛细血管渗漏综合征。而最近的试验也旨在更好地定义所需的最小 IL-2 剂量，但与制备方案和免疫相关不良事件相关的毒性仍然具有挑战性。状态差的患者可能难以耐受 TIL 治疗。此外，在全身治疗后 30 天内尝试收集 TIL 细胞的患者有困难，大约一半未收集成功。

黑素瘤的早期试验显示了一些希望。93 例转移性黑素瘤患者接受自体 TIL 治疗和 IL-2 输注的三次试验显示，总缓解率在 49%～72%，其中 19 例患者的持久缓解。TIL 治疗在高度预处理的黑色素瘤患者中的Ⅰ期临床试验正在进行中，该方案已显示出安全性，包括在先前已经过抗 PD-1 治疗的患者。

二、CAR-T 细胞疗法

TIL 治疗涉及天然肿瘤淋巴细胞的选择和增殖，而 CAR-T 细胞和 TCR 疗法都是涉及 T 细胞成分的外源选择，具有促进免疫原性微环境的潜力。这些成分在体外进行了工程改造和扩增，并注入患者体内。在通过分离术收集患者 T 细胞后创建 CAR，并在实施准备方案后重新注入这一工程化产品。CAR-T 细胞结合一个细胞外抗体衍生的受体，该受体经设计可与一个具有基于 CD3 细胞内激活域的肿瘤抗原特异性的相互作用。第二代 CAR-T 细胞依赖于共刺激分子成分，如 CD28、ICOS、OX40 和 4-1BB，在面对反复的抗原刺激时能够持续应答。

利用 CAR-T 细胞创造免疫原性更强的微环境，是以显著的毒性为代价的。大约 55% 的患者出现细胞因子释放综合征，而 30%～40%的患者出现神经毒性。在接受 CAR-T 细胞治疗的患者中，与治疗相关的死亡率可能高达 15%，尽管改善的抗原识别和毒性管理有望改善风险。目前上市的 CAR-T 细胞产品都是自体的 CAR-T，需根据患者特别定制，耗时长，因此，等待 CAR-T 细胞产品的过程也给患者带来了风险。此外，多达 9%的患者 CAR-T 细胞制造失败。

目前上市的 CAR-T 疗法仅两款，都靶向 CD19，但都属于自体 CAR-T 策略。Yescarta（Axicabtagene Ciloleucel）与 CD28 共刺激分子偶联，而 Kymriah（Tisagenlecleucel）与 4-1BB 共刺激域偶联。Kymriah 目前获批用于复发/难治性弥漫性大 B 细胞淋巴瘤（DLBCL）的成年患者及急性淋巴细胞性白血病（ALL）的儿童和青年；Yescarta 获批用于复发性或难治性大 B 细胞淋巴瘤（LBCL）成人患者。

目前，Allogene Therapeutics 所研发的通用 CAR-T 疗法 ALLO-501（靶向 CD19）在复发/难治性大 B 细胞淋巴瘤或滤泡性淋巴瘤（R/R LBCL/FL）中进行的Ⅰ期临床研究（ALPHA）拥有较好效果，其安全性和有效性数据引起了广泛关注。由于其具有大幅度缩短治疗时间、可批量生产、无需个体化定制等显著优势，使得这一疗法极具前景。与已经上市的两款自体 CAR-T 疗法相比也极具竞争潜力。

有研究提供思路将肿瘤疫苗与 CAR-T 疗法结合。研究人员认为免疫 T 细胞一旦进入肿瘤环境的免疫抑制状态，就会产生免疫抑制，无法攻击肿瘤。因此研究者开发出的一种新型“抗癌疫苗”，疫苗的一端是能够激活 CAR-T 细胞的抗原，另一端是一条由脂类分子组成的长“尾巴”。在脂质尾的帮助下，这种疫苗能够与血液中的白蛋白（albumin）结合，使疫苗能够直接到达淋巴结。动物实验发现，只进行 CAR-T 治疗的小鼠血液中几乎检测不到这些 CAR-T 细胞，而辅助以疫苗的小鼠中，CAR-T 细胞出现了快速激活与扩增，并且一段时间后小鼠体内的所有 T 细胞中，CAR-T 细胞占了 65%之多。接下来在不同肿瘤的小鼠模型中进行的实验表明，这一方法在胶质母细胞瘤、乳腺癌、黑色素瘤中都观察到了预期的效果。除了能够极大提高 CAR-T 疗法的疗效，让其能对实体肿瘤进行有效攻击，最终可清除 60%的小鼠体内的实体瘤，此外，还能刺激免疫系统产生记忆 T 细胞，防止肿瘤复发。

三、TCR 疗法

TCR 也可以进行工程化设计、离体扩增和重新注入，以改变微环境的 T 细胞成分。CAR-T 细胞和 TCR 疗法的结构不同，因为 CAR-T 细胞具有内在的信号传导能力。而与 CAR-T 细胞可以识别没有 MHC 的抗原不同，TCR 只能对 MHC 呈递的肽抗原做出反应。这种区别很重要，因为肿瘤细胞通常通过下调 MHC 来促进免疫原性耐受。然而，TCRs 的优势在于它们能够对肿瘤环境中较低密度的抗原做出反应，并且能识别细胞内和细胞外表达的抗原，而 CAR-T 细胞只能识别膜表面表达的抗原。

假设 TCR 疗法的多功能性是有吸引力的，因为可以对 TCR 进行工程改造以对各种刺激做出反应。然而，脱靶毒性（on-and-off-target toxicities）使靶点鉴定具有挑战性。例如，靶向 MART-1 会导致眼睛、皮肤和耳毒性，因为正常组织结构中也存在这些表位；而使用 MAGE-A3 进行的试验导致了显著的神经毒性、心脏毒性和患者死亡。虽然潜在的毒性令人担忧，但早期疗效数据也显示出希望。NY-ESO-1 特异性 TCR 在骨髓瘤Ⅰ/Ⅱ期临床试验中获得了 80%的有效率。通过突变分析鉴定的病毒标记和新生抗原代表了有希望的潜在靶点，这些靶点可能具有高度的特异性，并可能最大限度地减少脱靶反应。

除了以上三种癌症细胞疗法，目前还有多种其他的细胞疗法策略，如 NK 细胞、新型 T 细胞技术等。

（高天晓　李志铭）

第十二章

抗肿瘤治疗的药物微生态组学

为了维持宿主的正常生理功能，微生物群与宿主之间会建立一种平衡，这一平衡状态被称为生态平衡。这一平衡一旦被打破，同时会引起微生物群的生态发生改变，这与包括肿瘤在内的许多疾病均有关系。值得注意的是，肠道菌群失调不仅与肿瘤的发生发展有关，同时也会影响抗肿瘤治疗疗效，这一作用主要与肠道微生物对药物和外来物质的代谢能力以及调节宿主炎症和免疫应答的能力相关。抗肿瘤药物在杀伤肿瘤细胞的同时对正常细胞也会有毒性，也就是抗肿瘤药物的副作用，有一些副作用甚至是危及生命的。为了增加患者的耐受性，通常会减少药物剂量或调整药物治疗方案。抗肿瘤药物的另一个主要挑战是耐药，这也是大部分人类肿瘤化疗方案失败的主要原因。抗肿瘤药物耐药原因一部分可能与宿主的遗传因素相关，但仍有其他因素涉及其中。近年来，我们更致力于研发对肿瘤细胞有特异性杀伤作用而对正常细胞毒性更小的药物。在这种情况下，免疫治疗应运而生，它与传统抗肿瘤药物不同，免疫治疗药物作用于免疫细胞而不是肿瘤细胞，通过刺激患者的免疫反应来发挥抗肿瘤作用。在化疗及免疫治疗过程中，肠道微生物主要通过提高药效、减弱或消除药效、调节毒性三个方面直接或间接的影响药物的抗肿瘤作用，相反抗肿瘤药物及肿瘤本身也会影响肠道微生物群。

近年来，肠道微生物群与抗肿瘤药物之间的相互作用越来越受关注，同时，通过塑造肠道微生物群从而增强抗肿瘤疗效并降低药物不良反应的干预措施也在逐步建设当中。有人提出，在抗肿瘤治疗的同时加用益生菌、益生元、合生元、益生素或抗生素以平衡肠道微生态，从而增加疗效。益生菌被定义为对宿主有益的活性微生物，研究最多的是乳酸菌和双歧杆菌；益生元系指一些不被宿主消化吸收却能够选择性地促进体内益生菌的代谢和增殖，从而改善宿主健康的有机物质（主要是纤维）。益生菌和益生元的应用可以重建被抗肿瘤药物抑制的肠道微生态环境。益生菌和益生元合在一起组成所谓的合生元，在合生元配方中，益生元可以选择性的有益于益生菌的生长繁殖，并与益生菌一起发挥协同作用。使用微生物代谢物，即具有生物活性的非微生物产品或代谢物，也可以产生与使用益生菌相似的作用。微生物代谢物，如一些短链脂肪酸-丁酸酯、醋酸盐和丙酸盐，可以为宿主提供类似益生菌的作用。另一种消灭或抑制宿主不需要的微生物的方法是使用选择性的抗生素，这些选择性抗生素可以抑制对患者健康有害的微生物的过度生长。更好的阐明化疗、免疫治疗和肠道微生态之间的关系可能会进一步发现新的抗肿瘤治疗靶点和治疗方法，从而进一步改善肿瘤患者的临床管理。

第一节　化疗药物与微生态

如图 12-1 所示，肠道微生物群和肿瘤内细菌均可以调节化疗药物疗效及毒性。有证据显示，细菌可以存在于肿瘤组织中，同时可以调节化疗药物疗效。已在多种肿瘤组织中检测到了支原体感染，尤其是猪支原体。众所周知，这些微生物会表达核苷类似分解代谢酶，这些代谢酶会进一步影响药物疗效。研究显示，给小鼠皮下注射猪支原体感染的结肠癌细胞后，这些小鼠会表现出对吉西他滨耐药，这是由于吉西他滨（2′，2′-二氟脱氧胞苷）在猪支原体作用下会脱胺成其非活性代谢物 2′，2′-二氟脱氧尿苷。除支原体外的其他许多微生物，主要是 γ-变形菌，均表现出对吉西他滨耐药，这一耐药性可能由于这些微生物表达胞苷脱氨酶的一种细菌长型酶。值得注意的是，在结肠癌小鼠模型中，由于肿瘤内 γ-变形菌感染引起的吉西他滨耐药，可通过联合使用抗生素环丙沙星而得到逆转，这一结果更能说明微生物可以影响化疗药物疗效。体外研究结果显示，微生物可能通过对药物分子进行酶促生物转化和化学修饰，从而影响化疗药物疗效，包括降低某些药物活性或提高其他药物疗效。这一研究同时显示，体内实验中，大肠埃希菌可以降低吉西他滨的疗效，表现为肿瘤体积的增大及生存期缩短；同时，大肠埃希菌的氮还原酶可激活 CB 1954（一种抗肿瘤前体药物）的活性，从而进一步增加这一前体药物的细胞毒性。

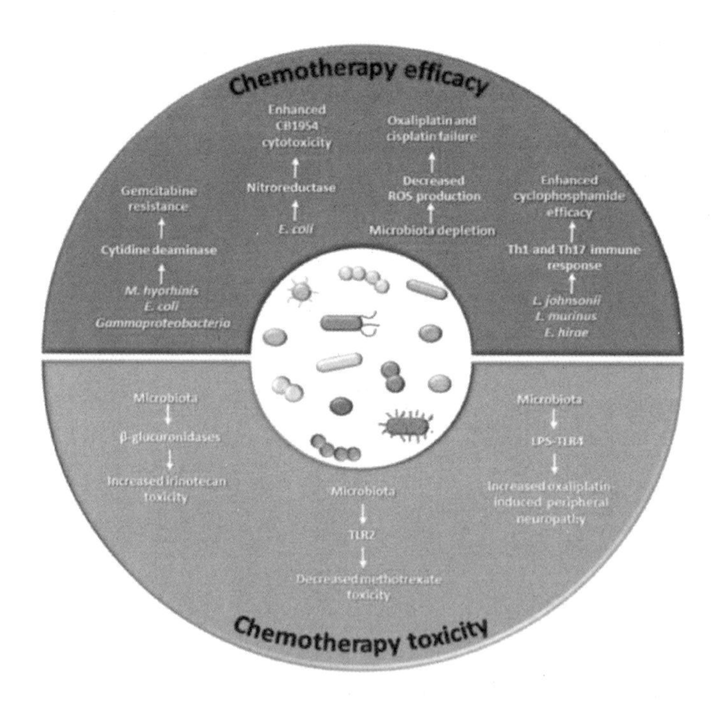

图 12-1　微生物对化疗药物疗效及毒性的影响

微生物群同样会参与铂类药物的抗肿瘤过程，微生物对铂类药物的影响一方面依赖于铂类-DNA 加合物的形成，这一加合物可以干扰 DNA 复制、刺激活性氧产生及促进氧化

损伤，另一方面依赖于宿主产生免疫反应的能力。一项实验对淋巴瘤小鼠模型采用奥沙利铂治疗的同时，给予多种抗生素药物，结果显示小鼠肿瘤消退及生存率明显降低。在对结肠癌及淋巴瘤无菌小鼠模型上应用顺铂及抗生素治疗后也出现了同样的结果，这一治疗失败的原因可能主要是因为微生物介导的活性氧产生减少。在肺癌小鼠模型上显示出了相似的实验结果，与单药顺铂治疗相比，在肺癌小鼠模型上应用顺铂及抗生素治疗后，肿瘤明显增大。相反的，在应用顺铂治疗的同时对小鼠注射乳酸菌则显示出较好的抗肿瘤疗效。这一结果与肿瘤中 *VEGFA*、*BAX* 和 *CDKN1B* 基因的表达调控及微生物增强 T 细胞免疫相关。

化疗药物环磷酰胺的抗肿瘤作用同样也要依赖于抗肿瘤免疫刺激，该药物的临床应用目前正处于化疗及免疫治疗的交叉点。有研究结果显示在小鼠模型上应用环磷酰胺后可引起一组革兰阳性菌（乳酸菌、鼠乳杆菌、海氏肠球菌）转位进入肠系膜淋巴结及脾脏中，在肠系膜淋巴结及脾脏中，这些微生物可以刺激 Th1 及 Th17 的免疫表达。在无菌小鼠或无菌动物的移植瘤模型上应用抗生素杀灭革兰阳性菌后会引起抗肿瘤治疗耐药。在随后的一项研究中，对经抗生素治疗后的小鼠移植瘤模型喂以海氏肠球菌后，可恢复对环磷酰胺的敏感性。

微生物群不仅可以影响化疗药物的疗效，也可以影响药物的毒性和副作用。这一相互作用最具代表性的就是伊立替康，这一药物主要用于进展期结直肠癌的治疗，伊立替康在羧酸酯酶作用下去除一个哌啶基后转化成具有活性的 SN-38，随后经肝脏葡萄糖醛酸转化为不具活性的 SN-38G，并通过胆汁排泄而被清除。SN-38G 进入肠道后，肠道细菌的β-葡萄糖苷酸酶就会将 SN-38G 重新转化为 SN-38，从而恢复药物活性，这也是伊立替康引起严重肠道反应的主要原因。有研究显示与单独应用伊立替康相比，联合应用伊立替康和选择性的微生物 β-葡萄糖苷酸酶抑制剂可以预防动物移植瘤模型出现肠道损伤或腹泻。基于 SN-38G 被转化为 SN38 的机制，收集了 20 例应用伊立替康健康受试者的粪便样本，将它们分为高代谢组和低代谢组，结果显示，高代谢组粪便样本中微生物的 β-葡萄糖醛酸酶的含量显著高于低代谢组。此外，在伊立替康治疗的大鼠中，发现了粪便微生物群变化与药物诱导的胃肠道毒性之间的相关性：肠道微生物群多样性的减少、梭杆菌和变形菌数量的增加与肠道炎症明显相关。

和伊立替康一样，氨甲喋呤引起的胃肠道不良反应也可能与微生物群相关，但肠道微生物在氨甲喋呤引起的胃肠道不良反应中可能起到的是积极作用。研究显示在 TLR2 基因敲除或经抗生素治疗的小鼠中，应用伊立替康会出现更加严重的肠道黏膜炎症。在髓细胞中，TLR2 可以增加多药耐药泵（药物外排）ABCB1/MDR1 的活性及表达，这说明药物外排是降低药物引起的炎症及毒性的主要机制。

随后，更多的研究进一步证实了微生物与化疗药物毒副作用之间的相互关系。Shen 等人的研究结果证实，肠道微生物群参与了奥沙利铂引起的周围神经毒性：应用抗生素暂时杀灭小鼠体内的肠道微生物可以减轻奥沙利铂引起的疼痛。在无菌小鼠的实验中也得到了相似的结果，但当小鼠的肠道微生物群恢复后，药物引起的这一毒性也随之而来。虽然这一现象的确切机制尚不清楚，但微生物巨噬细胞上 LPR-TLR4 之间的相互关系可能是痛觉过敏的决定因素。

第二节 免疫治疗与微生态

正常机体的免疫系统会识别、消除肿瘤细胞，肿瘤细胞在发生发展过程中的关键步骤是发生免疫逃逸，从而逃脱机体的免疫系统。免疫治疗是通过加强机体免疫系统的功能，从而杀伤肿瘤细胞。由于微生态群可以调节炎症反应及免疫系统，因此微生态群的变化可能会影响免疫治疗的疗效（图 12-2）。

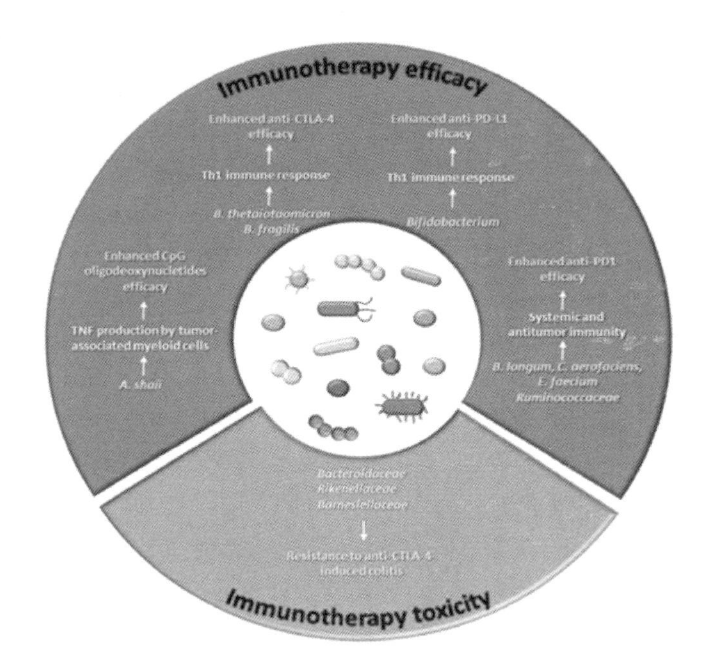

图 12-2 微生物对免疫治疗疗效及毒性的影响

CpG 寡核苷酸是一种含有非甲基 CG 二核苷酸和模拟细菌 DNA 的人工合成分子，在多种肿瘤中显示出强大的免疫刺激特性和抗肿瘤活性。研究显示携带 EL4 淋巴瘤、MC38 结肠癌和 B16 黑色素瘤的小鼠在瘤内注射 CpG 寡核苷酸和抗白细胞介素-10 受体的抗体后，这一联合治疗可以延缓肿瘤生长并延长生存期，这主要与肿瘤相关骨髓细胞产生肿瘤坏死因子（TNF）和激活细胞毒性 CD8 T 细胞有关。而在经抗生素治疗后的小鼠及无菌小鼠身上，这一治疗的疗效被降低。进一步的研究显示，*alistipesshaii* 就是一种与肿瘤相关、可促进髓系细胞产生 TNF 的细菌。给经过抗生素治疗的小鼠口服这一细菌可使小鼠再次产生 TNF。

另一种肿瘤免疫治疗的策略是阻断免疫检查点，如细胞毒性 T 淋巴细胞相关抗原 4（CTLA-4）和程序性死亡 1（PD-1），它们是 T 细胞增殖和功能的负调控因子。CTLA-4 又称 CD152，它是一种 T 细胞表面受体，一旦与抗原提呈细胞上表达的配体（CD80 或 CD86）结合而激活，就会在早期激活的 T 细胞中触发抑制信号。伊匹木单抗是一种作用于CTLA-4的单克隆抗体，目前被批准用于晚期黑色素瘤，其疗效就与肠道微生物群相关。在MCA205肉瘤、Ret黑色素瘤和MC38结肠癌的小鼠模型研究中，无菌动物或经广谱抗生素治疗后的动物模型经伊匹木单抗治疗后无效。多形拟杆菌和脆弱类杆菌通过诱导Th1免疫应答，被认为是与CTLA-4阻断及伊匹木单抗治疗疗效相关的重要原因。除了介导伊匹木单抗抗肿瘤作用外，肠道微生物群也被认为与伊匹木单抗介导的结肠炎相关。对接受抗CTLA-4治疗的黑色素瘤患者粪便微生物群进行分析，结果显示，发生结肠炎的受试者和未出现结肠炎的受试者之间存在差异：在未出现该不良反应的受试者的肠道微生物群中，拟杆菌门细菌，尤其是拟杆菌科、地芥科和巴氏杆菌科的细菌更多见。此外，由于在多胺转运和维生素B生物合成过程中缺乏细菌遗传途径，这可能与伊匹木单抗诱发结肠炎的风险增加有关。近期有研究显示，给患有结肠炎的小鼠同时注射万古霉素及抗CTLA-4治疗，其肠道炎症的表现更为严重，而给予双歧杆菌治疗后则可缓解肠道炎症症状。

另一种抑制T细胞反应的免疫检查点，即程序性细胞死亡蛋白1（PD-1）及其配体（PD-L1），他们在后期阶段干预免疫应答。PD-1表达于活化T细胞表面，而PD-L1表达于肿瘤细胞及抗原表面，二者一旦结合就会导致T细胞失活。已有多种抗PD-1及PD-L1的单克隆抗体在临床中用于多种肿瘤的治疗。研究显示在拥有不同微生物群的两组基因相似的黑色素瘤小鼠模型中，肿瘤的生长及对免疫治疗的反应均不相同，也就是说，肠道微生物群可以影响抗PD-1治疗疗效。研究显示，双歧杆菌与T细胞反应密切相关，同时应用双歧杆菌及抗PD-L1抗体可以有效抑制肿瘤生长。近期有3项研究均显示，肠道微生物群可以影响抗PD-1单抗的免疫治疗疗效，在黑色素瘤中双歧杆菌、产气柯林斯菌和粪肠球菌与抗PD-1疗效密切相关。同时，还有研究显示，在黑色素瘤种，与对免疫治疗无应答的患者相比，对免疫治疗反应较好的患者体内的微生物多样性更丰富，瘤胃菌科的水平更高，抗肿瘤免疫应答更强。将对免疫治疗有应答患者的粪便移植（FMT）于无菌动物模型后，这些动物会再次对免疫治疗产生反应。有研究分析了非小细胞肺癌及肾细胞癌患者的微生物群，结果显示，粪便中艾克曼菌的水平与抗PD-1疗效直接相关。将对免疫治疗无应答的患者粪便移植于无菌小鼠或经抗生素治疗后的小鼠模型后，再给这些小鼠口服艾克曼菌，这些小鼠会再次对免疫治疗恢复应答。近期的三项研究均报道了不同种类的微生物群与同一免疫检查点的阻断治疗均有一定的关联，这种差异可以解释为不同的肿瘤类型、不同患者群体的遗传背景以及微生物群组成的种群间变异性。而且，不同的研究所采用的检测方法也不相同（16S测序、全基因组测序等），不同的生物信息学和生物统计分析工具均会造成各研究之间结论的差异。

第三节　化疗重塑微生物群

病理性疾病状态及外科手术会引起机体微生态失调，而化疗则会进一步加剧这一失调状态，甚至引起一些相关的副作用。在二代测序（NGS）技术问世前，已有研究报道肠道菌群与化疗之间存在相互关系。2003年，一项基于培养方法的研究证实，氟尿嘧啶（5-

FU）会对大鼠口腔及胃肠道微生物群的组成和定植产生影响。例如，在应用5-FU后，会使肠道菌群中的革兰阴性厌氧菌数量增加，并向肠系膜淋巴结转移。后续又有研究应用培养的方法检测了在使用5-FU后胃肠道不同部位微生物群的组成变化，采用qRT-PCR的方法分析粪便中微生物群数量，结果显示，梭状芽孢杆菌、葡萄球菌和大肠杆菌数量增加，而乳酸菌属和拟杆菌的数量却有所减少。

2009年，应用聚合酶链反应/变性梯度凝胶电泳和荧光原位杂交技术对急性髓系白血病患儿肠道菌群的影响进行了研究，结果显示在化疗过程中，患者粪便中的细菌数量比健康对照组低100倍，同时也随之肠道菌群多样性降低。在治疗期间，拟杆菌属、梭状芽孢杆菌簇XIVa、粪杆菌及双歧杆菌（肠道厌氧菌中的优势菌）的数量比健康对照组减少了3 000～6 000倍；患者粪便样本中致病性肠球菌的数量显著增加，而链球菌的数量则减少。该试验还在体外研究中分析了化疗对细菌生长的直接影响，结果显示，依托泊苷和柔红霉素可以抑制梭状芽孢杆菌、链球菌、双歧杆菌和嗜酸乳杆菌的生长，但不会抑制肠球菌或大肠杆菌的生长。综上所述，化疗可以选择性杀灭共生厌氧菌，同时不影响潜在致病微生物的生长。

和5-FU相似，环磷酰胺（CTX）也可以影响胃肠道微生物群的组成和定植。研究发现在暴露于CTX的小鼠黏膜中，厚壁菌门、乳酸菌及肠球菌的数量减少。此外，CTX可以显著引起一些革兰阳性菌转移到肠系膜淋巴结和脾脏，这可能是由于CTX会引起肠道黏膜通透性的增加。还有研究结果也进一步证实，CTX会增加肠道黏膜的通透性，进而使一线潜在治病微生物，如大肠杆菌、假单胞菌、肠杆菌科和肠球菌等的数量增加。在随后的一项研究中，报道了经CTX治疗后小鼠与对照组小鼠粪便微生物之间的差异。结果显示，在细菌门类水平上，与对照组相比，实验组小鼠的硬壁菌/拟杆菌比率从0.50增加到0.90，类杆菌显著减少，放线菌显著增加，疣微菌则消失。在细菌冈水平上，经CTX处理后会使拟杆菌冈及α-变形菌数量增加，而芽孢杆菌纲、梭菌冈、红蝽菌冈和柔膜细菌数量减少。在家系水平上，毛螺旋菌科、红蝽菌科、乳酸菌科及葡萄球菌科更多见，普雷沃氏菌科、拟杆菌门。

S24-7菌科、产碱杆菌科和红色无硫菌科较少见，而链球菌科则消失不见。在结肠癌大鼠模型中，伊立替康增加了梭状芽孢杆菌XI和肠杆菌科细菌的丰度，这些细菌通常在健康人和啮齿动物中数量较少，同时会引起腹泻发生。近期一项研究分析了吉西他滨对胰腺癌小鼠移植瘤模型的微生物群所产生的影响。在接受吉西他滨治疗的小鼠肠道中，厚壁菌和类杆菌的数量较少，其细菌分布向另外两个门转移，即变形菌门（主要是大肠杆菌）和疣微菌门（主要是黏杆菌），这两个门通常是肠道微生物群的次要寄居者。在次级分类学水平上，吉西他滨治疗组小鼠中，类杆菌目的细菌大约减少了一半。同样的，化疗会使毛螺菌科和瘤胃球菌科的数量减少。此外，在物种水平上，吉西他滨会使嗜黏杆菌和大肠杆菌数量显著增加，而嗜酸性芽孢杆菌数量则减少。综上所述，吉西他滨治疗所引起的微生物群组成的变化也提示了化疗可能会引起促炎细菌的选择。

以上研究结论均与化疗会破坏肠道微生物稳态的假设一致（表12-1），化疗纵容致病菌的过度生长，通过加剧或延续化疗引起的肠道损伤，从而进一步导致不良事件的发生。

表 12-1　化疗对肠道菌群分布的影响

化疗	微生物群变化	参考文献
5-FU	G^- 厌氧菌增加 向肠系膜淋巴结移位	41
	梭菌、葡萄球菌、大肠杆菌增加 乳酸杆菌、拟杆菌减少	42
C1-2：高剂量阿糖胞苷＋柔红霉素＋依托泊苷； C3：安吖啶＋高剂量阿糖胞苷＋依托泊苷； C4：米托蒽醌＋高剂量阿糖胞苷	肠道菌群数量及多样性下降 拟杆菌属、梭菌 XIVa 亚群、普氏栖粪杆菌、双歧杆菌减少 致病性肠球菌增加 链球菌减少	43
环磷酰胺	梭菌 XIVa 亚群、罗斯氏菌属、毛螺菌属、粪球菌属、乳杆菌、肠球菌减少 革兰阳性菌向肠系膜淋巴结和脾脏的易位增加	21
	大肠杆菌、假单胞菌、肠球菌增加 厚壁菌门/拟杆菌门比例升高	44
	放线菌、拟杆菌冈、α-变形菌、毛螺旋菌、红蝽杆菌、乳酸杆菌、葡萄球菌增加 拟杆菌门、芽孢杆菌属、梭菌冈、红蝽菌冈、柔膜细菌目、普雷沃氏菌科、S24-7、产碱杆菌科、红螺菌科减少 疣微菌门、链球菌消失	45
伊立替康	梭菌 XI（包括艰难梭菌）、肠杆菌增加	46
高剂量卡莫司汀、依托泊苷、阿糖胞苷、美法仑	变形菌门增加 厚壁菌门、放线菌门减少	47
吉西他滨	变形菌门、疣微菌门、艾克曼菌、肠杆菌、艰难梭菌增加 厚壁菌门、拟杆菌门、拟杆菌目、毛螺旋菌科、瘤胃球菌科、产酸拟杆菌、动物乳杆菌减少	48

第四节　免疫治疗重塑微生物

与化疗相比，目前缺乏免疫治疗调节肠道微生物群的证据。的研究显示伊匹木单抗的抗 CTLA-4 治疗可以改变人类和小鼠的肠道微生物组成。在接受该治疗的小鼠粪便中，类杆菌和伯克霍尔德菌数量减少，而梭状芽孢杆菌的数量增多。在转移性黑色素瘤患者中，微生物群分布图显示，三个主要的微生物群由普雷沃特菌和别普氏菌（A组）以及不同种类的拟杆菌（B组和C组）组成。经过伊匹木单抗治疗后，患者的肠道微生物群由B组转变成C组，这表明抗CTLA-4治疗有利于选择类杆菌生长。

第五节　调控肠道菌群以提高抗肿瘤治疗疗效

众所周知，肠道微生物群的组成受多种因素影响，包括饮食、生活方式以及外周环境。前面所列举的研究均是有关抗肿瘤治疗后肠道微生物群所发生的改变，因此，调控微生物群越来越被认为改善抗肿瘤治疗疗效的有力工具（图12-3）。

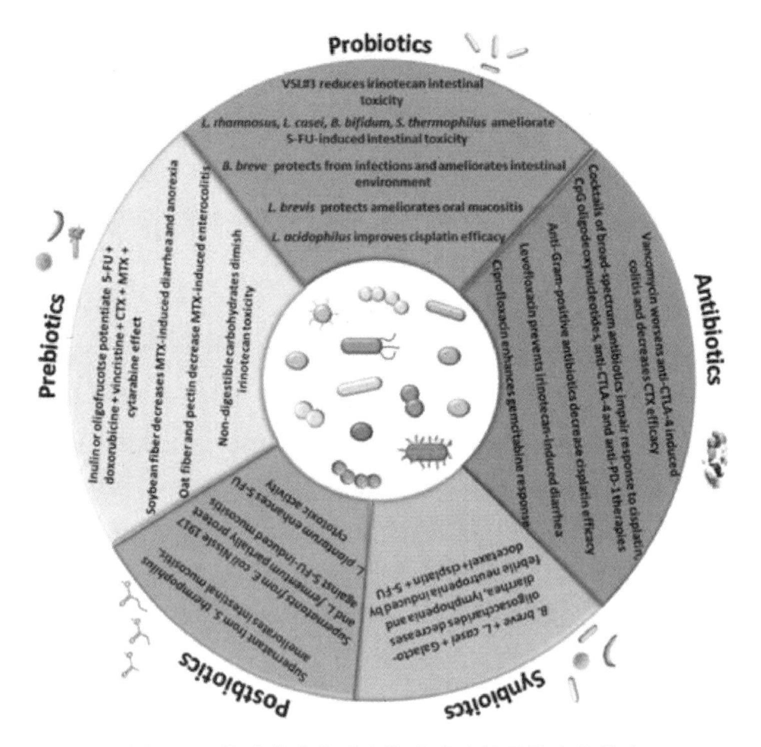

图12-3　调节微生物群和抗癌治疗结果的生物策略

一、益生菌

根据粮农组织和世卫组织的定义，益生菌是指一类在摄入适当数量后会对宿主机体产生益处的活体微生物。益生菌多为产乳酸菌，尤其是乳酸杆菌属和双歧杆菌属。其他菌属，如链球菌、芽孢杆菌和肠球菌也可被当作益生菌使用，但由于这些属的某些菌株具有潜在致病性，因此在安全性方面需引起注意。此外，酵母菌也可被视为益生菌应用。

益生菌发挥有益作用的机制如下：与肠道细胞的相互作用，维持肠道屏障，产生某些抗菌因子（如H_2O_2、细菌素、防御素、短链脂肪酸），这些抗菌因子可以抑制病原体生长、与潜在有害微生物争夺黏附力和营养、降解毒素、调节结肠内酶活性及激活免疫反应。

虽然有大量文献涉及益生菌在预防包括癌症在内的多种疾病中的应用，但其在支持治疗方面的应用仍缺乏明确证据。已有一些研究分析了益生菌改善化疗毒副反应的潜能。两项小规模的临床研究，将粪肠球菌 M-74 应用于接受化疗的睾丸癌或白血病患者，但未观察到粪肠球菌 M-74 对药物引起的中性粒细胞减少的预防作用。同样的，将发酵乳杆菌 BR11、鼠李糖乳杆菌 GG 及乳酸双歧杆菌 BB12 单独应用于接受 5-FU 治疗的大鼠，并未对化疗引起的肠黏膜炎症起到预防作用。然而，这些研究并不能否定益生菌作为化疗的辅助治疗的效用，因为其辅助治疗作用可能同时与细菌菌株及其组合、剂量和给药持续时间相关，这可能也是解释以上研究结果不理想的原因。实际应用中，有大量报告证实了益生菌在化疗中的辅助治疗作用。益生菌混合（包含嗜热链球菌、短双歧杆菌、长双歧杆菌、婴儿双歧杆菌、嗜酸乳酸杆菌、植物乳杆菌、副干酪乳杆菌和保加利亚乳杆菌）被证实对伊立替康引起的大鼠体重下降和腹泻有明显的缓解作用应用 5-FU 治疗的结肠癌患者在辅助应用鼠李糖乳杆菌 GG 后腹泻也有缓解。与上述结论相同，干乳酪杆菌、两歧双歧杆菌和嗜热链球菌可以缓解接受 5-FU 治疗大鼠的肠炎。在受不同儿童肿瘤影响和化疗免疫功能低下的患者中，短双歧杆菌具有预防感染和改善肠道环境的作用，这些益生菌可以将机体的有机酸浓度长时间维持在正常水平，剩余的小部分时间将 pH 值保持在 7. 0 以下。益生菌也被证实可以缓解除肠道症状外的其他化疗引起的毒副作用：在头颈部肿瘤患者及造血干细胞移植患者中，短乳杆菌 CD2 被证实可以显著改善化疗引起的口腔黏膜炎症。

以上研究结果均表明，益生菌可以明显改善化疗引起的毒副作用，从而进一步提高患者的生活质量。益生菌在降低化疗毒副作用的同时，避免了降低药物剂量所致的疗效降低。

也有研究结果显示，益生菌的辅助应用可以提高抗肿瘤治疗疗效。有研究显示，与单纯应用顺铂相比，联合应用嗜乳酸杆菌可以使 Lewis 肺癌异种移植小鼠的肿瘤体积进一步缩小。艾克曼菌可以提高抗 PD-1 治疗对经抗生素治疗小鼠的疗效，双歧杆菌可以显著提高抗 PD-L1 治疗对黑色素瘤小鼠的疗效。

二、益生元

如上所述，饮食对肠道微生物群的组成有显著的影响。益生元被定义为一些不被宿主消化吸收却能够选择性地促进体内有益菌的代谢、增殖以及活性，从而改善宿主健康的有机物质。益生菌主要以纤维为代表，也就是指碳水化合物，它们经消化进入大肠，并由共生细菌发酵。这些益生元经发酵后可产生短链脂肪酸（SCFA），从而降低肠道 pH 值，进而有益于包括乳酸杆菌及双歧杆菌在内的肠道益生菌生长。抗性淀粉（RS）是目前研究最多的益生元之一，它可以促进能产生丁酸盐的益生菌生长。这些能产生丁酸盐的益生菌具有抗癌和抗炎症反应的作用。研究表明，RS 可延缓胰腺癌移植小鼠的肿瘤生长，并形成有利于抗炎微生物和减少促炎微生物的微生物群。

目前，大多数文献报道了益生元对癌症的预防作用，但仍有一些文献报道了益生元对化疗的辅助支持作用，包括疗效及缓解毒副作用。有研究分析了菊粉和寡聚果糖对经 6 种亚治疗剂量化疗药物（5-FU、多柔比星、长春瑞滨、环磷酰胺、氨甲喋呤、阿糖胞苷）处理的肝癌移植瘤小鼠肿瘤生长的影响，结果显示，菊粉和寡聚果糖可提高这些化疗药物的疗效，减缓肿瘤生长。近期，一种菊粉与多柔比星的结合化合物应运而生，并在体外研究中分析了其对结肠癌细胞的疗效，结果显示，与多柔比星单药相比，其在较低剂量下即显示出了相同的细胞毒性。

不同的文献分析了益生元对氨甲喋呤（MTX）毒副作用的影响，结果如下：大豆纤维可以减轻腹泻和厌食症状，燕麦纤维和果胶可以减轻 MTX 相关性肠炎的严重程度。另有研究结果显示，对结肠癌小鼠喂食富含不易消化的碳水化合物（异麦芽油-低聚果糖、抗性淀粉、低聚果糖或菊粉）可以明显缓解伊立替康的相关毒性，虽然并未观察到这一结果与特定细菌类群的相关性，但可能与丁酸盐产量增加有关。

三、合生元

合生元是益生菌和益生元的混合制剂，它既可发挥益生菌的生理活性，又能选择性地增加益生菌数量，使其作用更加显著和持久。在合生元制剂中，益生元应选择可选择性促进益生菌生长及活性的制剂。迄今为止，有关合生元对抗肿瘤治疗的研究较少。有研究在动物模型上分析了益生菌——发酵乳杆菌 BR11 与益生元——低聚果糖的混合制剂对 5-FU 所致肠道黏膜炎的影响，与单独益生菌相比，该合生元并未使肠道炎症有更加明显的缓解。然而，有研究显示，食管癌新辅助化疗患者治疗期间联合应用合生元制剂获得了较好的疗效：他们将含短双歧杆菌、干酪乳杆菌和半乳糖寡糖的混合物与单独的粪链球菌益生菌（对照组）进行比较，结果显示，合生元制剂可以降低多西他赛、顺铂及 5-FU 等化疗药物引起的腹泻、淋巴细胞减少及粒细胞减少性发热。这些化疗毒副作用的改善可能归因于肠道菌群组成的改变，因为与对照组患者相比，在接受合生元制剂治疗的受试者中可以观察到有害菌数量的减少和有益菌数量的增加。

四、益生素

不仅是活的微生物本身，包括它们所产生的可溶性产物和代谢物，即所谓的后益生素，都具有对宿主有利的生物活性。益生素最典型的例子就是碳水化合物发酵产生的短链脂肪酸（SCFA）。现有的研究观察到，某些益生菌的培养上清液具有与活菌同样的生物活力，因此，在某些情况下，益生素被认为是一种可以替代微生物且更安全的选择。

在抗肿瘤治疗的背景下，目前也有一些有关益生素的相关研究。在对嗜热菌 TH-4 对 5-FU 相关黏膜炎的研究中，益生菌培养上清液显示出与活微生物相似的、可抑制肠隐窝分裂的特性。同样，大肠杆菌 Nissle 1917 和发酵菌 BR11 的上清液也被证明可以减轻 5-FU 引起的大鼠肠道黏膜炎症反应。此外，对结肠癌细胞的体外研究结果显示，植物乳杆菌的上清液可以增强 5-FU 的细胞毒活性，包括增加细胞凋亡、降低癌细胞存活率和抑制肝细胞活性。后续的一系列研究结果显示，益生素在降低化疗毒副作用的同时，也可以增加化疗药物的疗效。

五、抗生素

抗生素的摄入显然是影响微生物群组成的一个重要因素，而且，正如上述研究结果显示，抗生素可以影响抗肿瘤治疗疗效。研究结果显示，肿瘤微环境中的细菌可能导致吉西他滨耐药，这可能与这些微生物产生一种胞苷脱氨酶相关，这种胞苷脱氨酶可以使化疗药物失活。在结肠癌小鼠中，与单独应用吉西他滨相比，联合应用抗生素环丙沙星可以增加吉西他滨的抗肿瘤活性。此外，转移性结肠癌患者在应用伊立替康后，抗生素左氧氟沙星可以缓解伊立替康引起的腹泻。

也有一些研究结果显示，抗生素应用可以降低化疗及免疫治疗的抗肿瘤治疗疗效。与单纯顺铂治疗相比，联合使用万古霉素、氨苄西林和新霉素的抗生素混合物耗尽肺癌小鼠的微生物群后，会引起小鼠肿瘤负荷增加及生存率降低。在肉瘤、黑色素瘤及结肠癌小鼠模型中，联合应用氨苄西林、粘菌素和链霉素等广谱抗生素或单独应用β-内酰胺亚胺培南，可以降低抗 CTLA-4 免疫治疗的抗肿瘤疗效。万古霉素可以加重抗 CTLA-4 治疗引起的免疫性肠炎。近期的研究结果显示，抗生素会降低以 PD-1 为基础的免疫治疗疗效。事实上，在抗 PD-1 抗体治疗的 RET 黑色素瘤和 MC-205 肉瘤小鼠模型中，联合应用 14 天氨苄西林、粘菌素和链霉素混合物后会引起肿瘤体积增加及小鼠死亡率升高。此外，在应用抗 PD-1/PD-L1 治疗的非小细胞肺癌、肾细胞癌或尿路上皮癌患者中，与未使用抗生素治疗的患者相比，在首次免疫治疗前或治疗同时使用抗生素（主要是β-内酰胺类、氟喹诺酮类及大环内酯类），无进展生存期（PFS）和总生存期（OS）明显缩短。同样的，在接受抗 PD-1/PD-L1 治疗的转移性肾癌患者中，联合应用抗生素（尤其是β-内酰胺类和氟喹诺酮类）可以缩短免疫治疗的 PFS。在结肠癌和淋巴瘤小鼠模型中，联合应用万古霉素、亚胺培南和新霉素混合物后，可以降低 CpG 寡核苷酸的免疫治疗疗效，同时也可以降低吉西他滨的抗肿瘤疗效。

（李　超　张童童）

第十三章

呼吸系统肿瘤与微生态

第一节　呼吸系统肿瘤与微生态相关性

一、呼吸系统肿瘤概述

呼吸系统恶性肿瘤包括鼻咽癌、喉癌、肺癌及其他少见肺部恶性肿瘤。以下以肺癌为例进行阐述。

肺癌（lung cancer，LC）是全世界目前最常见的恶性肿瘤，其发病率和死亡率居恶性肿瘤首位。肺癌可分为小细胞肺癌（small cell lung cancer，SCLC）和非小细胞肺癌（non-small cell lung cancer，NSCLC）两大类。小细胞肺癌（SCLC）约占肺癌总数的14%；非小细胞肺癌（NSCLC）约占肺癌总数的80%，是肺癌常见的病理类型之一。目前，我国肺癌每年新发约78.1万例，死亡病例约62.6万，发病率最高，并且死亡率也排在各种不同类型恶性肿瘤之首。由于早期肺癌发病隐匿，症状缺乏特异性，多数肺癌患者就诊时已处于疾病进展期，甚至发生局部或远处转移，导致预后很差，5年生存率仅为4.17%。因此早期的诊断、治疗对改善肺癌患者的预后有重要意义。预后评测指标可帮助评估肺癌患者预后的优劣，筛选预后较差的患者，指导临床治疗。然而，现有的肺癌诊断和预后评测指标敏感性和特异性均较差，需要探寻更理想的肺癌诊断及预后评测标志物。

二、微生态概述

近年来，人体微生态菌群的临床价值得到前所未有的重视，展现出较好的临床应用前景。人和动物的身体表面和内部生存着数量和种类繁多的微生物，这些微生物绝大部分由细菌构成。人体消化道内常驻细菌的数量可达到10^{14}个，种类多达1 000余种。人体自身细胞数量仅为细菌数量的十分之一，基因总量不及细菌编码基因的百分之一。定植在人体各部位的正常菌群是经自然选择形成的微生态系统，与宿主存在共生关系。人体菌群在调节宿主的消化吸收、能量代谢、免疫及炎症等诸多方面发挥重要作用，是人体最为重要的微生态系统。

人体的健康受自身基因和肠道菌群的双重调控。许多研究显示，肠道的正常菌群在人体免疫、消化及抵御疾病等方面有着无法代替的作用。健康人体的肠道菌群存在着显著的多样性，在婴儿中尤其明显。随年龄增长，肠道菌群的类别趋于相似。肠道菌群结构改变与多种疾病，尤其是与慢性代谢性疾病密切相关。目前国内外肠道菌群与消化道肿瘤之间的研究较多，呼吸道菌群与肺部疾病研究较多。肠道菌群在一定条件下可以发生移位，引

起其他组织器官的疾病。

（一）肠道微生态

肺-肠轴指肠道和肺部微生物群通过淋巴管和血液循环通过复杂的双向轴连接，并且一个黏膜区室的改变可直接影响远处的黏膜部位。Gray J. 等报告了宿主免疫系统与肠道共生细菌之间的相互作用，肠道共生细菌的定殖提高了白介素-22 产生 ILC3s（IL-22＋ILC3）优先转移到肺中的能力，诱导 IL-22 产生和肺归巢信号 CCR4 的表达，增强了新生儿对肺炎的依赖于 IL-22 的抵抗力。健康情况下，菌群同宿主保持着相互平衡的稳定状态，常驻菌群构成的生物屏障能通过竞争生态位，防止外来病原菌的定植。当致病菌异常入侵或机会致病菌异常富集，可导致菌群结构发生紊乱。肠道内某些共生菌的异常增多，可造成硫化氢、去氧胆酸等具有促癌作用的细菌代谢产物增多，而丁酸盐、亚油酸等抑癌代谢产物减少。此外，肠道菌群失调，可促进炎性因子的表达释放、Stat3 磷酸化、NF-κB 活化以及 TLR 信号通路的激活，这些因素对宿主具有攻击性，可加快结直肠肿瘤及肝脏肿瘤的发生。肠道菌群除了引发临近的原位发生癌变，还可引发远距离器官，如乳腺癌、前列腺癌发生癌变。研究也已证实，在慢性阻塞性肺病中，伴随定植菌的增加，肺癌发生概率显著升高，肺癌的发生同机体炎症、病原菌的感染密切相关。此外，肺-肠轴紧密联系着肺脏健康和肠道功能。肠道内菌群微生态结构的改变可促进包括肺部炎性疾病在内的多种疾病发生和进展。

（二）呼吸道微生态

人体的呼吸道与外界相通，是微生物的栖息地。呼吸道微生态菌群作为人体最复杂的微生物群落之一，与人体免疫、炎症系统具有复杂的交互作用。呼吸道菌群可在口腔及气管、支气管、肺组织产生持续的慢性炎症，部分菌株还可进入血液循环，导致全身系统性炎症。呼吸道细菌的生存和生长依赖于呼吸道环境，而呼吸道环境又受痰液成分和吸烟等肺癌高危因素的影响。唾液中的细菌大部分来自口腔，部分来源于上呼吸道和食道。国内外对于口腔唾液中的生物标志物的研究较多，口腔细菌与肿瘤发生的关系逐渐得到认可。Hilty 等研究人员发现肺内存在着多种微生物群落。Charlson 等研究人员详细描述了呼吸道在垂直层面的微生态分布特点，发现机体上、下呼吸道的菌群多样性基本一致，且存在高度的同源性，但上呼吸道的菌群数目比下呼吸道多。Blainey 等证明，健康人的呼吸道主要存在五大菌门，即拟杆菌门、放线菌门、变形菌门、厚壁菌门和梭杆菌门。这五大菌门占的比例也不相同。有研究发现，肺囊性纤维化的主要致病菌为流感嗜血杆菌、铜绿假单胞菌和金黄葡萄球菌等，嗜麦芽窄食单胞菌、伯克霍尔德菌和木糖氧化无色杆菌在该病的老年患者中也有发现。Huang 等发现变形菌门在慢性阻塞性肺疾病患者呼吸道中占优势。研究发现哮喘患者呼吸道内杆菌类比正常人显著增多，且以流感嗜血杆菌、肺炎链球菌、卡塔莫拉菌多见。

肺部炎性疾病往往也伴随着肠道、呼吸道微生态结构的改变，在疾病状态下，肠道、呼吸道微生态结构的失衡对肺部免疫产生巨大影响，在肺癌的形成中发挥一定作用。Hosgood 等研究报道指出，肺癌患者的唾液及痰液样本中，颗粒链菌属、营养缺陷菌属及链球菌属丰度较健康对照组显著增加。此外，研究也指出，在肺癌患者支气管肺泡灌洗液中，厚壁菌门、韦荣球菌属和巨球菌属的相对丰度显著增加。值得注意的是，在COPD和肺癌病例中，我们均发现门水平TM7（tumor marker7，TM7）的增加，这表明TM7可能在COPD向肺癌转化的过程中发挥重要潜在作用。Yan等研究也表明，与健康对照组相比，肺腺癌和鳞状细胞癌患者呼吸道微生态系统中的奈瑟菌属、韦荣球菌属、月形单胞菌属及嗜二氧化碳噬细胞菌属丰度发生显著改变，联合检测嗜二氧化碳噬细胞菌属和韦荣球菌属在肺癌的筛查中发挥重要意义。

第二节　微生态在呼吸系统肿瘤发生中的机制

肠道中平衡的微生物群落对免疫功能和健康至关重要。肠道菌群已被证明可通过肠道菌群与肺之间的重要联系来影响肺部免疫。

一、菌群失调

肠道菌群的多样性的减少可导致肠道稳态失调，造成肠屏障受损。肺-肠轴允许内毒素，微生物代谢产物，细胞因子和激素通过血流，将肠道微环境与肺部联系起来。值得注意的是，肺-肠轴是双向的，当肺中发生炎症时，肺-肠轴可以诱导血液和肠微生物群的变化，并导致机体处于慢性促炎症状态。同时，这种机体稳态的失衡导致免疫系统清除受损和衰老细胞的能力下降。由于免疫系统能力的下降，对衰老和休眠肿瘤细胞的识别、清除能力受到影响。然后炎症状态进一步得到促进，进而形成致癌作用，处于休眠期的肿瘤细胞通过积累突变使其从休眠状态被唤醒，进而导致癌症的发生和发展。

二、GPCR途径、VEGF信号通路上调

肺癌患者中G蛋白偶联受体（GPCR）途径、血管内皮生长因子（VEGF）信号通路上调。

G蛋白偶联受体（GPCR）属于细胞表面信号蛋白的超家族，在生理功能和多种疾病中起关键作用，其中包括对癌症和癌症转移进展的影响。目前，在研究通过阻断致瘤信号为机制的肿瘤靶向药物时发现，GPCR可能是其极佳选择。与生长因子受体类似，GPCR信号传导与促进癌症进展的多种传导途径之间存在联系，可通过使用抑制剂靶向作用于相互联系的通路来提供新的癌症治疗方法。

VEGF被确定为肿瘤血管生成的主要调节因子。由于通过抑制VEGF抑制肿瘤生长，VEGF信号传导的抑制也是治疗人类癌症的理想选择。

三、PPAR信号通路、p53信号通路、RAS和酪氨酸代谢途径下调

肺癌患者过氧化物酶体增殖物激活受体（PPAR）信号通路、p53信号通路、细胞凋亡、肾素-血管紧张素系统（RAS）和酪氨酸代谢途径则下调。

PPAR Y属于PPAR家族，可抑制癌症的发生。作为肿瘤抑制因子，p53经常在多种

癌症中失活。p53的激活可以激活或抑制下游靶基因，进而调节细胞周期停滞、细胞凋亡、DNA修复、血管生成和转移以抑制癌细胞的生长。细胞总数是有丝分裂和细胞凋亡之间的平衡，细胞凋亡受到影响导致这种微妙平衡的破坏进而引发癌症。

RAS系统在癌症生物学中起着至关重要的作用。RAS的过表达可以通过重塑肿瘤微环境来促进肿瘤的生长和转移。大量证据表明，AnglI/ATlR信号传导在实体肿瘤中促进VEGF介导的血管生成，并且包括血管紧张素受体阻滞剂（ARBs）在内的肾素-血管紧张素系统抑制剂（RASi）可能会增强抗VEGF治疗的效果。此外，使用RASi可以减少免疫治疗的副作用并通过增加向肿瘤组织的药物传递来直接减弱肿瘤的生长和转移从而提高全身治疗的疗效。因此RAS可用作预测治疗功效的生物标志物，并可作为治疗癌症的新方法。研究发现RAS在健康人群中比在肺癌组中更多地上调。研究表明在健康人群中使用RASi（RAS拮抗剂），肿瘤的发病率会降低。然而，必须指出的是，在一些研究中未能发现长期使用ACE抑制剂可以降低患癌症的风险。此外，有研究表明使用ARB可导致癌症风险增加1.2%，但在实体瘤中，只有患肺癌的风险增加。

在健康人群中，酪氨酸代谢途径上调幅度大于肺癌组。据报道，酪氨酸代谢途径与肺癌有关。研究发现苯丙氨酸（PHE）、3，4-二羟基苯丙氨酸（DOPA）、4-羟基苯基乳酸（HPLA）和3，4-二羟基苯乙酸（DOPAC）与酪氨酸代谢有关。肺癌和PHE、DOPA、HPLA、DOPAC水平升高与肿瘤呈正相关。

第三节　微生物在呼吸系统肿瘤发生、发展中的作用

与健康人群相比，已发现肺癌组中有几个菌种显著富集。其中栖粪杆菌属和瘤胃球菌科仅在肺癌患者的血液样本富集。而毛螺菌科、肠杆菌科和梭菌目在肺癌组的血液样本和粪便样本中均显著富集。

一、小细胞肺癌

SCLC患者肠道中嗜木聚糖真杆菌、挑剔真杆菌、梭菌属较健康人多，普氏菌、瘤胃假丁酸弧菌、布劳特氏菌在健康人肠道中较多。挑剔真杆菌属于厚壁菌门，厚壁菌门能够降解机体自身无法降解的多糖并为机体提供能量。挑剔真杆菌是人体肠道用于降解果胶的细菌。研究发现机体肠道中嗜木聚糖真杆菌、挑剔真杆菌的增多与SCLC的发生可能存在相互促进的关系。梭菌属是一群专性厌氧，革兰阳性的粗大杆菌，属于致病性细菌。TANNOCK等研究人员发现梭杆菌、拟杆菌及梭菌属在肠道内数量增多有致癌的作用，这三类细菌通过其自身产生的辅致癌物质、致癌物质或前致癌物质引起癌症。国内研究发现癌症患者肠道中拟杆菌、梭杆菌和梭菌属的数目较健康对照增多明显，提示肠道菌群在癌症的发生、发展过程中有重要作用。普氏菌为厌氧杆菌，可以发酵碳水化合物。有研究采集分析SCLC组和健康人群肠道粪便，发现两组的多样性均较高，但SCLC组的普氏菌丰富度显著降低。瘤胃假丁酸弧菌可以利用碳源产生丁酸，对人体有积极作用。丁酸是肠道内上皮细胞维持正常表型与稳定性的重要能量来源，可以抑制肿瘤的生长及激活细胞的

凋亡。张蓝方等认为肠道内嗜木聚糖真杆菌、挑剔真杆菌及梭菌属的增多，普氏菌、瘤胃假丁酸弧菌的减少与 SCLC 的发生可能存在正相关。

二、非小细胞肺癌

NSCLC 患者肠道菌群结构中梭杆菌门和拟杆菌门的相对丰度显著增加，而厚壁菌门的相对丰度显著降低。在属的水平上，NSCLC 患者中拟杆菌、韦荣球菌、梭菌属、不动杆菌细菌丰度显著增加，而克吕沃菌、大肠志贺氏杆菌、粪杆菌属、肠杆菌属、小杆菌属等细菌丰度则明显降低。在肠道细菌功能代谢的分析中，NSCLC 患者更多地富集了复制与修复、碳水化合物代谢、能量代谢、酶家族及核酸代谢等通路。而健康人群则主要富集了细胞运动、膜转运、信号转导及转录等功能通路。在肠道菌群同宿主炎症状态的相关性分析中，中性粒细胞与淋巴细胞比值（NLR）负相关于小杆菌属和瘤胃菌科的丰度；白介素-6 同瘤胃菌科、肠杆菌属、巨单胞菌属及链球菌属也存在着负相关；此外，淋巴细胞与单核细胞比值（LMR）与拟杆菌属、克吕沃菌属及白介素-1β 与拟杆菌属、不动杆菌属等也存在着显著相关关系。在 KEGG 代谢功能通路同全身炎症反应相关性指标的相关性分析中，LMR 正相关于转运蛋白和转录因子而负相关于氧化磷酸化和伴侣及折叠催化剂等功能通路。

呼吸道微生态菌群中，在门的水平上，NSCLC 患者中厚壁菌门和变形菌门相对丰度显著升高，而放线菌门和拟杆菌门相对丰度显著降低。在属的水平上，NSCLC 患者中拟杆菌属、杆菌属、纤毛菌属、劳特普罗菌、罗氏菌属、链球菌属及韦荣球菌属细菌丰度显著升高，而粪杆菌属、拟杆菌属、拟普雷沃菌属、卟啉单胞菌属及普氏菌属细菌丰度显著降低。NSCLC 患者呼吸道菌群功能代谢更多的富集了异源生物降解和代谢和氨基酸代谢，而辅助因子和维生素的合成（如叶酸）代谢通路富集显著降低。在呼吸道菌群同全身炎症反应相关性指标的相关性分析中，拟杆菌属同宿主炎症状态的关系最为密切。拟杆菌属正相关于白介素-1β，此外 NLR 同梭杆菌属及韦荣球菌属也存在着显著相关关系。在 KEGG 代谢功能通路同全身炎症反应相关性指标的相关性分析中，NSCLC 患者组中显著富集的转运相关通路负相关于血小板与淋巴细胞比值（PLR）；分泌系统正相关于单核细胞绝对值（AMC），负相关于 LMR 水平。此外参与转录和核苷酸代谢的核糖体及嘧啶代谢通路正相关于 LMR 而负相关于 AMC。

肺癌患者肠道、呼吸道菌群微生态结构与功能代谢通路均发生显著改变，并且肠道、呼吸道菌群同宿主炎性状态、免疫反应密切相关。因此，肠道、呼吸道菌群微生态结构及功能通路的改变可以作为诊断、监测宿主健康状态的潜在预测指标，并且可为肺癌临床防治提供新的靶点。

第四节　呼吸系统肿瘤化疗疗效与微生态

人体内有 10^{14} 种以上的微生物，这个数字大约是人体细胞的 10 倍，这些微生物中 90%以上生活在胃肠道中，统称为肠道菌群。人体内有多种菌群微生态，因胃肠道菌群微

生态最为丰富，以下重点叙述胃肠道菌群微生态对肿瘤化疗疗效的影响。

肠道菌群可分为三大类：有益菌、中间菌和有害菌。有益菌有乳酸杆菌和双歧杆菌等，它们能抑制有害微生物、增强免疫、促进吸收、合成维生素、降低肿瘤发生率、减少感染及缓解过敏反应。有害菌有葡萄球菌、沙门氏菌和弯曲杆菌等，这些有害菌会产生毒素、增加肿瘤的发生率、导致便秘或者腹泻及肠道功能紊乱，甚至引起感染。中间菌则包括肠杆菌、大肠杆菌和拟杆菌等。人类肠道菌群的组成取决于许多因素，如环境、家族遗传、个体、疾病和治疗相关因素。环境因素主要是指一些会影响到肠道菌群的外源因素，如分娩方式（顺产或剖宫产）、新生儿喂养方式（母乳或配方奶）、感染和抗生素的使用、家族遗传因素可以影响宿主肠道微生物群的形态。已被证明的是，抗肿瘤药物具有抗菌活性，并可能有助于化疗期间微生物群的变化。研究表明，肠道菌群通过菌群异位、免疫调节、代谢、酶降解、多样性减少等方式影响抗肿瘤疗效。越来越多的证据表明，抗癌治疗会导致微生物群和宿主免疫系统发生显著的变化，其中，宿主的免疫系统会受到微生物环境的影响，有研究证明肠道内的双歧杆菌对免疫系统的形成起着重要的作用；微生物环境也同样受到免疫系统的影响，故而肠道微生物、肠上皮细胞和宿主免疫系统之间的相互作用影响着肿瘤的发生和抗癌治疗的效果。研究表明特定细菌的酶能够改变某些化疗药物的疗效，如支原体嘧啶核苷磷酸化酶≠胞苷脱氨酶对吉西他滨治疗恶性肿瘤的疗效有负面影响。涉及宿主-微生物-药物相互作用的高通量筛选显示，某些药物的部分疗效可能是与肠道微生物对药物依赖性的改变有关，而非药物本身的直接治疗作用。

益生菌对放疗引起的消化道、呼吸道等损伤性疾病具有防御作用亦有报道。双歧杆菌、乳酸杆菌和链球菌等对放疗引起的肠道毒性具有保护作用，可降低腹泻的发病程度和概率。此外还有研究提示短乳杆菌 CD2 含片能够降低头颈部恶性肿瘤患者放疗相关性黏膜炎的发病率。由此可见，放疗与菌群微生态之间同样具有相关性。

一、化学治疗与微生态

Viaud 等对小鼠行环磷酰胺治疗后发现，小鼠肠道中的乳酸杆菌和肠球菌丰度均有降低，同时环磷酰胺还可促使约氏乳杆菌、鼠乳杆菌和希氏肠球菌向次级淋巴器官移位，这些移位至次级淋巴器官的细菌可以通过促进 pTh17 的增殖来抑制肿瘤生长。

伊立替康是一种常用的肿瘤化疗药物，但其有时会引起严重的腹泻，而其通过肠道排泄的活性代谢产物 7-乙基 10-羟喜树碱是伊立替康导致迟发性腹泻的关键，伊立替康主要通过在肝内由羧酸酯酶转化为毒性更强的活性代谢产物 SN-38 来发挥抗肿瘤作用。

二、放射治疗与微生态

消化道、呼吸道菌群在受到辐照后也能够抵御辐射带来的损伤从而保护肠道。其主要机制为 Toll 样受体被菌群激活后刺激 NF-κB 转录因子的产生，从而促进 DNA 损伤的修复，改善黏膜损伤情况。细胞表面分子主要组织相容性复合体（MHC）-Ⅱ和 CD86 的表达在受乳杆菌的影响后可上调表达，加速固有层树突状细胞的成熟，进而通过激活免疫系统来维持免疫稳态。此外，短链脂肪酸作为肠道菌群的代谢产物对肠道屏障具有调节作用，同时其对改善上皮黏膜受损、维护肠道稳态也具有重要意义。

三、肠道菌群能够提高癌症免疫治疗的疗效

肠道菌群能够提高癌症免疫治疗的疗效且其与免疫治疗时出现的不良反应相关。抗细胞毒性T淋巴细胞相关蛋白4（CTLA-4）主要通过清除肿瘤组织中的Treg细胞、促进细胞毒性T细胞清除肿瘤来实现对肿瘤的治疗。经动物实验研究发现，肠道脆拟杆菌可协同CTLA-4发挥抗肿瘤作用，在对带瘤小鼠应用CTLA-4的同时给予脆弱拟杆菌灌胃、用脆弱拟杆菌多糖免疫或经过继转移脆弱类杆菌特异性T细胞，可出现明显抗肿瘤疗效。另外研究证明，双歧杆菌与抗程序性死亡受体配体1（PD-L1）的联合可完全抑制肿瘤在小鼠模型中生长，这是因为肠道中的双歧杆菌可诱导肿瘤特异性T细胞的产生，使肿瘤微环境中的T细胞增殖，从而增强免疫治疗的疗效。

四、微生态与化学治疗后药物耐药性有关

Geller等研究人员发现，在带瘤小鼠的模型中，吉西他滨与猪鼻支原体中含有的长链的胞嘧啶核苷脱氧酶发生反应，吉西他滨被脱氨基后形成了无活性代谢物2′，2′-二氟脱氧尿苷，由此导致宿主对吉西他滨耐药。此外研究者还对人体胰腺肿瘤组织中的菌群进行分析，其主要的菌种为包括肠杆菌科和假单胞菌科的丙型变形菌纲，而这些菌种中都含有长链的胞嘧啶核苷脱氧酶，从而导致胰腺癌患者对吉西他滨出现耐药。

综上所述，临床抗肿瘤治疗过程中，调节肠道菌群治疗很可能提高化疗疗效，未来仍需要进一步深入研究。

第五节　治疗相关不良反应与微生态

一、化疗后胃肠道不良反应

目前，越来越多的研究报道，肠道微生物的改变与化疗后胃肠道不良反应的发生有关。研究显示：菌群失调，难辨梭状芽孢杆菌、真菌感染在肿瘤化疗后胃肠道不良反应中占有重要地位。Jutta Zwielehner等研究了联合或者不联合抗生素治疗的肿瘤患者化疗前后的肠道菌群变化，并与健康人的肠道菌群进行对比，发现肿瘤患者化疗后肠道菌群的多样性显著降低（$P=0.037$），DGGE指纹图谱显示拟杆菌属受化疗的影响不大，梭菌属Ⅳ和梭菌属XIVa受化疗的影响比较明显，其多样性显著降低，其中梭菌属Ⅳ的多样性降低与抗生素治疗有关。同时化疗后患者肠道内双歧杆菌、乳酸杆菌、韦荣球菌属、普氏粪杆菌数量减少；肠球菌属数量增加，3/17的患者化疗后肠道菌群中检测到艰难梭菌。也有研究报道，口服益生菌制剂（双歧杆菌和乳酸杆菌）可以缓解经5-FU化疗的小鼠肠黏膜炎腹泻的症状。

化疗相关性腹泻（CID）是化疗后常见的并发症，轻者可导致患者依从性降低，影响治疗效果，增加治疗费用，严重时，由于患者体内液体大量丢失，引起患者体内水、电解

质紊乱，造成低血容量性休克，进而危及生命。目前，关于CID的发病机制研究主要认为与化疗药物对肠黏膜细胞的直接抑制和破坏作用相关，化疗药物干扰了肠上皮细胞的分裂，导致肠道黏膜屏障破坏、上皮细胞脱落，杯状细胞和隐窝细胞不成比例增加和非典型性增生，使肠道微绒毛细胞的重吸收和分泌功能紊乱，肠腔内液体量增加，最终导致腹泻的发生。临床上已有针对化疗所致腹泻的药物，如蒙脱石散、洛哌丁胺等，但其存在盲目性、作用滞后等特点，严重时，甚至会导致肠梗阻等不良反应发生。

在一项关于肺癌患者铂类药物化疗前后肠道菌群变化的相关研究中指出：①肺癌患者的肠道菌群结构与健康人存在显著差异，且双歧杆菌和乳酸杆菌的数量明显减少；②肺癌患者接受铂类药物化疗后肠道菌群失调，益生菌减少，条件致病菌增加，肠源性肺炎克雷伯菌的增多可能会增加血行性感染的风险；③肺癌患者接受铂类药物化疗后，肠道内双歧杆菌和乳酸杆菌的变化与胃肠道反应无明显相关性。另有研究表明，SCLC经EP方案（依托泊苷联合顺铂）化疗后，患者机体免疫力下降，肠道易于肺炎克雷伯菌的繁殖生长，肺炎克雷伯菌在肠道内的数量增加使其由条件致病菌变为致病菌，导致腹泻的发生。Y. Touchefeu报道提示肿瘤患者化疗后肠道内普氏粪杆菌的数量减少；同时提示肠道内肺炎克雷伯菌的数量增加，肺炎克雷伯菌正常情况下，存在于人体上呼吸道和肠道内，属于条件致病菌，当机体抵抗力下降时即可致病，多见于年老体弱、营养不良及患有慢性肺部疾病的人群。国内多数研究表明肺炎克雷伯菌肠道感染与婴幼儿腹泻相关，且呈逐年上升趋势，国外有文献报道肺炎克雷伯菌肠道感染导致腹泻的病例，尤其肺炎克雷伯菌臭鼻亚种与腹泻的关系最为密切。IP方案（伊立替康联合顺铂）化疗前与化疗后的肠道菌群存在显著差异，化疗前与化疗后肠道菌群的丰度以及多样性指数进行配对t检验，结果提示化疗后组肠道菌群的多样性指数显著降低，丰度变化无统计学意义。切胶测序结果提示，IP方案化疗后组肠道内杆菌属、Uncultured bacterium isolate的数量减少。Y. Touchefeu等报道提示肿瘤患者化疗后肠道内肠杆菌属增加，所致的小细胞肺癌CID患者肠道菌群的多样性比化疗前降低，差异有统计学意义，可能与化疗后腹泻存在一定相关性。以上研究均表明，呼吸系统肿瘤化疗后肠道微生态的改变与化疗后消化道不良反应相关。

化疗后腹泻是伊立替康（CPT-11）最常见不良反应之一，分为早发性腹泻和迟发性腹泻，约39%的患者受CPT-11化疗后会出现迟发性腹泻，从而导致化疗中止。CPT-11化疗所致迟发性腹泻的发生机制主要与SN-38的活性代谢产物峰值浓度相关，还与水、电解质吸收减少及黏蛋白分泌增加有关。CPT-11的活性代谢产物SN-38可被肝脏内的尿苷二磷酸葡醛酰转移酶1A1（UGT1A1）有效代谢为毒性较小的SN-38G，通过胆汁排泄入肠道，排出体外。研究表明，UGT1A1基因多态性可降低UGT1A1活性，从而对SN-38的灭活能力下降，肠道内大量聚集的具有肠黏膜毒性的SN-38，可直接作用于肠上皮细胞内拓扑异构酶Ⅰ，引起DNA双链断裂，肠上皮细胞坏死、凋亡，进而破坏小肠黏膜结构，引起小肠吸收功能和分泌功能紊乱，导致腹泻的发生。病理学上主要表现为肠壁变薄，伴空腔形成、血管扩张、炎细胞浸润及回肠细胞凋亡、小肠绒毛萎缩、肠黏膜损害，通常以结肠和盲肠段的损伤更严重。也有报道称CPT-11给药后，其在胆汁中的浓度也很高，通过胆汁进入十二指肠，然后被肠道排泄，而小肠中的羧酸酯酶活性很高，可将CPT-11直接转变成 SN-38，造成 SN-38 在肠道内的蓄积，损伤肠道黏膜，引起腹泻。CPT-11 化疗所致腹泻还与肠道细菌产生的β-葡萄糖醛酸酶有关系，SN-38G 易于被β-葡萄糖醛酸酶水解，重新转变成 SN-38，损伤肠道黏膜，引起腹泻。因此，产β-葡萄糖醛酸酶的细菌及β-葡萄糖醛酸酶均参与了 CPT-11 化疗所致的迟发性腹泻的发生。Andrea M. Stringer 等的研究发现，小鼠使用伊立替康（CPT-11）化疗出现 CID 后，肠道内大肠杆菌（E. Coli）、葡萄球菌（Staphylococcus spp.）、梭菌属（Clostridium spp.）的数量增加，此三种细菌均可产生β-葡萄糖醛酸酶；同时双歧杆菌属（Bifidobacterium spp.）、乳酸杆菌属（Lactobacillus spp.）、拟杆菌属（Bacteroides spp.）的数量减少，其中双歧杆菌和乳酸杆菌均属于益生菌。其研究结果提示，CPT-11 化疗所致腹泻的发生可能与产β-葡萄糖醛酸酶的细菌，尤其大肠杆菌的增多有关。XiaoxiB. Line 等的研究显示 CPT-11 化疗后可使肠道梭菌属Ⅺ和肠杆菌属等潜在致病菌数量增加，致使肠道菌群紊乱，最终导致腹泻的发生发展。

二、放射性治疗相关不良反应类

放射性相关不良反应如放射性食管炎、放射性肺炎、放射性口腔黏膜炎等，为肺癌放疗后最常出现的并发症，通常与组织照射剂量、治疗时间、放疗技术、同部化疗及照射野等因素有关，患者的病理类型、性别等因素对放射性炎症的发生以及严重程度并无明显影响。在电离辐射后，基底细胞的分裂被抑制，继发黏膜水肿、变性、坏死，随着放射治疗，发生慢性炎症。肠道菌群对于肿瘤放射治疗的疗效及产生不良反应之间具有相关性。肠道屏障因肠道受到辐照而受损，进而导致肠道菌群稳态失衡，紊乱的肠道菌群又可导致炎症因子的释放增多，其中 Wnt、Notch、TGF-β 的过表达会削弱肠黏膜上皮细胞的自我更新能力，转录因子 NF-κB 和 STAT3 的过度激活不仅影响肠道组织的修复和肠道免疫的稳态，还可激活 MAPK 和 Akt-PKB 通路从而对肠道上皮细胞的分裂和生存产生影响，加重肠道上皮黏膜损伤程度，从而使得患者在经过放射治疗后出现放疗相关不良反应，进而影响放疗患者预后。

Epperly 等研究也已证实，在放射性损伤的过程中，炎性因子发挥了重要作用，这些因子主要为介导炎性反应为主的 IL-1、IL-6、TNF-α 等。炎性因子在放射性损伤的初期大量表达，促进中性粒细胞的释放，加剧炎症反应。

接受放疗患者的菌群微生态在放射治疗过程中发生着相似的变化趋势。一方面是其丰度和多样性的降低，提示肺癌放射治疗进一步诱发了肠道、呼吸道菌群微生态的失调；另一方面，在细菌属水平上呈现出拟杆菌属、放线菌等条件致病菌增多，而奈瑟菌属减少的现象。结果表明放疗加重了肺癌患者消化道、呼吸道菌群微生态紊乱，其原因可能是电离辐射使消化道及呼吸道组织中的水分分解产生大量自由基的次发效应；也可能是放射治疗引起骨髓抑制、放射性食管炎等不良反应，使机体免疫力减低，而导致菌群微生态发生紊乱。

放射治疗后呼吸道菌群中的拟杆菌属丰度显著增加。拟杆菌属为革兰阴性（G^-）菌，内毒素为其细胞壁的主要成分。细菌死亡溶解释放内毒素增多，可以刺激 TNF-α、IL-6、

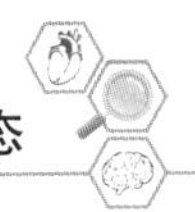

IL-1β 等致炎性因子表达增多，诱发机体炎症状态，加重呼吸道菌群失调。韦荣菌属、放线菌属、奈瑟菌属和链球菌属作为健康人群呼吸道中的优势菌，与健康息息相关。链球菌属可与韦荣菌属共聚，促进呼吸道生物膜稳态的形成，放线菌可与链球菌属共聚，保护其免受氧化损伤。呼吸道菌群微生态的失调驱动宿主免疫、炎症反应紊乱，改变呼吸道及食管定植细菌的生长条件，促进菌群失调，打破菌群失调-炎症-免疫紊乱的循环，将延缓甚至阻断放射性炎症的发生与进展。

胸部放射治疗可诱导肠道、呼吸道菌群微生态失调，正确、及时评估微生态体系，及早进行放疗后微生态的干预，或将降低放疗对患者生活质量的影响。

目前研究表明，微生态尤其是肠道微生态在肿瘤的发生、发展、治疗疗效、不良反应方面均发挥了一定的作用。肠道菌群可以通过激活抗肿瘤细胞因子，调节肠道微环境和维持基因组稳定等途径抑制肿瘤的发展并调节炎症反应。不仅如此，完整的肠道菌群还有利于抗癌药物药效的发挥。同时，化疗会显著影响肠道菌群的组成，破坏肠道微生态平衡，导致相关不良反应的发生。因此，调节菌群微生态治疗很可能提高化疗疗效及安全性。人体菌群微生态种类众多、构成复杂，目前研究局限在部分肠道菌群对化疗药物的影响，菌群微生态对肿瘤发生、发展，以及化疗药物疗效及安全性仍待进一步深入研究。

（陈丽娜　陈　晓）

第十四章

泌尿系统肿瘤与微生态

人体不同部位微生态研究中，肠道微生态备受关注，泌尿道微生态研究起步较晚且受关注较少。随着新技术的革新，越来越多的研究结果显示，健康人泌尿道同样存在常驻菌群，并且在维持泌尿系统健康中扮演重要角色。传统观念认为健康人泌尿道无菌，一旦检测出细菌即认为存在尿路感染或无症状性菌尿。随着16S rDNA 高通量测序及增强量化尿液培养技术（expanded quantitative urine culture，EQUC）等的运用，已证实健康人尿液同样存在常驻菌群。

第一节　膀胱癌与微生态

一、泌尿道菌群与膀胱癌

膀胱癌是泌尿系统常见肿瘤，在我国近年来膀胱癌的发病率和病死率逐渐上升，且中国男性膀胱癌死亡率是女性的2.9倍。其中尿路上皮癌（urothelial bladder cancer，UBC）是最多见的病理类型，其已知的最重要的危险因素是吸烟和各种职业暴露，血吸虫感染与慢性炎症与膀胱鳞状细胞癌的发生有关。随着近年来对微生物与癌变机制的不断深入认识，发现尿微生物群的存在，以及男性和女性尿微生物群之间存在显著差异，我们重新考虑膀胱癌的预防和危险因素。

已有证据表明泌尿道菌群与膀胱癌之间可能存在某种关联。链球菌属、梭杆菌属在膀胱癌组尿液标本中丰度明显高于正常对照组。链球菌属具有较强的侵袭力，并可产生多种酶以及外毒素，促进炎症产生；而梭杆菌属可通过募集肿瘤浸润性免疫细胞，诱导慢性炎症产生，进而促进肿瘤细胞生成。膀胱癌组菌群丰富度明显高于正常对照组，尿液中鞘脂杆菌科和不动杆菌属相对丰度明显高于正常对照组。鞘脂杆菌属可诱导DNA片段裂解、caspase-3活化，从而导致细胞形态变化和细胞周期缩短，而不动杆菌属可破坏上皮屏障并诱导炎症产生。此外，膀胱癌高复发和进展患者泌尿道菌群的丰富度增加，提示菌群丰富度的差异可能作为预测膀胱癌风险分层的潜在生物标志物。有研究发现膀胱癌患者癌组织菌群丰富度及多样性降低，鞘脂单胞菌属、不动杆菌属等相对丰富度升高。

泌尿道菌群还可能影响卡介苗膀胱灌注疗效，目前经尿道膀胱肿瘤电切术后行卡介苗膀胱灌注被认为是中高危非肌层浸润性膀胱癌患者的常规治疗方法，但仍有约>40%的患者对卡介苗治疗无效。惰性乳酸杆菌可与纤维连接蛋白紧密结合，而后者也是卡介苗与膀胱壁结合的细胞外基质分子，惰性乳杆菌与纤维连接蛋白的竞争性结合可能影响卡介苗与膀胱壁的相互作用，继而影响卡介苗的疗效。另外，血吸虫感染伴膀胱病变者中梭杆菌属、鞘氨醇杆菌属和肠球菌属的丰度显著高于单纯血吸虫感染者和正常对照，表明泌尿道特定菌群可能参与血吸虫感染诱导膀胱鳞状细胞癌的发生发展。

细菌微生物能够与许多环境毒素相互作用，如重金属、多环芳烃、农药、赭曲霉毒素、塑料单体和有机化合物。在通过肾脏过滤从血液中除去某些毒素之后，它们在膀胱内的储存提供了足够的时间使尿微生物群与这些化合物相互作用和改变，这种“代谢”可以增加或减少可能由这些毒素引起的疾病的风险，包括认知功能障碍，肾脏病理甚至是尿路系统癌症。一项研究对来自健康个体（$n=6$）和尿路上皮癌患者（$n=8$）的尿标本进行了微生物研究，大多数正常样本中链球菌丰度接近零（0～0.017），但在 8 个癌症样本中的 5 个（0.12～0.31）显著升高，同时发现在链球菌丰度低的 2 个癌症样品中（2/3）假单胞菌属或嗜球菌属是最丰富的属。2017 年 POPOVIC 等对比了 12 名膀胱癌男性患者与 11 名健康男性的尿液微生物分析，在膀胱癌组中鉴定了一种显著丰富的属于梭杆菌属的操作分类单元（operational taxonomic units，OTU），而韦荣氏菌属、链球菌属和棒状杆菌属的 3 种 OTU 在健康的尿液中更丰富。另一项抗生素使用对癌症形成风险的研究表明，在没有膀胱过度感染的患者中，当青霉素和磺胺类药物的处方数分别达到 1.3（95% CI：1.1～1.5）和 2.0（95% CI：1.1～3.4）时，癌症风险增加。在曾接受过膀胱感染的患者中，接触＞5 个疗程的青霉素和大环内酯类患者的风险仍然较高，其中校正比值比（adjusted odds ratio，AOR）分别为 1.4（95% CI：0.7～2.6）和 2.1（95% CI：0.5～8.1）。这些结果表明尿路上皮癌可能与尿路改变的微生物群有关。

微生物组织可能在预防复发性浅层膀胱癌中发挥作用。研究表明乳酸杆菌 L. iners 比来自阴道样品或益生菌的其他乳杆菌拥有对纤连蛋白更强的亲和力，并且在小鼠中干酪乳杆菌减少了可移植膀胱肿瘤和肺转移的生长。在体内研究中一项原发性膀胱肿瘤患者的多中心、安慰剂对照、随机双盲试验报道，每日口服给予冷冻干燥的干酪乳杆菌 Shirota 1 年可以有效降低膀胱癌在经尿道电切除肿瘤后复发。另外一项多中心、前瞻性、随机对照试验纳入 207 例患者，表明患者口服 1 年干酪乳杆菌联合经尿道表柔比星灌注（3 个月）治疗和仅表柔比星灌注组相比，3 年时的膀胱癌复发率显著降低，尽管组间总生存率没有差异。除了降低膀胱癌复发的概率，一项 180 例患者和 445 例基于健康人群对照组的病例对照研究显示，常规（每周 1～2 次）益生菌摄入降低了健康人群的尿路上皮癌风险。不仅是干酪乳杆菌对膀胱癌有疗效，我们还知道共生细菌可以很容易地结合几种被认为与膀胱癌有关的化合物，如镉、其他重金属和杀虫剂。有选择性地合理使用益生菌、促进或消耗本地膀胱微生物组合的策略在未来可能会用于改善尿路上皮癌治疗的疗效。

微生物组作为膀胱癌生物标志物及靶向治疗选择微生物除了与膀胱癌的发生发展有密切关联，特定的微生物组还能作为诊断和预后的生物标志物。在最近的一项 31 名膀胱癌男性患者与 18 名健康男 性的尿液对比研究中，复发和进展风险高的患者的微生物群组成与复发和进展风险低的患者有显著差异，且复发风险高以及进展风险高组别中各有 6 个特异性属。同时微生物组在调节对癌症治疗的反应中起着至关重要的作用，包括免疫疗法，微生物组可能影响 PD-L1 抑制剂的治疗效果，因此特定的微生物组还具备着免疫药物治疗的潜在选择。

二、肿瘤微环境与膀胱癌

在肿瘤复发和转移的机制研究方面，1889 年近代病理学之父 Paget 提出了肿瘤生长的“种子与土壤”学说，1979 年 Lord 正式提出了“肿瘤微环境”这一概念，即肿瘤微环境由肿瘤细胞、巨噬细胞、成纤维细胞、肥大细胞、树突状细胞、淋巴细胞和细胞外基质蛋白、酶类、各种生长因子和炎症因子等细胞外基质构成，形成了复杂的综合系统。在这个综合系统中，各个组分相互作用，保护肿瘤组织逃脱机体的免疫监视，随着肿瘤的进程，进而形成促血管生成微环境和缺氧微环境、从而改变肿瘤的侵袭及转移的能力，形成了适合肿瘤细胞生长的内环境，促进肿瘤的进展和转移。近年来关于肿瘤微环境的研究进展得到了肿瘤免疫学领域的普遍认可。

肿瘤相关巨噬细胞与肿瘤细胞之间的相互作用非常复杂，肿瘤相关巨噬细胞是促进肿瘤进展的重要细胞。研究表明肿瘤微环境中的肿瘤相关巨噬细胞及肿瘤相关的成纤维细胞与肿瘤细胞相互作用，通过介导趋化因子配体 1 的表达促进肿瘤微血管的形成进而促进膀胱癌的进展。肿瘤相关巨噬细胞通过分泌促进肿瘤侵袭的活性分子，如集落刺激因子 1（CSF-1）、EGF、白细胞介素 4（IL-4）和 CXCL12 等细胞因子促进肿瘤侵袭转移，同时肿瘤细胞也能产生 CSF-1，不仅能招募巨噬细胞浸润肿瘤，还能促进其分泌 EGF，进而相互促进膀胱癌细胞生长转移。当然，肿瘤相关巨噬细胞对膀胱癌的影响机制非常复杂，需要有更深入的研究。膀胱肿瘤微环境中的肥大细胞能够促进肿瘤组织微血管的形成，与膀胱癌分级、分期密切相关；膀胱癌组织中也可以聚集大量的肥大细胞，肥大细胞反过来可增加膀胱癌细胞的侵袭力。

相关成纤维细胞（TAFs）是肿瘤微环境中主要的基质细胞，正常情况下以静息状态存在，受到肿瘤相关活性介质刺激后进入活化状态，分化为一类具有肌成纤维细胞特征的成纤维细胞，通过分泌多种细胞因子调控肿瘤细胞进展、转移。在关于膀胱癌的研究中发现 TAFs 通过产生 VEGF、FGF 等细胞因子或招募内皮祖细胞，诱导肿瘤基质中血管内皮细胞网络的形成，促进肿瘤血管生成，从而促进膀胱癌进展。体外实验表明，肿瘤微环境中 TAFs 通过上调 TGF-β1 的表达，增加了肿瘤细胞上皮间质转化（EMT）的能力，促进膀胱癌转移。

T 细胞、B 细胞是两种十分重要的炎症细胞，正常生理情况下能够发挥细胞免疫和体液免疫。肿瘤微环境中的淋巴细胞通过分泌相关细胞因子，抑制免疫系统对肿瘤细胞的特异性杀伤，从而促进肿瘤进展及转移。在膀胱癌研究中，研究发现膀胱癌微环境中，$CD4^+$ T 细胞和 $GATA3^+$ T 细胞的浸润可以延长肿瘤术后患者的无瘤生存期（RFS），而 Tregs T 细胞和 $T\text{-}bet^+$ T 细胞的浸润则缩短 RFS，肿瘤微环境中 T 细胞亚群还能够影响膀胱癌术后对于 BCG 灌注治疗的反应。有研究表明，肿瘤微环境中 $CD4^+$ T 淋巴细胞能够上调缺氧诱导因子-1α（HIF1α）、VEGFa 等细胞因子的表达，进一步研究发现膀胱癌组织中的 $CD4^+$ T 细胞通过上调 VEGFa 信号通道促进膀胱癌的转移。B 细胞同样在肿瘤微环境中扮演着很重要的作用，膀胱癌细胞能够召集大量的 B 细胞，微环境中的 B 细胞通过上

调 MMPs 信号通道促进膀胱癌的转移，阻断该途径后，膀胱癌细胞的侵袭转移能力会被抑制。

促血管生成是肿瘤微环境中的一个关键因素，同样被认为是膀胱癌增殖、转移的重要机制。肿瘤促血管生成主要是通过肿瘤细胞及间质细胞分泌多种细胞因子来促进肿瘤微血管的生成，调控肿瘤细胞的增殖，而相应的抑制剂能够抑制肿瘤的生长。研究发现肿瘤微环境中高表达血管生成素（ANG），ANG 属于胰核糖核酸酶超家族的一种多功能蛋白，参与肿瘤血管的形成、延续，通过 AKT/mTOR 信号通道调控细胞的增殖和凋亡，在膀胱肿瘤细胞的研究中发现 ANG 能够促进肿瘤血管的重建，促进肿瘤的增殖，抑制 ANG 的表达后肿瘤微血管形成受到抑制，从而促进膀胱癌细胞的凋亡。Kruppel 样因子（KLF5）在促进微环境血管形成及调控细胞增殖方面起重要作用，KLF5 是一个锌指转录因子，属于 Sp/KL 转录因子家族，KLF5 可以通过直接上调 VEFGA 及相关蛋白的表达促进膀胱癌肿瘤微血管的形成，从而促进膀胱癌的进展，相反抑制 KLF5 表达后，能够延缓肿瘤进展。肿瘤微环境中的巨噬细胞迁移抑制因子（MIF）也可以通过调控肿瘤微血管的形成以及细胞的增殖促进膀胱癌的进展，在膀胱癌原位种植模型中，当阻断 MIF 的表达后，癌细胞增殖能力、微血管形成能力均下降，MIF 有可能成为治疗膀胱癌的新靶点。也有研究表明肿瘤微环境中的纤维母细胞生长因子（FGFR）的表达，尤其是 FGFR3 的表达上调可以促进肿瘤微血管的形成，影响膀胱肿瘤患者的预后，阻断 FGFR 的表达后肿瘤的促血管形成受到抑制，膀胱癌患者预后能够有效地改善。抑制微环境中血管形成治疗膀胱癌提供了新的思路。

肿瘤缺氧微环境是恶性肿瘤的特征之一。葡萄糖转运蛋白 1（GLUTG1）可作为膀胱癌预后及生存时间的独立预测因子。膀胱癌的缺氧微环境上调了 HIF-1、GLUT-1 及碳酸酐酶的表达，这些细胞因子促进缺氧微环境的形成，影响膀胱癌患者的预后，更深入的研究发现膀胱癌组织局部高表达 Ki-67（影响缺氧或者增殖的标志物），其具体生物学机制尚不明确，需要进一步研究。在低氧环境下，膀胱癌细胞表面抗原 STn（sialyl Tn）的表达增高，STn 能够提高肿瘤侵袭力、逃脱免疫监视、导致化疗抵抗，膀胱癌细胞为了适应低氧环境过度表达 STn 抗原，从而增加肿瘤细胞的侵袭力，进而改变肿瘤恶性程度。肿瘤组织中叉头状转录因子 p3（Foxp3）的表达在肿瘤缺氧环境中促进肿瘤进展，Foxp3 及 $CD8^+$ 淋巴细胞浸润是非肌层浸润性膀胱癌进展的预测因，Foxp3 的上调可以导致 HIFG1α 目的基因及 HIFG1α 相关蛋白的表达，形成缺氧微环境促进肿瘤进展，通过下调 Foxp3 的表达可能成为治疗膀胱癌的新策略。

第二节　前列腺癌与微生态

一、泌尿道菌群与前列腺癌

前列腺癌与泌尿道菌群之间的关系尚无定论，菌群可能通过诱发前列腺慢性炎症，促进前列腺癌发生。咽峡炎链球菌、厌氧球菌属、乳杆菌属等既往被认为是泌尿生殖系统感染的促炎细菌，其丰富度在前列腺癌患者中明显高于良性前列腺增生患者。通过对比直肠拭子菌群特征，发现前列腺癌患者促炎细菌丰富度升高，如拟杆菌属和链球菌属等。促炎细菌进入前列腺后可能引发慢性炎症，促进前列腺增生性炎性萎缩，从而诱导前列腺癌的发生。此外，癌组织、癌旁组织、正常组织等不同部位的菌群结构特征存在显著差异，葡萄球菌属在癌和癌旁组织中较正常组织更为常见。尽管前列腺组织中可以检测出菌群DNA，但前列腺本身不太可能存在独特的菌群，检测到的菌群可能来源于炎症病灶或者前列腺钙化灶。目前尚缺乏泌尿道菌群与前列腺癌关系的前瞻性多中心临床研究，关于促炎细菌与前列腺癌之间的关系仍需进一步研究证实。

二、肿瘤微环境与前列腺癌

在前列腺癌（prostate cancer，PCa）中，由成纤维细胞、炎性细胞、血管内皮细胞等多种基质细胞与癌细胞共同组成了 PCa 微环境，其中，PCa 细胞和基质细胞之间通过多种信号通路进行信息交流，从而促进癌细胞自身生长、浸润，因此，基质细胞一癌细胞之间的信息交流或许是造成 PCa 内分泌治疗、放疗以及细胞毒性药物治疗局限性的原因之一。现已证实，PCa 细胞与基质细胞之间的相互作用决定了 PCa 的发生、进展，单纯以癌细胞为靶点的治疗策略对于 PCa 的治疗有一定的局限性。正常前列腺的生长、发育过程中，腺上皮和各种基质细胞之间即存在复杂但平衡的信息交流：简言之，基质细胞能促使上皮细胞分化，腺腔形成，而上皮细胞则介导间充质细胞向多种基质细胞分化。然而，当 PCa 发生后，既定的信息交流平衡被打破，癌细胞分泌多种细胞因子至细胞外基质（ECM），创造有利于自身生长的肿瘤微环境，正常的基质细胞受到微环境变化的刺激后会发生一系列转变，此过程被称为基质反应（stromal reaction），包括成肌纤维细胞（myofibro-blast）激活、炎性细胞募集、ECM 重塑等。待基质反应发生后，基质细胞对癌细胞生长起到多方面的作用。

多项前期临床研究及临床研究证明，以肿瘤微环境为靶向的治疗方案是治疗 PCa 的有效手段，在将来 PCa 治疗策略中具有重要地位。基质-癌细胞相互作用在 PCa 微环境中意义重大，不仅调节胚胎期前列腺的发育，维持成年人前列腺内环境的稳态，更重要的是参与 PCa 的发生与进展。越来越多的实验证明，以基质-癌细胞之间多种信号通路为靶点的药物能够有效抑制 PCa 生长，而且，由于基质细胞的基因组相对于癌细胞而言更加稳定，因此，肿瘤微环境靶向治疗不易耐药。此外，由于微环境中多种信号通路的激活是癌组织独有的特征，因此，肿瘤微环境靶向治疗具有更高特异性，副作用随之减少。然而，基质-癌细胞信息交流相关的多种信号通路的具体作用机制还未完全阐明，只有更深入地认识这些它们，才能筛选出更好的靶向治疗药物。PCa 微环境靶向治疗联合手术治疗、内分泌治疗及放疗的治疗方案尚需进一步探讨中。

近年研究发现，肿瘤微环境中基质细胞或基质细胞分泌的细胞因子对肿瘤转移及耐药的形成是一大“帮凶”。研究发现，ADT 诱发的炎症反应是 CRPC 形成的主要因素之一。前列腺癌的炎症浸润和 IKK-α 激活相关，炎症细胞如 T 细胞、B 细胞和单核细胞浸润到肿瘤组织中，通过激活核 IKK-α 和抑制 Maspin（乳腺丝抑蛋白）表达及浸润来促进前列腺

癌转移。在给予 Sipleucel-T（FDA 批准用于转移性 CRPC 免疫疗法）的前列腺组织中，激活型 T 细胞显著增加。

全基因组分析表明，肿瘤微环境中成纤维细胞的 DNA 被化疗破坏时，前列腺癌中 WNT16B 表达上调。在前列腺癌微环境中，高表达的 WNT16B 可减轻体内化疗毒性，并促进肿瘤的生长、迁移和侵袭及耐药细胞的形成。前列腺癌细胞与高分泌 WNT16B 的成纤维细胞共植入小鼠后，可显著提高肿瘤生长率并使最终体积增大；急剧降低临床中治疗晚期癌症患者的药物，如蒽环类、铂类、拓扑异构酶抑制剂所介导的化疗毒性。因此，抑制基质细胞分泌的 WNT16B 可降低肿瘤体积，提高多种药物的抗癌疗效。

酸性代谢产物生成和清除障碍，促使实体瘤产生酸性微环境，低 pH 值是肿瘤微环境的一个特征。肿瘤细胞外低 pH 值将导致酸性物质扩散到周围基质。最新研究发现，低 pH 值可能影响肿瘤内皮细胞的表型。将前列腺癌细胞暴露于 pH 值 6.6 的环境中 3～6 小时后，可使导致肿瘤多药耐药的 P-糖蛋白活性加倍。上皮细胞在低 pH 值条件下，肿瘤微环境所促进的未折叠蛋白反应（UPR）通过诱导 Grp78（Glucose-regulated protein 78）导致化疗耐药。研究表明，应用质子泵抑制剂和碱性药物，能特异性抑制肿瘤多种 pH 值调节因子而抑制膜内外 H^+ 转运交换，从而提高化疗敏感性并降低耐药。

低氧是晚期实体瘤微环境的特征，并且是前列腺癌临床预后差的标志。实体瘤组织生长迅速、缺少血管系统，使得氧和营养物质供给减少，导致肿瘤内部出现低氧的微环境。低氧微环境中，HIF-1α 表达上调，启动下游大量低氧反应性基因的转录，不仅促进肿瘤浸润和转移，还影响肿瘤的血管生成和能量代谢，进而降低组织对放疗的敏感性，诱导肿瘤细胞对化疗药物耐药。前列腺癌基质细胞和周围正常组织未见缺氧诱导因子 HIF-1α 表达，而肿瘤坏死区域和肿瘤血管周围其表达明显增多，且与前列腺癌的恶性程度正相关，与前列腺癌的形成及临床分期密切相关。前列腺癌去势使肿瘤微环境低氧更严重，低氧将诱导 HIF-1α 和 TGF-β 表达，它们增强 AR 转录活性、促进肌成纤维细胞激活及 CXCL 13 的产生，从而促进前列腺癌恶化。

第三节　其他泌尿系统肿瘤与微生态

目前尿路微生物与其他泌尿系统肿瘤例如肾癌、肾盂癌、输尿管癌、阴茎癌等的相关性研究还没有开展很多，还有待更多的基础及临床研究来确定其关联性是否如前列腺癌及膀胱癌一样密切。就目前而言，泌尿系统肿瘤及尿路细菌微生物之间的具体相关性机制尚未完全清楚，我们仍需要进一步的基础和临床研究来确定这些特定细菌微生物的作用及其作为新生物标志物开发的潜力，为泌尿系统肿瘤的预防及治疗提供新的方向及手段。

（刘　毅　田　军）

第十五章

老年人微生态与肿瘤

第一节　老年人肠道微生态与肿瘤

出于年龄问题的原因，老年人肠道黏膜屏障老化，导致老年人肠道菌群老化、黏膜屏障通透性增加，炎症因子生成增加，如叠加肠内外不利因素，进而形成长期慢性低度炎症(CLIP)、细菌移位、菌血症、炎症反应综合征（systemic inflammatory response syndrome，SIRS)、多器官功能障碍综合征（multiple organ dysfunction syndrome，MODS）或脓毒血症等局面，而长期慢性低度炎症，则是造成多种老年慢性疾病、恶性肿瘤等之类的高风险因素。

一、肠道菌群与食管癌

幽门螺杆菌（Hp）阳性人群食管腺癌及鳞癌的发病率均呈下降趋势；其可能的机制为Hp通过抑制壁细胞功能和（或）引起萎缩性胃炎，进而使胃酸分泌减少。反流性食管炎发展至食管腺癌过程中最主导的变化是弯曲杆菌定植于被反流侵蚀的食管；提示可能是微生物环境发生变化参与癌变。食管鳞状上皮不典型增生及鳞癌患者的胃内梭状菌及厚壁菌异常丰富，这表明食管病变可能与胃内微生态失调相关。

二、肠道菌群与胃癌

胃癌被认为是一种与炎症相关的癌症。Hp感染患者胃中炎症因子水平明显增高，如干扰素-γ、TNF-α、IL-1、IL-6、IL-7、IL-8、IL-10和IL-18；因此不同类型的免疫细胞受到刺激，激活多个肿瘤发生的信号通路，包含ERK / MAPK通路、PI3K/Akt. NF-KB、Wnt /β-catenin等；同样也导致STAT3的上调。Hp感染可导致E-cadherin及肿瘤抑制基因CpG岛上的甲基化，导致胃腺癌的风险显著增加。

三、肠道菌群与结直肠癌

大肠中的肠道菌群是人体中最复杂的群落。大量研究表明，结直肠癌患者肠道菌群与健康者肠道菌群结构存在明显的差异。结直肠癌（CRC）患者肠道拟杆菌门、普通菌属较健康人群增多。梭杆菌在CRC患者肠道样本中丰度很高，且与CRC患者的淋巴结转移有关。但至今尚未发现特异的菌群与CRC的发病相关，也未发现特征性的肠道菌群的变化。

肠道菌群参与CRC发生发展的机制可能：①对抗癌物质及致癌物质产生的影响：丁酸（BA）是一种重要的短链脂肪酸（SCFA），由结肠菌群在饮食发酵纤维中产生，已被

证明具有抗致瘤作用；②诱导肠道炎性反应：CRC 患者的正常结直肠黏膜存在慢性炎性反应，支持炎性反应在 CRC 发病中起关键作用。肠道菌群对肠道炎性反应的调节可能是肠道微生物促使 CRC 形成的机制之一；③引起遗传学不稳定：肠道菌群紊乱时，有益菌群的多样性和丰富性可能会被最小化；部分肠道菌群产生外毒素积累，可直接或间接地引起 DNA 损伤，基因组不稳定性，最终导致癌变；④对肠道黏膜上皮细胞的影响：梭杆菌黏附素 A（FadA）是由梭杆菌表达的细胞表面毒性因子，在 CRC 患者中经常检测到。FadA 调节钙黏蛋白/-catenin 通路，还促进梭杆菌黏附和侵袭表达 E-cadherin 的细胞，从而直接影响上皮细胞的增殖和生长。

四、肠道菌群与肝癌

虽然肝脏通常被认为是无菌的，但肝脏可受到胃肠道微生物通过肝门静脉系统产生的病原体或代谢物的影响；微生物代谢产物干扰肝脏的代谢途径和免疫反应。肠道微生物失调可促进肝癌的发生；因为微生物群和微生物代谢物被肝脏固有免疫细胞检测到，并且能够改变肝脏代谢。肝细胞癌患者粪便中大肠杆菌的丰度远高于健康对照组粪便中的大肠杆菌。梭状芽孢杆菌产生的去氧胆酸的肠肝循环引起 DNA 损伤，并在肝星状细胞中引起衰老相关分泌表型（SASP）。

五、肠道菌群与胰腺癌

研究表明肠道微生物群可能通过促进炎症、激活免疫反应、使与癌症相关的炎症持续存在而影响胰腺癌的发生。Hp 被证实能过度刺激 KRAS 基因的突变，并启动胰腺癌变过程。此外，Hp 感染持续激活 STAT3 可通过上调 Bcl-xL、mcl1、survivin 及 c-myc 等抗凋亡及促增殖蛋白的表达促进胰腺癌进展。部分胰腺癌组织中存在梭杆菌，研究显示梭杆菌是胰腺癌独立的阴性预后生物标志物。

第二节　微生态制剂的抗肿瘤效应

一、直接抑瘤杀瘤作用

微生态制剂可通过调节细胞周期、诱导凋亡、抑制端粒酶的活性等机制直接抑制肿瘤细胞的生长；特别是作为肿瘤靶向治疗的载体受到关注。

（一）调节细胞周期

微生态制剂与肿瘤细胞系共培养，可抑制肿瘤细胞的生长。例如，乳酪乳杆菌抑制乳腺癌 MCF7 细胞；乳酸杆菌（HN1 和 HA8）抑制骨髓瘤细胞；心乳酪乳杆菌 9018 株与鼠李糖乳酪乳杆菌抑制人膀胱癌 MGH、RT112 细胞；青春双歧杆菌抑制食管癌 EC109 细胞等。

（二）诱导肿瘤细胞凋亡

肿瘤细胞可通过多种机制抵抗凋亡而无限增殖，诱导肿瘤细胞凋亡是控制肿瘤的有效途径；双歧杆菌可通过调节凋亡有关的基因和酶的活性诱导肿瘤细胞凋亡。

（三）抑制端粒酶的活性

端粒酶是一种特殊核糖核蛋白聚合酶，能合成端粒 DNA，维持细胞染色体端粒长度，从而稳定染色体。正常体细胞由于缺乏端粒酶活性，其端粒随着细胞分裂逐渐缩短，细胞逐渐老化、死亡；绝大多数肿瘤细胞中端粒酶重新被激活，使细胞永生化。如双歧杆菌 LTA 可抑制 HL-60 白血病细胞的生长，机制可能与抑制肿瘤细胞的端粒酶有关。

二、间接抑瘤杀瘤作用

（一）增强机体抗肿瘤免疫应答

最早用于肿瘤治疗的微生物制剂为牛型结核杆菌减毒活疫苗，具有非特异免疫增强作用，属美国 FDA 认可免疫制剂。能活化巨噬细胞，增强其吞噬杀伤能力，促进 IL-1、IL-2、IL-4、TNF 等细胞因子的分泌，增强 NK 细胞杀伤活性，促进 MHC Ⅰ类抗原表达，增强 T 细胞对使肿瘤抗原的识别，激发其细胞毒作用。

临床上，BCG 已被用于治疗以下肿瘤：膀胱内灌注，可有效清除浅表性膀胱癌原位癌、术后残留癌细胞，从而预防肿瘤复发；对上泌尿道原位癌采用经皮肾造口置管或逆行输尿管灌注 BCG，其有效率较高（71%）；对恶性黑色瘤患者术前应用 BCG 瘤内注射，可明显降低截肢后的复发率。

其他正常菌群也可通过提高机体免疫功能来抑制或预防肿瘤的发生。如双歧杆菌、乳酸杆菌均可激活巨噬细胞、自然杀伤细胞、树突状细胞，调节 T 细胞亚群的分布等而发挥抗肿瘤和免疫调节作用。双歧杆菌 LTA 能够增强 B16 荷瘤小鼠 NK 细胞的杀伤活性，其机制可能与上调 NK 细胞受体 NKG2D 的蛋白表达和肿瘤组织 Rae-1、H60 mRNA 的表达有关。

（二）抑制致癌物质的作用

微生态制剂可通过多种代谢产物并以不同的机制在清除某些致癌剂如化学剂（亚硝胺、氨基偶氮染料）和生物因素（某些致癌病毒）或预防致癌等环节上发挥关键作用。主要作用及机制是：抑制与癌发生有关酶（如 7x 羟化酶、β-葡萄糖苷酸酶、硝基还原酶等）的活性；减少致癌物质在体内的活化、滞留，减少致癌物质与上皮细胞的接触；抑制黏膜上皮细胞的再生，形成不利于肿瘤生长的微生态环境等，从而降低肿瘤发生的危险性。

第三节　老年人微生态与健康

一、老年人微生态概述及老年人肠道菌群改变的特点及主要影响因素

微生态学家提出，衡量肠道年龄的重要标准是肠道内有益菌占有的比例。肠道菌群参与人体正常的生理功能，因年龄而改变的肠道菌群是一种身体功能衰弱的表现。老年人群

肠道菌群的组成和相对丰度是其与宿主长期共同进化的结果。衰老也会影响肠道内的微生物群，主要特点为肠道核心共生菌落大量减少，机体的代谢和免疫防御系统削弱。

随着人类年龄的增长，老年人群体普遍在与生长、代谢、能量稳态和免疫力相关的多个器官系统中逐渐丧失功能。老年人肠道菌群的“老化”，不同于一般的人体生理性变化，有其自己的特点：一是肠道菌群的丰度和多样性降低；二是有益菌减少、有害菌（条件致病菌）增加。具体表现为有抗炎作用的菌群（拟杆菌、乳酸杆菌、双歧杆菌等）数量减少；有促炎作用的菌群（肠杆菌、梭状芽孢杆菌、葡萄球菌以及真菌属等）数量有所增加。

老年人肠道菌群多样性减少，其中厚壁菌门减少，拟杆菌门增加；老年人中，肠道微生物组成稳定性变差。影响老年人肠道微生物变化的主要因素涵盖饮食、免疫和药物三个方面。

在饮食方面，因咀嚼和消化能力下降而导致饮食偏好和消化程度的改变，是引起老年人肠道菌群变化的重要原因：高糖、高脂饮食可引起毛螺菌、普拉梭菌、柔嫩梭菌等产丁酸菌丰度减少，三餐中膳食纤维减少会迫使这些细菌更多地分解黏液层。

在免疫功能方面，衰老会导致黏液层变薄和抗菌因子含量减少，梭杆菌、嗜黏蛋白阿克曼菌、拟杆菌科、普雷沃菌等以黏液为食，暂时还未明确这些菌与肠黏液屏障增龄性减退之间的因果关系。

在药物使用方面，长期反复使用抗生素导致肠道微生态失衡崩溃和极度脆弱，艰难梭菌等有害菌增加，双歧杆菌、乳酸杆菌等有益菌减少，此外还有耐药菌和耐药基因广泛传播的问题。

二、老年人免疫功能的特点

（一）老年人免疫功能障碍的特征

（1）胸腺退化。

（2）T 细胞功能下降（外周血初始 T 细胞数量和百分比下降）。

（3）记忆细胞的积累。

（4）调节性 T 细胞（Treg）增加。

（5）B 细胞数量改变和抗体产生减少。

（6）可溶性介质（如细胞因子和趋化因子）的产生异常。

（二）老年人免疫功能的特点

（1）生理和免疫变化促进微生物生态失调。

（2）微生物生态失调促使晚年健康的不良发生发展。

（3）与年龄有关的肠道生理变化引起肠道微生物的改变。

（4）炎症是肠道通透性和微生物生态失调的驱动因素。

三、肠道微生态与免疫衰老、炎性衰老的联系

Wolford 在 1969 年首次提出，与增龄高度相关的免疫功能失调，即免疫衰老。肠道菌

群伴随人体的全生命周期，从新生儿到百岁老人，增龄的不同阶段呈现不同的菌群特点。肠道微生物组的组成随宿主年龄的变化而变化。肠道菌群的稳态对人体健康起着重要作用，当这种稳态随着增龄而被打破时，可能引发疾病或加重病情。机体在衰老过程中，固有免疫被激活，导致出现一种低水平、慢性炎症状态（CLIP），即为炎性衰老。这一理论由 Franceschl 于 2000 年提出。

肠道菌群调节免疫稳态和炎症反应，肠道菌群的改变导致持续的抗原刺激，引起慢性低度炎症反应，导致免疫衰老。慢性低度炎症的激活与固有免疫被激活有关，可引起肠黏膜通透性的改变及肠道菌群的紊乱。因此，肠道菌群失调、免疫衰老、炎性衰老三者相互作用，共同促进衰老的发生。

四、肠道微生态制剂老年人临床应用

（一）肠道微生态制剂在肿瘤放化疗中的应用

（1）化疗期间可使用枯草杆菌肠球菌二联活菌胶囊（500 mg，3 次/d）、双歧杆菌乳杆菌三联活菌片（2g，2 次/d）等防治化疗诱导腹泻。

化疗容易引起肠道微生态失衡，具体表现为梭菌、肠杆菌科等有害菌增加，乳杆菌、双歧杆菌等有益菌下降，可引起急性黏膜炎、内源性感染、营养不良等毒副反应，最常见的毒副反应是化疗诱导腹泻，其发生率可高达 50%～80%，影响化疗疗效。肠道微生态制剂能缓解化疗诱导腹泻。通常使用止泻药物、肠道微生态制剂等处理化疗诱导腹泻。

（2）放疗期间可使用地衣芽孢杆菌活菌胶囊（口服，0.5g，3 次/d）、双歧三联活菌肠溶胶囊（口服，420 mg，3 次/d）、酪酸梭菌活菌胶囊（保留灌肠，1g，3 次/周）等防治放射性肠炎。

放射性肠炎是放疗常见并发症，临床表现为腹痛、腹泻、黏液血便，严重者出现肠坏死、肠穿孔、阴道直肠瘘等。益生菌通过增强肠道屏障功能、提高免疫力和刺激肠道修复机制在放射性肠炎的治疗中发挥了重要作用。

（二）肠道微生态制剂在老年危重症的应用

危重症的肠道微生态特征是共生菌群破坏和潜在的致病菌过度生长，导致对院内感染的高度易感性。益生菌可保护肠道屏障，减少病原菌过度生长，减少细菌易位和内源性感染。

推荐意见：危重症患者可使用酪酸梭菌活菌胶囊（0.4 g，3 次/d）、双歧杆菌三联活菌制剂（420～840 mg，2 次/d）、双歧杆菌乳杆菌嗜热链球菌三联活菌片（1～2 g，3 次/d）及枯草杆菌肠球菌二联活菌胶囊（0.5 g，3 次/d）联合双歧杆菌乳杆菌嗜热链球菌三联活菌片（2 g，3 次/d）1 周，疗程推荐 1～2 周。

（三）肠道微生态制剂在健康老年人中的应用

老年人群肠道微生态稳定性和多样性随年龄增长下降，致病菌比例上升，益生菌比例下降，导致肠道代谢吸收功能减弱、黏膜修复屏障功能受损、免疫系统功能下降，全身性感染的风险增高。研究结果表明，长期、适量服用肠道微生态制剂可通过调整微生物群组

分来改善胃肠功能、促进营养物质吸收、提高免疫功能、预防感染、调控血糖血脂等有助于老年人群的健康。

推荐意见：健康老年人长期口服双歧杆菌三联活菌制剂（420 mg，3 次/d）、味乐舒（2.0 g，1～2 次/d）改善肠道健康。

五、老年人肠道微生态修复过程中的关键菌

在肠道微生态修复过程中，存在约 21 种关键菌，起到至关重要的作用（表 15-1），分别产生如下几种功能。

（一）抗炎功能

降低结肠的 pH 值（降低胆汁盐的溶解度，增加矿物质的吸收，降低氨的吸收，和病原体的抑制生长）；促进具有肠道屏障功能的黏蛋白，抗菌肽和紧密连接蛋白的形成；调节免疫功能，具有抗炎作用；减少结肠中的氧化应激。

（二）维持肠上皮稳态

具体体现在为肠上皮细胞供能；促进肠上皮细胞分化和成熟；抑制肠干细胞过度增殖。

（三）减脂降糖作用

刺激胰腺分泌，增加胰高血糖素和胰岛素水平，提高胰岛素敏感性；增加饱腹感。

（四）抗肿瘤作用

抑制结肠直肠癌细胞增殖；诱导肿瘤细胞凋亡。

表 15-1　肠道微生态修复中的关键菌

<table>
<tr><td rowspan="3">产丁酸菌</td><td>普氏类杆菌</td><td rowspan="8">其他细菌</td><td>沙氏别样杆菌</td></tr>
<tr><td>subdoligranulum variabile</td><td>灵巧粪杆菌</td></tr>
<tr><td>食葡糖罗斯拜瑞氏菌</td><td>粪便拟杆菌</td></tr>
<tr><td rowspan="2">益生菌</td><td>青春双歧杆菌</td><td>埃氏拟杆菌</td></tr>
<tr><td>长双歧杆菌</td><td>bacteroidescoprocola</td></tr>
<tr><td rowspan="6">碳水化合物分解相关化合物</td><td>布氏瘤胃球菌</td><td>bifidobacterium bifidum</td></tr>
<tr><td>多形拟杆菌</td><td>懒惰脱硫弧菌</td></tr>
<tr><td>狄氏副拟杆菌</td><td>约氏副拟杆菌</td></tr>
<tr><td>扭链瘤胃球菌</td><td rowspan="3">肥胖负相关细菌</td><td>腐烂别样杆菌</td></tr>
<tr><td rowspan="2">肠道拟杆菌</td><td>单形拟杆菌</td></tr>
<tr><td>粪拟杆菌</td></tr>
</table>

六、结语

肠道微生态具备多种生理功能，是人体微生态系统中最为主要和最复杂的，具有促进

微生态平衡及保护宿主健康的生态作用，并对人体各大系统疾病健康产生多种影响。老年人微生态是肠道微生态“增龄”后的体现，有其独特的组成和功能，各类老年人健康休戚相关。破坏老年人肠道菌群稳态的因素分为长期和短期，因此干预的手段也要结合实际情况综合实施，从普通饮食和生活习惯入手是保护和改善老年肠道菌群的最基础、最有效的方式。随着肠道菌群检测技术的推广和成本的大幅下降，老年人群体的肠道菌群监控应该尽早开始，尽早干预。

在未来的临床应用中，将针对患者肠道菌群特殊组成和个人情况，制定个体化的营养、益生元和益生菌组合，可达到快速、有效的肠道菌群干预的目的。

（刘婉欣）

第十六章

儿童微生态与肿瘤

第一节　儿童肠道微生态多样性

数十年前，人们就已经发现人体所携带的微生物的细胞数量比人体自身细胞多10倍。人体微生物生活在暴露于外部环境的身体表面上，如皮肤、呼吸道、泌尿生殖道和胃肠道。在这些不同身体部位中，胃肠道是最复杂的微生态系统 。胃肠道中不仅包含能够定植繁衍的微生物，也包括许多路过微生物，我们都统称它们为胃肠道微生物。有学者将人体内重要的微生态系统称之为“超生物体”或者“新器官”，因为人体共生微生物能够像其他人体器官一样服务于人体，对维护人体正常生理功能发挥重要作用。

新生儿胃肠道内最初的细菌来自母亲的产道、环境及母乳。自然分娩比剖宫产的婴幼儿胃肠道微生态更早建立。母乳喂养儿与人工喂养儿最初的胃肠道微生态有所不同。母乳喂养的足月儿微生态以双歧杆菌为主；人工喂养儿肠道菌群多样性增加，伴随有拟杆菌数量的显著上升。随着婴儿到达断奶期，辅食的添加和食物的多样性增加，肠道微生物多样性进一步增加。到达成年期后，菌群组成相对稳定，以厚壁菌、拟杆菌和放线菌为主要菌群。当进入老年期后，厚壁菌和双歧杆菌数量显著降低，而拟杆菌和变形菌的比例有所上升（图16-1）。

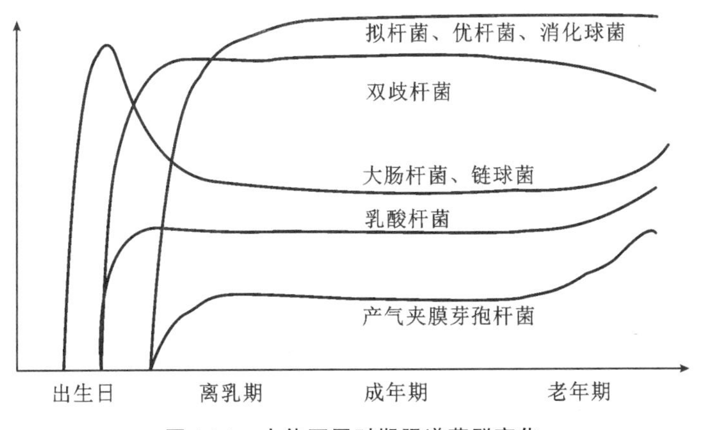

图16-1　人体不同时期肠道菌群变化

从婴儿期来看，由于环境的影响，最早建立的肠道菌群为大肠杆菌和链球菌（图16-2）。随后定植的为两种非常重要的有益细菌-双歧杆菌和乳酸杆菌，而且双歧杆菌数量迅速上升，成为婴幼儿肠道的优势菌群。这些肠道有益菌对于婴幼儿早期胃肠道免疫系统的发育成熟、营养功能如缓解乳糖不耐受症、加强脂类和蛋白质代谢，以及维生素的合成起重要作用。婴幼儿的肠道有益菌越早建立，越能保护婴儿免受感染性疾病、过敏和各种消化道问题。在肠道微生态建立的这一关键时期，及早给婴幼儿补充高质量的益生菌，促进健康微生态的形成，对婴幼儿期以及成人后的健康都会产生深远的正面影响。随着时间的推移，拟杆菌、优杆菌、消化球菌等成年人体内的常见菌逐渐定植，成为肠道的主要菌群。2 岁之后，婴幼儿肠道微生态的组成基本接近于成年人。

图 16-2　不同时期肠道菌群变化

第二节　影响婴儿肠道微生物早期建立的因素

一、分娩方式

大量研究表明，分娩方式对婴儿肠道菌群的建立有显著的影响。自然分娩的婴儿最初定植的微生物主要来源于母亲的阴道及肠道，而剖宫产婴儿最初定植的微生物主要是来源于母亲的皮肤（图 16-3）。顺产婴儿肠道菌群分布更接近于母亲产道的菌群，而剖宫产婴儿肠道菌群更接近于母亲皮肤的微生物分布。出生后，随着婴儿通与他人身体接触及暴露于周围环境的微生物中，使得细菌多样性迅速增加。其中，固体食物的引入使婴儿肠道微生物组成发生最大变化。

分娩方式能够显著影响双歧杆菌在婴儿肠道内的定植。在顺产的婴儿中正常双歧杆菌定植儿童的比例在前 3 个月中显著高于剖宫产的婴儿（图 16-4）。双歧杆菌在促进婴儿免疫系统成熟、抵抗病菌入侵、促进营养吸收等发挥着重要作用。因此，剖宫产婴儿在这些方面功能的完善会显著晚于顺产的婴儿。有研究证明，出生时候的胎龄也是影响生命早期

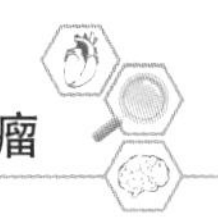

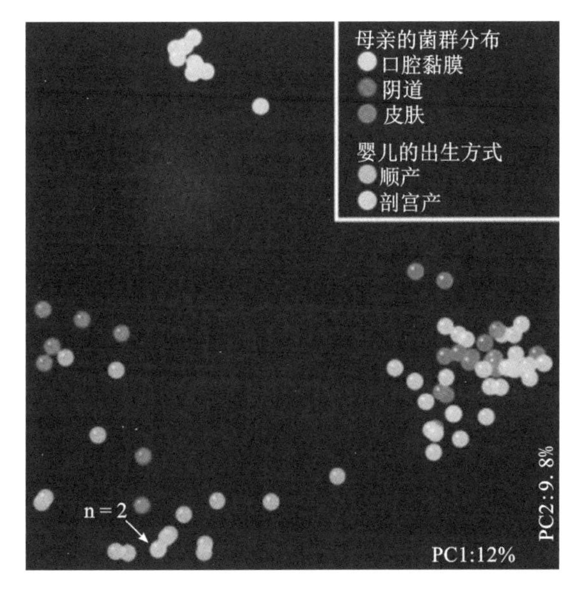

图 16-3　出生婴儿菌群分布和母亲相关性

肠道菌群建立的重要因素。早产儿肠道内双歧杆菌的定植显著晚于足月婴儿。

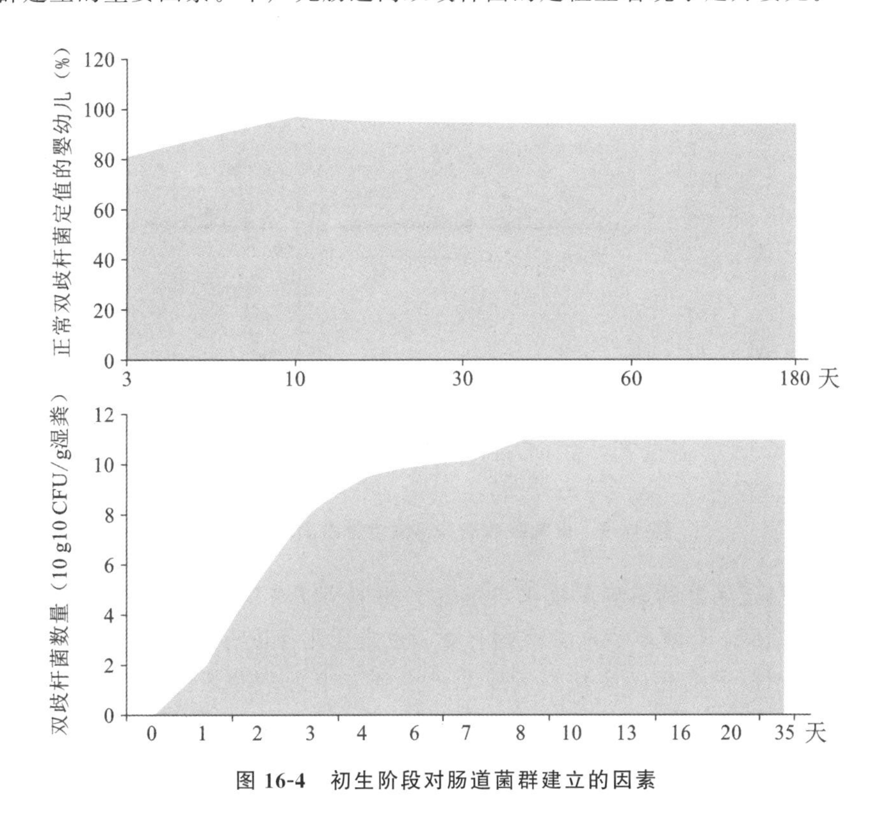

图 16-4　初生阶段对肠道菌群建立的因素

二、喂养方式

膳食是肠道微生物和动物宿主之间共生关系的一个关键元素。宿主为肠道微生物提供栖息地和营养物质，同时微生物有助于人体健康。食物为微生物新陈代谢传递许多基质，同时能以不同途径影响微生态系统的结构和组成。

在生命早期，喂养方式能够显著影响婴儿肠道菌群的组成。不易消化的低聚糖是母乳中第三大组成。它们是经过上游消化道时被完整遗留下来的多糖，滋养结肠里特定的菌群，主要是选择性地促进双歧杆菌属的生长。有研究表明，与以配方奶粉喂养的婴儿相比，母乳喂养儿的双歧杆菌比例增加。配方奶粉喂养婴儿肠道内微生态多样性高于母乳喂养婴儿（图 16-5、图 16-6）。

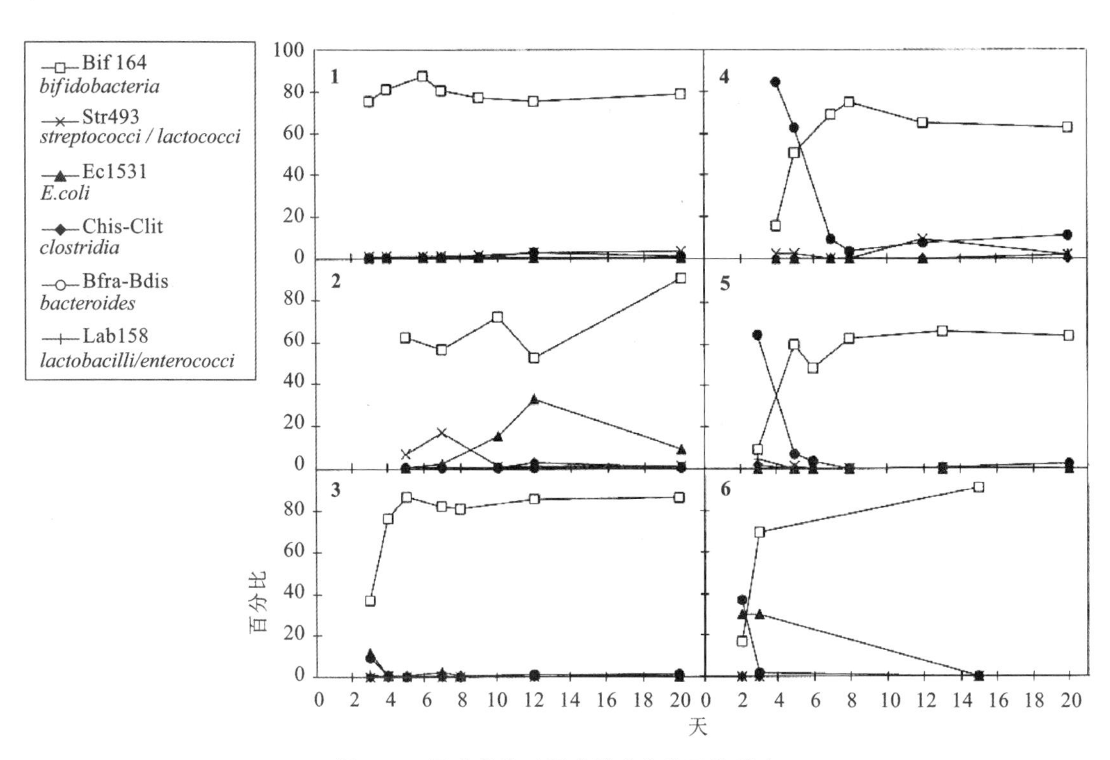

图 16-5　母乳喂养对肠道微生物发展的影响

母乳喂养对肠道菌群的影响不仅来自母乳中的 HMO 对双歧杆菌繁殖的选择性促进，越来越多的研究表明，母乳本身所含有的有益菌也是婴儿肠道有益菌的重要来源。母乳中的细菌含量随着时间的变化而变化。从婴儿出生到 3 个月，母乳中的细菌数量呈下降趋势，从 10^5 cfu/ml 降至 10^3 cfu/ml，而在此期间，婴儿肠道菌群的数量逐渐上升。最新的研究表明，母乳中有大量的产乳酸菌（Lactic acid bacteria，LAB），包括乳酸杆菌、双歧杆菌和产乳酸属的链球菌。其中长双歧杆菌、短双歧杆菌、格氏乳酸杆菌和唾液链球菌的比例最高。

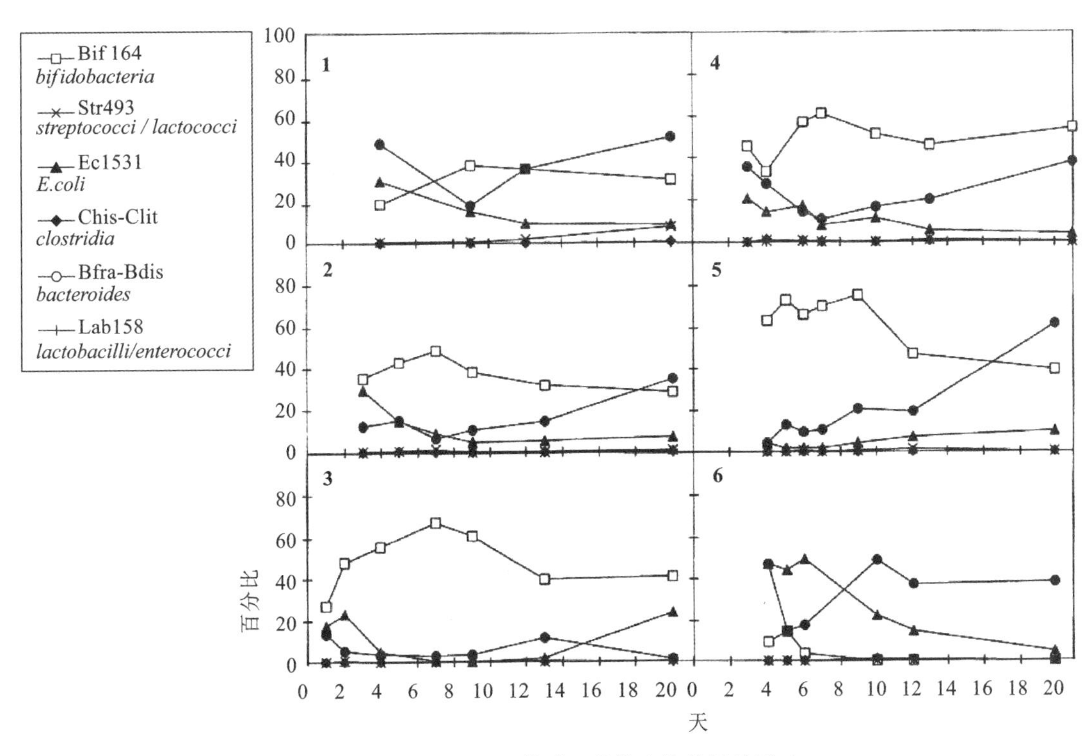

图 16-6　配方奶粉喂养对肠道微生物发展的影响

三、抗生素

在大多数发达国家和发展中国家，抗生素被滥用或过度使用。美国疾病预防和控制中心的数据显示，美国儿童在两岁之前平均接受 3 次抗生素治疗，而 10 岁之前该平均值达到 11 次。儿童 3 岁之前，在治疗耳、鼻、喉炎症时反复使用抗生素已经是常见现象。使用最广泛的抗生素包括青霉素、头孢菌素以及氟喹诺酮类抗生素等，就这一点而言，医生不适当的抗生素处方、不按照处方乱用抗生素等现象会显著提高世界范围抗生素抗性的发生。

抗生素在早期处方药中是最常见的种类之一。而该时期也是肠道微生态形成的关键时期。事实上，从出生到 3 岁，随着系统发育多样性的逐渐增加，肠道微生物的组成也不断变化。固体食物的引入使拟杆菌丰富度的增加，并且促使基因的表达从促进乳糖利用为主转换到促进链接碳水化合物利用、维生素合成和异生物质降解。而抗生素的使用能够显著地影响这些变化，导致菌群丰度的变化，并降低系统发育多样性的。最近一项研究显示，在氟喹诺酮药物或 β-内酰胺类药物进行干预的试验中，几种属于拟杆菌属（革兰阴性菌）的未知类群的比例显著上升。出乎意料的是，在抗生素治疗期间，由于拟杆菌属的增加导致每克样品微生物细胞总数增加。因此，抗生素的使用会诱导微生物多样性减少和耐药物种的生长，甚至会导致整个微生物负载增加。

另一项近期的研究表明，生命早期滥用抗生素能够对生命后期的健康产生潜在的严重影响。该研究表明，在生命早期使用抗生素，能够迅速引起肠道菌群的变化，使其偏离正常发展的轨迹。由于人体肠道微生态的存在一定的自然恢复功能，当少量或偶尔使用抗生素的情况下，微生态菌群分布有可能自然恢复到正常的水平。然而，当大量或重复使用抗生素，超过微生态自我修复的能力时，这种对微生态的破坏就会变成永久性破坏。

生命早期的菌群的正常定植在肠隐窝、ILF 的发展、屏障功能的建立（黏膜层、免疫球蛋白等）、派尔集合淋巴结的成熟、黏膜和系统 T 细胞的分化以及先天免疫系统的信号传递等方面起到重要的促进作用。因此，早期微生态的破坏能够显著影响后期的免疫功能及代谢平衡，导致免疫缺陷、共生菌不耐受、细菌定植抵抗缺陷而导致的病菌入侵等。进而增加各种先关疾病的风险，如 IBD、哮喘、肥胖、糖尿病、特异性皮炎（图 16-7）。

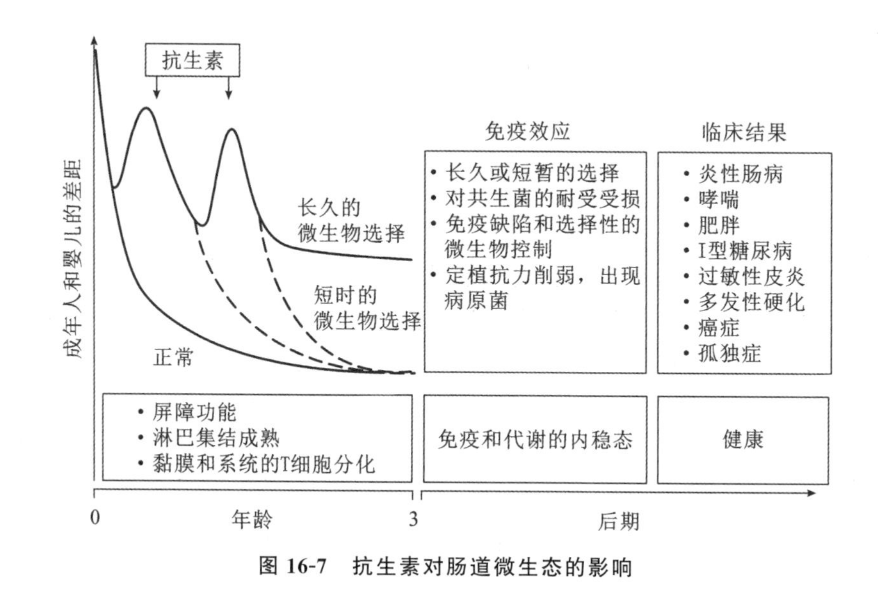

图 16-7　抗生素对肠道微生态的影响

第三节　肠道微生态与儿童疾病

一、共生关系

肠道菌群与宿主在长期的共同进化过程中，形成了密不可分的互利共生关系，它们通过参与人体的许多基本生理代谢活动，在宿主营养、免疫、健康与否中发挥了重要作用。研究表明，无菌小鼠和有正常菌群定植的小鼠在解剖学和生理学上都有显著差别。无菌小鼠在体重、器官重量（心脏、肺脏和心脏）、心排血量及摄氧量方面都显著低于正常小鼠。除此之外，无菌小鼠的在肠系膜及系统淋巴结、黏膜淋巴系统和血清免疫球蛋白水平上都显著低于正常小鼠。然而，当给无菌小鼠植入正常菌群之后，黏膜免疫系统能够迅速恢复正常。共生的肠道菌群能够给宿主提供丰富多样性的基因及代谢功能，帮助宿主从食物中摄取营养物质，并能为生物合成通路提供所需的因子，促进必须营养成分的生物合成。例如，结肠中有大量的细菌能够帮助发酵上游肠道来源的难消化碳水化合物，如植物细胞壁

多糖和抗性淀粉。其发酵产物，如锻炼脂肪酸（SCFA），为肠道黏膜上皮细胞提供能量，帮助维持肠道正常 pH 值，并作为代谢信号因子参与代谢活动，发挥多种对宿主健康有益的生理功能。

最新的研究表明，肠道微生态对于生命早期大脑发育、认知能力及压力情绪起到了不可忽视的作用。肠道菌群通过神经和免疫因子、内分泌和代谢通路影响大脑及脑肠轴系统。其作用机制包括：①细菌代谢产物、黏膜免疫细胞释放的细胞因子以及肠内分泌细胞分泌的肠激素（如 5-羟色胺）等通过血液循环进入大脑；②将信号通过包括迷走神经在内的传入神经通路传入中枢神经系统。同样，压力和情绪也会对肠道菌群产生显著影响，主要是通过应激激素和交感神经传导物质来影响菌群的生理功能，改变肠道菌群的生存环境。另外，宿主的应激激素，如去甲肾上腺素能够影响细菌的基因表达或者细菌间的信号传递，从而改变肠道菌群的组成及活性（图 16-8）。

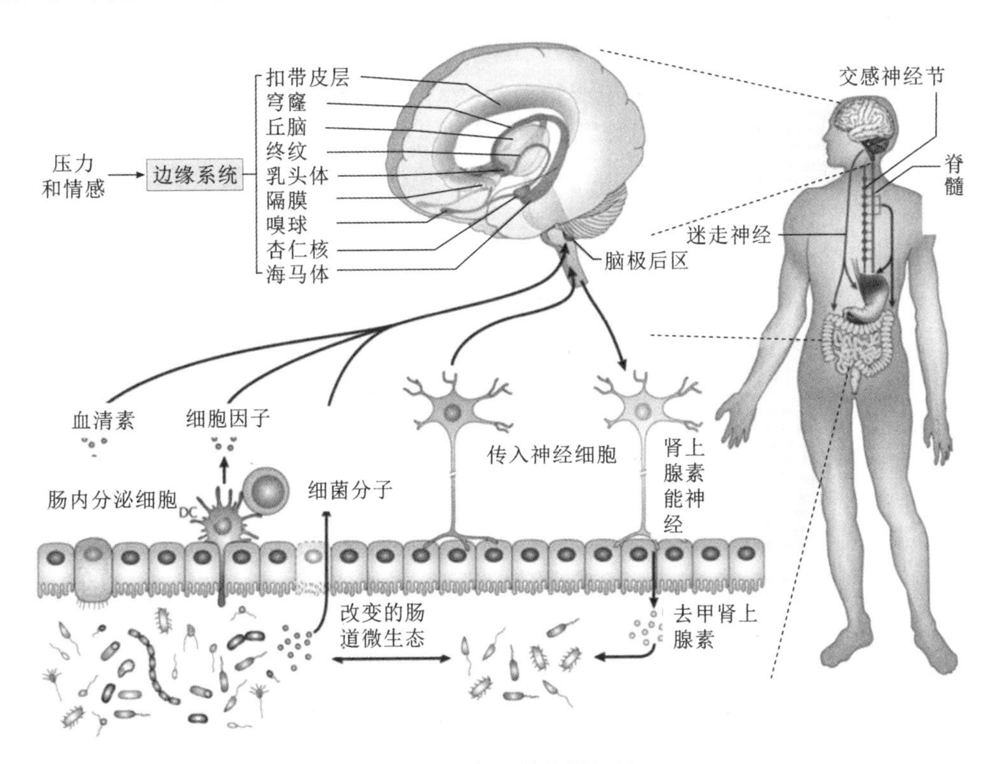

图 16-8　脑-肠轴作用机制

二、菌群失衡的危害

日常生活中有很多因素可以破坏微生态平衡，如抗生素的应用、感染、气候变化、饮食不当、等。对于婴幼儿来说，抗生素的应用及滥用是造成菌群失调的一个重要因素。抗生素使用过多，破坏微生态平衡，使耐药病菌更容易入侵与繁殖。如伪膜性肠炎，起因就在于大量使用抗生素之后，微生态平衡被破坏，耐药的梭状芽孢杆菌不受抗生素影响，迅速繁殖而引起腹痛、腹泻、发热等一系列严重病症。婴幼儿的断奶期、换奶粉期和开始添加辅食期，也可能导致肠道微生态系统动态平衡的破坏，有害菌占上风而使婴幼儿反复生病。另外在婴幼儿期，胃肠道微生态还正在建立过程中，就更加容易受到破坏，使肠道成为机会性感染的场所。目前已知特应性皮炎、坏死性小肠结肠炎（NEC）、婴儿肠绞痛、发育不良、儿童肥胖及儿童自闭症等等疾病的发生与微生态失衡有密切关系。众多研究表明菌群与新生儿坏死性小肠结肠炎、湿疹、哮喘、食物过敏、1型糖尿病、炎症性肠病、肠易激综合征、婴儿肠绞痛、发育不良、儿童肥胖及儿童自闭症等的发生均有密切关系。近年来的研究提示，人体微生物-免疫-代谢轴在儿童肥胖的发生机制中扮演重要的角色，肠道菌群改变可以通过炎症因子刺激、褐色脂肪组织代谢功能改变、白色脂肪组织褐变等通路导致儿童肥胖患病风险的增加。从妊娠早期开始，诸多因素可能通过该轴影响儿童肥胖，如母亲健康状况、饮食结构、抗生素使用、分娩方式及喂养方式等。通过分析影响超重/肥胖的风险因子发现，母亲孕前BMI、出生体重及身高、出生后第一年喂食配方奶粉、高频摄入快餐、看电视/电脑屏幕的时长是3岁时超重/肥胖的风险因子，肠道菌群中*Parabacteroidetes*菌及*Peptostreptococcae*菌科中未分类菌属的高丰度与超重/肥胖呈负相关，Dorea菌的高丰度与超重/肥胖呈正相关，2种相关互相独立，肠道菌群多样性与超重/肥胖无显著关联。通过分析38月龄以下发育不良儿童的肠道菌群和噬菌体，发现其噬菌体组成与正常儿童明显不同；发育不良儿童的肠道菌群发生改变，变形菌门丰度增高。正常儿童中温和噬菌体更多，发育不良儿童的肠道细菌有更多的与疾病和代谢相关的特征。体外交叉感染实验表明，低龄（≤23月龄）儿童的噬菌体可影响菌群的组成和数量，发育不良儿童的噬菌体可使健康儿童肠道菌群的变形菌门丰度增加，研究提示噬菌体或参与了发育不良儿童的菌群变化。一些研究报道了自闭症谱系障碍儿童中菌群组成的异常及菌群代谢产物异常，自闭症谱系障碍儿童常发生胃肠道不适，食物选择及挑食现象也在自闭症谱系障碍儿童中较为常见，营养、肠道菌群及自闭症谱系障碍通过菌群-肠-脑轴互作的潜在机制正在研究中。自闭症谱系障碍（ASD）儿童肠道菌群丰度降低，结构改变，且放线菌纲丰度显著增高，产气荚膜梭菌及可产生beta2毒素的产气荚膜梭菌毒素基因含量显著升高。ASD儿童肠道菌群毒力因子（VFGM）多态性显著上升，并与IgA含量呈正相关，毒力因子基因丰度与无乳链球菌丰度呈正相关。有研究表明患有功能性胃肠道疾病的自闭症谱系障碍儿童（ASD-FGID）的菌群-神经免疫特征与正常儿童存在差异：一些黏膜相关的梭菌目细菌在ASD-FGID中显著上升，萨特氏菌属、*Dorea*、*Blautia*等显著下降；黏膜活检样本中的IL-6与色氨酸释放在ASD-FGID中更高；促炎因子、色氨酸、5-羟色胺与一些与ASD相关的梭菌目细菌有显著关联。同时表面共生梭状芽孢杆菌与肠道黏膜的互作可在动物模型中调节疾病相关的细胞因子及血清素激活通路。有项关于儿童心理压力参数与肠道菌群的关联的研究发现低pnn50（反映副交感神经活性）和负性事件相关的高压力，与较低的菌群α多样性相关。幸福感和pnn50，与高压力和低压力儿童间的菌群组成差异具有较强的关联性，分别与24和31个OTU相关；总体上，高压力与厚壁菌门和考拉杆菌属减少，拟杆菌、副拟杆菌、红球菌、甲烷短杆菌和罗斯拜瑞氏菌等菌属增加，存在关联。压力参数与菌群的关系在青春期前儿童和青少年间存在差异（表16-1）。

表 16-1　婴儿超重与微生物组群的关系

作者和出版时间	实验设计	参与人数（排除标准）	菌群分析时间点和方法	超重评价	与超重有关的发现	试验中的变量
Scheepers et al 2014	前瞻性队列研究	909 个婴儿（37 周前分娩的早产儿，双胞胎，出现先天畸形，收集粪便前使用抗生素）	1 个月 定量 PCR：双歧杆菌，脆弱类杆菌，艰难梭菌，大肠杆菌，乳酸菌，总细菌数	年龄和性别 标准身体质量指数 1～10 岁间的 7 个时间点测得的身高和体重	脆弱类杆菌阳性（只在 4 岁的低纤维摄入量的儿童中出现） 脆弱类杆菌在高纤维摄入量组增加，在低纤维摄入量组和选择子队列减少	性别，地点，出生方式，出生体重，收集粪便样本时的年龄，第一个月婴儿的喂养类型，母乳喂养的持续时间，母亲的教育程度，总细菌数
White et al 2013	未来 一般人群	218 个婴儿（早产儿，妊娠期＜253 天），剖腹产的足月儿和顺产但分析前 4 天服用过抗生素的足月儿	第 4，10，30，120 天 本地序列基本搜索工具：肠球菌，乳酸菌， 副干酪菌，葡萄球菌，链球菌，梭菌，毛螺菌，韦勇氏球菌，假单胞菌，大肠杆菌，肠道菌，长双歧杆菌，短双歧杆菌，双歧杆菌，脆弱类杆菌和拟杆菌	从出生到 6 个月的年龄和体重	第 30 天时，男性婴儿拟杆菌阴性	控制第 4 天后使用的抗生素，性别，牛奶替代品的使用，母亲吸烟与否
Luoto et al 2011	嵌套对照 病例对照	15 个超重或肥胖的儿童和 15 个正常体重但具有异位性疾病家族史的儿童	3 个月 荧光原位杂交：拟杆菌，双歧杆菌，溶组织梭菌， 乳酸菌-乳球菌-肠球菌和总计数	10 岁时的身体质量指数	双歧杆菌数目下降	性别，妊娠时间，出生方式，出生时的身体质量指数，益生菌干预，母乳喂养的持续时间

续表

作者和出版时间	实验设计	参与人数（排除标准）	菌群分析时间点和方法	超重评价	与超重有关的发现	试验中的变量
Vael et al 2011	未来的一般人群	138 个剖腹产的早产儿	第 3,26,52 周 细胞微培养：脆弱拟杆菌，双歧杆菌，乳酸菌，肠球菌，肠杆菌，梭菌，葡萄球菌	12 个月，18 个月，24 个月，30 个月，36 个月时的身体质量指数	第 3 周和 26 周，脆弱拟杆菌的浓度上升，第 3 周和 52 周的葡萄球菌浓度下降，第 3 周的葡萄球菌和脆弱类杆菌的比率下降	母亲的身体质量指数，奶粉或母乳喂养，抗生素的使用，母亲是否吸烟，出生体重
Kallimakiet al 2008	嵌套配套病例对照	25 个超重或肥胖的儿童和 24 个正常体重但有异型性疾病家族史的儿童	6 到 12 个月 荧光原位杂交：拟杆菌，双歧杆菌，溶组织梭菌，乳酸菌-乳球菌-肠球菌和总计数 定量 PCR：双歧杆菌属，青春双歧杆菌，两歧双歧杆菌，短双歧杆菌，长双歧杆菌，脆弱拟杆菌，金黄色葡萄球菌	7 岁时的身体质量指数	双歧杆菌数量下降； 金黄色葡萄球菌数量上升	妊娠时间，出生时的身体质量指数，出生方式，益生菌干预，母乳喂养的时间，抗生素的使用，7 岁时异位性疾病的发生频率和敏感程度

第四节　儿童微生态小结

肠道微生态具备多种生理功能，是人体微生态系统中最为主要和最复杂的，具有促进微生态平衡及保护宿主健康的生态作用，并对人体各大系统疾病健康产生多种影响。老年微生态是肠道微生态“增龄”后的体现，有其独特的组成和功能，各类老年人健康休戚相关。破坏老年人肠道菌群稳态的因素分为长期和短期，因此干预的手段也要结合实际情况综合实施，从普通饮食和生活习惯入手是保护和改善老年肠道菌群的最基础最有效的方式。随着肠道菌群检测技术的推广和成本的大幅下降，老年人群体的肠道菌群监控应该尽早开始，尽早干预。在未来的临床应用中，将针对患者肠道菌群特殊组成和个人情况，制定个体化的营养、益生元和益生菌组合，可达到快速、有效的肠道菌群干预目的。

人体的微生态在整个生命过程中是一个发展的，动态变化的过程。肠道微生物群是人类健康的核心，但其在生命早期的建立尚未得到定量和功能上的检验。应用宏基因组分析技术可以描述出生后第一年的肠道微生物组，并评估分娩方式和喂养方式对其建立的影响。与阴道分娩的婴儿相比，剖宫产婴儿的肠道微生物群与母亲的相似性明显降低。营养对早期微生物群的组成和功能有着重要的影响，微生物群落组成和生态网络在每个采样阶段都具有明显的特征，与微生物群落的功能成分相一致。通常认为，婴儿在出生前，其胃肠道是无菌的，出生后 48 小时之内开始有菌定植。2 岁之后婴幼儿胃肠道微生态才初步建立，且易受外界因素影响，如婴幼儿在断奶和添加辅食期间，容易出现肠道菌群失衡。另外婴幼儿免疫系统发育尚不完善，易出现感染和过敏等问题。细菌多样性在 1～5 岁没有增加，且显著低于成人，菌群稳定性增加，其中类杆菌是主要贡献者；菌群发展具有时间不同步性，放线菌、杆菌、梭菌保留了儿童样丰度，而其他菌则转化为成人样丰度；菌群核心随年龄的增长而增加，如丁酸生产菌，并逐渐向成人样的组成发展。目前关注儿童的肠道菌群发育问题，以及抗生素可能破坏新生儿肠道菌群的发育，应对儿童菌群和营养挑战，新型营养食品开发势在必行。特定益生菌菌株可能预防急性肠胃炎、抗生素腹泻、婴儿肠绞痛和坏死性小肠结肠炎；然而由于研究设计差异，对特定菌株、剂量和适应证证据有限，目前没有足够的证据支持日常用益生菌预防婴儿和儿童胃肠疾病。前证据最强的预防性益生菌：乳双歧杆菌用于急性肠胃炎、布拉酵母菌和鼠李糖乳杆菌 GG 用于抗生素腹泻、罗伊氏乳杆菌 DSM17938 用于婴儿肠绞痛、反酸和便秘。及早给婴幼儿补充高质量的益生菌，促进健康微生态的形成，可以增强儿童免疫力，促进儿童消化，增进食欲，缓解乳糖不耐受症，对婴幼儿期以及成人后的健康都会产生深远的正面影响。

（彭仰华　刘斐童　吉　勇）

第十七章

粪菌移植与肿瘤治疗

第一节　粪菌移植简述

一、粪菌移植定义

粪菌移植（fecal microbiota transplantation，FMT），从字面上不难理解，是指将从健康供体粪便中提取的菌群通过胶囊、胃镜、鼻-空肠管、肠镜、造瘘口、灌肠等方式移植到患者胃肠道中，以重新建立患者的肠道菌群（肠道多样性）达到治疗/辅助治疗疾病的目的。“粪菌移植”一词在统一专业化命名前，曾一度被称为“粪便移植”，直到今天，也有很多人会顺口说成“粪便移植”，不管怎么称呼，主要宗旨就是利用粪便中的菌群达到治疗疾病的目的。

二、粪菌移植发展历程

相对于其他临床常用治疗手段，粪菌移植在临床中应用不多，但粪菌移植的历史还是较长的。早在公元4世纪东晋时期，我国著名医学家葛洪在其所著的《肘后备急方》中，就记载了用粪汁治疗食物中毒和严重腹泻的案例。在现代医学史上，FMT第一次应用于人类疾病治疗是在1958年，美国科罗拉多大学医学院的外科医生BenEiseman教授用粪便保留灌肠成功治愈了4例伪膜性肠炎的患者，但此后用粪便治病的手段并未引起广泛关注。直到1989年，Bennet和Borody等教授用粪水灌肠治愈了溃疡性结肠炎、克罗恩病和慢性便秘等肠道疾病，进一步扩宽了FMT的临床适应证。研究发现，FMT对难治性梭状芽孢杆菌感染（clostridium diffificile infection，CDI）具有显著的临床疗效，FMT在复发或难治性CDI中的治愈率高达90%，2013年，FMT被正式写入梭状芽孢杆菌感染（CDI）的临床治疗指南，成为难治性CDI的首选治疗，这促使FMT得到前所未有的重视。

随着科技进步的快速发展，人类对肠道菌群失调对疾病影响的认识急剧增加，已有证据表明人类几十种疾病与肠道菌群失调有关，且越来越多的临床证据表明，FMT可用于治疗多种菌群失调相关性疾病，如炎症性肠病、糖尿病、肝硬化和肠脑相关疾病等。在组学研究的带动下，被称为“人类第二基因组”的微生物组学研究已成为当今世界非常热门的研究方向，2016年美国白宫也启动了“国家微生物组计划”，FMT已成为近几年全球生物学、微生物学和临床医学等众多学科研究的前沿热点。

第二节 肠道菌群失调与肿瘤的发生

肠道是人体内部最大的微生物寄居地，肠道微生物群与宿主之间存在密切的共生关系，对宿主的营养、免疫和代谢等起着决定性的作用。越来越多的研究揭示了肠道菌群失调或某些特殊类型细菌异常与各种癌症发生发展之间具有密切关系，包括胃癌、结直肠癌、肝细胞癌、胰腺癌、乳腺癌和黑色素瘤等。据统计，全球约20%肿瘤的发生与病原微生物的感染有关，如人乳头瘤病毒、幽门螺杆菌和乙型肝炎病毒等。也有报道表明，反复腹腔内感染或频繁使用抗生素或两者兼有均可通过引起肠道菌群失调导致结肠直肠癌发病率增加。随着全世界对肠道菌群失调理解的加深，应用微生物疗法治疗癌症的兴趣也迅速增长。

在过去几年中，肠道微生物群在致癌过程中的作用及可能机制已被广泛报道，肠道中菌群失调或某种类型细菌失调均可通过诱导炎症和破坏宿主DNA等诱发癌症或促进癌症进程，长期暴露于抗生素环境下会改变肠道菌群的组成并降低其多样性，增加患结直肠癌、胃癌、胰腺癌、肺癌、乳腺癌和前列腺癌等的风险。一些细菌拥有或产生促进β-连环蛋白与上皮钙黏蛋白分离的蛋白质，激活与致癌作用相关的β-连环蛋白信号通路，从而导致癌症发生。肠道菌群失调可导致细菌衍生的短链脂肪酸减少，短链脂肪酸具有调节肠道菌群、抵抗肿瘤及抗炎等重要生理功能，其生理功能破坏，发生肿瘤风险则增加；肠道菌群失调还可通过Toll样受体（TLRs）的微生物相关分子模式发挥促炎作用，增加细胞产生促炎因子，从而增加致癌作用。除了引发炎症，许多细菌还具有通过释放特定代谢物来破坏脱氧核糖核酸的能力，这反过来又会促进癌症的发展。总之，肠道菌群失调引发癌症的机制很多，正是因为肠道菌群失调与癌症的密切关系，也为后续研究如何利用肠道菌群治疗癌症奠定基础。

第三节 肠道菌群与肿瘤治疗

在过去很长一段时间内，肿瘤治疗一直基于传统的肿瘤治疗三把刀（手术、化疗、放疗）开展，虽然现在肿瘤的治疗手段逐渐增加，肿瘤发生发展的驱动机制也取得重大进步，但整体上来讲，肿瘤治疗的难度依然很大，治疗方法仍然很局限，研发新的癌症治疗/辅助治疗手段一直是全球努力的方向，而关于肠道菌群在肿瘤治疗中的作用几乎没有报道。近几年，由于对肠道菌群和癌症关系的了解越来越深入，肠道菌群在癌症治疗中的前景备受关注。“药物微生物学”为我们阐释了微生物的生物活性及其与宿主的直接相互作用影响药物疗效和毒性的可能机制，因此，肠道菌群逐渐成为提高抗肿瘤治疗疗效、降低毒性的靶目标。已有证据表明肠道菌群失调会影响肿瘤患者治疗（包括化疗、放疗、免

疫治疗等）的疗效和不良反应的发生。尤其随着最近免疫治疗在肿瘤领域的飞速发展和前所未有的治疗效果，肠道菌群仿佛一夜之间吸引了全球医生、科学家的眼球，越来越多的数据表明肠道微生物群可以调节癌症治疗尤其是免疫治疗的效果，直接影响患者的整体预后。由于肠道菌群可能是患者免疫治疗是否获益的因素，因此以治疗为目的操纵微生物种群成为肿瘤研究的热点，而最引人注目的便是最近流行的粪菌移植。下面针对粪菌移植与临床常用的化疗间的关系加以概述，对目前非常热门的免疫治疗与粪菌移植关系详细介绍。

第四节　粪菌移植与化疗

化疗是大部分肿瘤患者的常用手段，但临床实践中发现化疗药物在杀灭肿瘤同时也会引发严重的副作用和耐药性，甚至引起治疗相关死亡。大量研究表明，肠道菌群与化疗药物，如5-氟尿嘧啶、环磷酰胺、伊立替康、奥沙利铂、吉西他滨、氨甲喋呤等的疗效和毒性密切相关，主要通过“TIMER”机制调节宿主对癌症治疗的反应：易位（translocation，T）、免疫调节（immunomodulation，I）、新陈代谢（metabolism，M）、酶促降解（enzymatic degradation，E）、微生物多样性及生态变异的减少（reduced diversity and ecological variation，R），此外，肠道菌群还可以直接影响抗肿瘤药物的药物代谢动力学、抗肿瘤活性和细胞毒性等，因此，肠道菌群逐渐成为提高化疗疗效、降低毒性的辅助治疗靶标。

肠道菌群可通过调节宿主免疫反应影响化疗期间抗肿瘤药物的疗效。研究报道，抗肿瘤免疫调节剂环磷酰胺（CTX）可以改变小鼠的肠道菌群组成，同时某些革兰阳性细菌发生易位，将特定的革兰阳性细菌（主要是约翰逊乳杆菌和海氏肠球菌）选择性地转移到次级淋巴器官中，促进辅助性T细胞Th17和记忆性T细胞Th1产生免疫反应，增加CTX对肿瘤的杀伤效力并防止肿瘤细胞产生耐药，这些易位细菌是增强烷基化免疫调节药物效果的“肿瘤微生态制剂”的代表。研究也证实，口服海氏肠球菌能够激活脾脏中T细胞的抗肿瘤免疫应答，再联合CTX的细胞毒性作用，则可以有效抑制肿瘤的生长。与之类似，铂类化疗药物也通过微生物群调控肿瘤对药物治疗的反应。有研究表明，在富含生物素的肠道微生物群存在情况下，奥沙利铂可促进肿瘤细胞产生活性氧介导抗肿瘤作用的骨髓细胞浸润，以此发挥更好的抗肿瘤作用。同样，吉西他滨对胰腺癌的抗肿瘤作用可能与肿瘤微环境中的肠杆菌科和假单胞菌科成员有关，这些细菌含有胞苷脱氨酶（cytidinedeaminase，CDD）可能会降低癌细胞对吉西他滨的敏感性；结直肠癌患者化疗耐药与肠道菌群失调有关，其中具核梭杆菌发挥重要作用，具核梭杆菌通过系列过程激活自噬促进化疗耐药。

化疗药物主要靠其细胞毒作用杀死肿瘤细胞，但同时也会对机体内健康细胞产生细胞毒作用。因此，化疗常伴随着严重的毒副作用，如骨髓毒性、肠道毒性和周围神经病变等等，导致治疗剂量限制或治疗中断，削弱抗肿瘤作用。在化疗引起的黏膜炎症中，肠道微生物可以发挥双重作用。以伊立替康为例，一方面，肠道中某些共生菌可产生有益的代谢

物如丁酸盐，可以降低伊立替康的肠道毒副作用；另一方面，产胰高血糖醛酸酶的细菌可将伊立替康代谢产物 SN-38G 在胃肠道内分解成有毒的 SN-38，导致伊立替康相关的肠道损伤。SophieViaud 教授等发现，CTX 会加重无菌小鼠和抗生素治疗的荷瘤小鼠肠黏膜损伤。在化疗引起的周围神经毒性中，有研究表明，肠道微生物群促进了化疗诱导的痛觉过敏的发生，且发现奥沙利铂治疗期间的机械性痛觉过敏与 TLR-4 有关；另一研究报道，一种含有双歧杆菌、乳酸菌和链球菌的高浓度益生菌制剂 VSL＃3，可抵消紫杉醇诱导的促炎和趋化因子的增加，这些因子包括 p-STAT3、PI3K、p-FAK、p-JAK2 和 IL-8 等，从而减轻紫杉醇诱导的神经性疼痛，且长期使用该益生菌无明显毒性。

第五节　粪菌移植与免疫治疗

如前所述，既然肠道菌群与免疫治疗关系如此密切，粪菌移植可以说是免疫治疗时代下催生的一种免疫治疗伴侣。众所周知，近几年免疫治疗在各种肿瘤中呈百花齐放状态，已成为抗肿瘤治疗的一种有效手段，免疫检查点抑制剂 PD-1、PD-L1 和 CTLA-4 可引起 T 淋巴细胞介导的适应性免疫应答，在黑色素瘤、肾癌、肺癌、淋巴瘤等多种肿瘤中效果显著。但是，免疫治疗也可以被看作是一把双刃剑，部分患者获益甚微，甚至免疫治疗后发生疾病超进展，部分患者发生严重的不良反应，其中以腹泻和结肠炎为表现的免疫介导的胃肠道毒性反应最常见、最严重。因此，在抗肿瘤效果和药物不良反应之间取得平衡成为免疫治疗研究的重点。

2018 年美国学者 Wang Y 及其同事报道，两位癌症患者接受免疫治疗后发生严重的结肠炎，研究者用健康捐赠者的粪便菌群对患者进行了治疗，粪菌移植后，患者的结肠炎症状得到改善，且粪菌移植后患者肠道的保护性细菌得以恢复，虽然只有两例患者，但这强调了粪菌移植在治疗癌症免疫治疗不良反应方面的巨大潜力。相对于粪菌移植治疗免疫治疗引发的不良反应，目前更多的研究集中在通过干预肠道菌群提高免疫治疗的疗效。越来越多的研究证据表明，肠道菌群是调节患者对抗 PD-1/PD-L1 或抗 CTLA-4 免疫治疗反应的重要因素，肠道菌群影响免疫治疗应答的主要原因可能与细菌丰度、细菌类群、肿瘤类型、宏基因组技术以及环境因素等有关，但研究普遍认为，肠道菌群对接受免疫治疗患者的免疫刺激作用可能是提高免疫治疗疗效的主要机制。

不同类型的癌症可能以不同的方式改变特定菌群的丰度，从而增强或削弱免疫治疗的疗效。Routy B 等报道，在 249 例包括各种肿瘤的接受抗 PD-1/PD-L1 单克隆抗体治疗患者中，其中 69 例患者在治疗前 2 个月或治疗后 1 个月内进行抗生素治疗，结果发现接受抗生素治疗可明显缩短患者的无进展生存期和总生存期，这种现象在小鼠肿瘤模型中也得到了证实，研究者把对免疫治疗有响应患者（R）和无响应患者（NR）的粪便分别移植到小鼠肠道后，接受了 R 型粪便的荷瘤小鼠其对免疫治疗疗效明显优于接受了 NR 型粪便的小鼠。通过对粪便的菌群分析，研究者发现口服 *akkermansia muciniphila* 益生菌可以重塑NR型患者免疫治疗的疗效。Pinato D J等的前瞻性临床研究也显示，在开始免疫治疗前一个月接受广谱抗生素治疗的患者对免疫治疗的反应明显较差，这可能是因为抗生素破坏了肠道微生物组的平衡，从而影响免疫系统。

据已有报道，粪菌移植在黑色素瘤中的研究较多，Gopalakrishnan V等分析了112名接受免疫治疗的黑色素瘤患者的肠道与口腔菌群，发现治疗应答组和无应答组的菌群差异较大，应答组的某些类型细菌（如瘤胃菌科）的多样性和丰度显著高于无应答组，且治疗应答组患者的抗肿瘤免疫功能也增强，该结果在小鼠模型中也得到了确认；Matson V等对接受免疫治疗的患者肠道菌群运用三种不同方法进行了分析，结果发现治疗应答患者中长双歧杆菌、产气柯林斯菌等含量更丰富，且将治疗应答患者粪便移植到荷瘤小鼠，可控制小鼠肿瘤生长，并增强T细胞反应，从而提高了免疫治疗疗效；Marie Vétizou等研究发现，用抗生素处理的无菌荷瘤小鼠，对抗CTLA-4治疗不产生应答，但对小鼠移植脆弱拟杆菌后，可恢复对抗CTLA-4治疗的应答，此外，将黑色素瘤患者的粪菌移植到小鼠体内后，抗CTLA-4治疗可促进小鼠体内脆弱拟杆菌的生长，发挥抗肿瘤作用；Chaput N等的研究发现，基线胃肠道生物群的组成可能影响伊普利单抗抗肿瘤效应，易普利姆玛能够促进T细胞共刺激因子升高，在*faecalibacterium*肠道粪杆菌其他厚壁菌基线丰度高的患者中升高血清CD25水平，增强免疫治疗效果，而拟杆菌属丰度较高的患者对伊普利单抗治疗并不敏感。总体结果表明干预肠道菌群有望提高肿瘤免疫治疗的疗效。

基于众多振奋人心的研究报道，全球范围内也开展了多项粪菌移植联合免疫治疗的临床试验，其中粪菌移植联合抗PD-1治疗黑色素瘤的Ⅱ期研究早在2018年就已开始，根据现有的动物研究结果及已经开展的临床研究初步数据，同时对肠道菌群进行干预有望将免疫治疗的应答率提高10%～20%。通过查阅临床试验注册网站，国内外均已开展粪菌移植联合免疫治疗的临床研究，部分临床研究如表17-1所示（描述若有不当，请以网站公示为准）。

第六节　问题与前景

粪菌移植在肿瘤中的治疗虽然刚刚起步，现有结果提示，肠道菌群作为免疫治疗预测标记物应用，以及通过粪菌移植重建患者肠道菌群可能会成为免疫治疗、化疗和放疗的重要伴随策略，具有很好的应用前景，但是粪菌移植真正用于临床还需要很长过程。

不管是人体微生态环境还是免疫系统，都是十分复杂的，我们现阶段对肠道菌群的了解还处于较肤浅状态，不论是健康供体还是癌症患者，肠道菌群受影响因素（饮食习惯、生活环境等）非常多，必然存在较大的异质性，且微生态环境与宿主之间的相互作用也很复杂，这均为粪菌移植带来很大挑战。众所周知，临床用于患者的治疗手段最关键的问题是安全性，对拟用于移植的粪菌质量控制非常重要。2019年，美国FDA就曾因为安全性

表 17-1　粪菌移植与肿瘤治疗的临床研究汇总

注册号	状态	病种	移植方法	供者	联合药物/治疗	研究大致描述
NCT03772899	进行	黑色素瘤	肠镜 FMT	健康者	Pembrolizumab 或 Nivolumab	患者至少在接受免疫治疗前一周接受 FMT，以评估 FMT 治疗黑色素瘤的安全性、FMT 和免疫治疗相结合对肠道微生物组、血液生物标志物、代谢组学的影响
NCT04056026	完成	间皮瘤	肠镜 FMT	健康者	Keytruda	接受 Keytruda 治疗的转移性间皮瘤患者，通过肠镜进行 FMT 后评估疗效，旨在通过 FMT 提高 Keytruda 治疗间皮瘤的疗效
NCT03838601	进行	头颈部鳞癌	MET-4 菌株	—	放化疗	按照标准治疗接受放化疗外，所有入选的患者都将接受 MET-4 治疗，直至放化疗后 4 周或不可接受毒性出现，以评估 MET-4 菌株在联合放化疗时的安全性、耐受性和移植情况
NCT03353402	进行	Ⅳ期和Ⅲ期不可切除黑色素瘤	肠镜和胶囊 FMT	ICIs 治疗有应答患者	ICIs	将对免疫治疗有应答患者的肠道菌群移植到免疫治疗失败黑色素瘤患者的肠道，探索肠道微生物对免疫治疗疗效的影响
NCT04130763	进行	消化道肿瘤	FMT 胶囊	健康者	免疫治疗	免疫治疗无应答者，第一周连续服用 FMT 胶囊 3 天，第 2 周开始，抗 PD-1 治疗与 FMT 联合维持使用，每 2 周 1 次，最多 6 次，以探索 FMT 对提高抗 PD-1 治疗疗效的作用
NCT03686202	进行	实体瘤	MET-4	—	ICIs	评价 MET-4 菌株安全性后，MET-4 联合 ICIs 组对比 ICIs 组的安全性和有效性，评估 MET-4 和 ICIs 联合使用时的安全性、耐受性和植入丰度
NCT03678493	进行	急性髓系白血病及异基因造血干细胞移植者	FMT 胶囊	健康者	化疗或异基因造血细胞移植者	拟入组 60 名接受强化化疗的急性髓系白血病患者和 60 名异基因造血干细胞移植患者，抗生素治疗后进行最多 3 次 FMT 和安慰剂治疗，直到随机分组后 3 个月，探索 FMT 在预防/治疗急性髓系白血病和异基因造血干细胞移植感染中的作用

续表

注册号	状态	病种	移植方法	供者	联合药物/治疗	研究大致描述
NCT04521075	未入组	Ⅳ期黑色素瘤、不可切除黑色素瘤、Ⅳ期NSCLC	FMT 胶囊	ICIs 治疗持久应答者	Nivolumab	Nivolumab 在 FMT 后至少 1～3 天给予，联合治疗每 2 周一次，维持 6 周期，以评价 FMT 联合 Nivolumab 治疗转移性或不可切除黑色素瘤或 NSCLC 的安全性和有效性，并探索相关生物标记物
NCT02928523	完成	急性髓样白血病（AML）	自体 FMT	自体粪便	化疗、抗生素治疗	在入院和诊断为 AML 时，患者将被要求捐献粪便，这些粪便将经过全面筛选，符合条件的粪便将进行筛选并冷冻保存，直到患者出现并发症后进行 FMT，旨在使用自体 FMT 来恢复 AML 患者在化疗和抗生素治疗过程中的肠道微生物失衡，消除治疗引起的耐药菌、感染相关性并发症及胃肠道后遗症
NCT04163289	进行	肾细胞癌	FMT 胶囊	健康者	Nivolumab 联合 Ipilimumab	肾细胞癌 Nivolumab 联合 Ipilimumab 首次治疗前 7 天或以上行 FMT，二次治疗前 1～3 天行 FMT，并分析 FMT 后患者微生物组的变化，以评价 FMT 联合双免疫治疗肾癌的安全性以及 FMT 降低免疫治疗毒副作用的可行性
NCT04040712	完成	肾细胞癌 TKI 治疗所致腹泻者	—	健康者	TKI	帕唑帕尼或舒尼替尼治疗的转移性肾细胞癌患者，出现 2～3 度腹泻后进行 FMT，以探索 FMT 在治疗转移性肾细胞癌 TKI 所致腹泻中的疗效
NCT04116775	进行	前列腺癌	内镜 FMT	Pembrolizumab 应答者	Pembrolizumab、恩杂鲁胺和内分泌治疗	Pembrolizumab 治疗 4 周期后，应答者粪便提取液移植到非应答者肠道，研究应答者肠道微生物对非应答者的治疗作用
NCT03819296	未入组	黑色素瘤和泌尿生殖系统肿瘤免疫治疗所致胃肠道并发症	内镜 FMT	—	强的松和 Infliximab 或 Iedolizumab	分析强的松和 Infliximab 或 Iedolizumab 治疗前后患者粪便、血液、组织标本，出现胃肠道并发症患者进行内镜 FMT，研究微生物在 ICIs 治疗导致的胃肠道并发症发生中的作用及 FMT 治疗胃肠道并发症的疗效

续表

注册号	状态	病种	移植方法	供者	联合药物/治疗	研究大致描述
NCT03812705	进行	造血和淋巴细胞肿瘤	内镜 FMT	—	—	GVHD 的造血和淋巴细胞肿瘤患者通过结肠镜/胃镜进行FMT,病情 1 周内稳定或改善者,1 周后进行第二次 FMT,最多进行 4 次,评估 FMT 治疗激素耐药/依赖性急性胃肠移植物抗宿主反应(GVHD)的有效性和安全性
NCT02770326	未入组	实体瘤合并艰难梭菌感染者	肠镜或胃镜 FMT	—	—	复发或难治性艰难梭菌感染肿瘤患者进行 FMT 后评估安全性并分析 6 个月内的粪便微生物,以评估 FMT 治疗艰难梭菌感染的肿瘤患者的安全性
NCT04264975	进行	实体瘤	肠镜 FMT	对 ICIs 部分或完全应答患者	免疫治疗	分析免疫治疗患者粪便微生物,并对免疫治疗原发或继发耐药患者,进行肠镜 FMT,以探索微生物组作为免疫治疗相关生物标志物的价值,并评价 FMT 对免疫治疗疗效的影响
NCT04038619	未入组	泌尿生殖系统肿瘤	肠镜 FMT	—	洛派丁胺	新发 2 级或以上 ICIs 相关性腹泻/结肠炎患者,口服洛派丁胺 4 小时后,通过结肠镜检查进行 FMT,评价 FMT 在治疗泌尿生殖系统肿瘤患者 ICIs 所致腹泻或结肠炎的安全性和有效性
NCT04303286	进行	肝细胞癌(HCC)	微生物检测	—	手术	根据术后第 5 天肝功能情况,将患者分为恢复组和恢复延迟组,良性肝病为对照组,分析比较三组患者肠道菌群差异,然后在小鼠肝切除术模型中进行 FMT,旨在探讨 HCC 患者术后肝功能恢复与肠道菌群的相关性

注:FMT:粪菌移植;NSCLC:非小细胞肺癌;TKI:酪氨酸激酶抑制剂;ICIs:免疫检查点抑制剂。

紧急叫停了一批正在进行的粪菌移植临床试验，原因是移植的粪菌可能传播多重耐药菌，当时研究已导致 1 例患者死亡。由于粪菌移植涉及环节多，每个环节都可能出现问题，如：①健康供者的选择，何谓“健康”至今无统一标准，甚至在未来很长时间内都不可能有统一共识；②什么类型的肠道菌群可能具有临床治疗效果，如何判断；③移植的肠道菌群数量如何断定及是否会引起患者菌群更加失调；④移植后的肠道菌群活性如何及发挥作用持续时间问题；⑤粪菌移植携带的潜在致病菌对患者影响以引发其他疾病问题；⑥粪菌移植研究中患者治疗应答的判断及可能的对照患者选择问题；⑦患者对粪菌移植的接受程度和配合问题；⑧粪菌移植的最佳时机及频率；⑨粪菌移植本身引发的不良事件处理；等等。因此，一种新治疗方法的质量安全是其应用的首要保证。

本章节主要基于已有的报道，简单介绍了粪菌移植的定义及其发展历程，基于肠道菌群与肿瘤发生之间的密切关系，重点介绍了粪菌移植在肿瘤治疗中的研究现状。如前所述，粪菌移植在肿瘤中的治疗刚刚起步，尚欠缺非常有说服力的证据，虽然根据目前振奋人心的研究结果，期待粪菌移植在肿瘤治疗尤其免疫治疗中大放异彩，但最终的决定权还需交给临床证据。

（廖海燕　高　静）

肠道微生态与造血干细胞移植相关性中国专家共识

中国抗癌协会肿瘤与微生态专业委员会
通信作者：郭智，Email：guozhi77@126.com；
刘启发，Email：liuqifa628@163.com；
王强，Email：wangqiang@wust.edu.cn

【关键词】肠道微生态；造血干细胞移植；相关性；临床共识
DOI：10.3760/cma.j.cn371439－20210202－00027
引文出处：中国抗癌协会肿瘤与微生态专业委员会．肠道微生态与造血干细胞移植相关性中国专家共识［J］．国际肿瘤学杂志，2021，48（3）：129-135.

病原微生物对人类是一个持续的威胁，特别是随着新技术如单倍体及无关供者异基因造血干细胞移植（allogeneic hematopoietic stem cell transplantation，allo-HSCT）的开展和新型免疫抑制剂的使用，出现了较多对抗生素耐药的细菌和免疫功能低下的个体。人体有多种微生物（通常称为微生物群）定居，胃肠道拥有最大的微生物群落，估计有100万亿～150万亿微生物，被誉为人类“第二基因组”。肠道菌群对宿主具有多种作用，如影响宿主免疫系统发育，影响食物的消化，影响必需氨基酸、次生代谢产物、短链脂肪酸和维生素的合成，调节宿主的免疫反应等。在健康人体内，肠道菌群是肠道黏膜免疫的重要组成部分，有益菌、中性菌和致病菌构成微妙的平衡关系，组成保持人体健康所必需的功能稳态。

肠道菌群在机体抗肿瘤免疫反应的作用，包括在化疗和allo-HSCT中的作用已受到越来越多的关注。20世纪80年代，有研究报道居住在肠腔共生的微生物即肠道菌群在移植物抗宿主病（graft-versus-host disease，GVHD）的病理生理过程中发挥重要作用。一项评估allo-HSCT患者移植后第12天粪便标本的临床研究显示，梭状芽孢杆菌数量增加会降低GVHD患者的死亡率，布劳特氏菌属的细菌数量增加与致死性GVHD的减少和总生存率的提高有关。因此，对于肠道菌群在allo-HSCT中的作用，包括相关并发症如感染、GVHD与预后及复发的关系，需要更新认识。

造血干细胞移植（hematopoietic stem cell transplantation，HSCT）后会对机体肠道微生态产生影响，而肠道微生态可能也会通过多种机制影响了HSCT的预后。为进一步认识肠道微生态与HSCT相关性的关键或热点问题，学习和吸取新的研究进展，中国抗癌协会肿瘤与微生态专业委员会组织全国血液肿瘤HSCT领域和肿瘤与微生态领域的有关专家共同讨论，提出《肠道微生态与造血干细胞移植相关性中国专家共识》，供临床医师在实践工作中参考，为肿瘤与微生态领域的进一步深入研究提供依据。

1. HSCT 概述

1.1 定义

HSCT 是指给予来自任何来源（如骨髓、外周血和脐带血）或供者（如异基因、同基因、自体）造血干细胞以重建骨髓功能的一种治疗手段。通常根据造血干细胞来自自身或他人，分为自体造血干细胞移植（autologous hematopoietic stem cell transplantation，auto-HSCT）和 allo-HSCT。auto-HSCT 是取患者自身骨髓或外周血干细胞回输给患者，通过移植物中的多能干细胞在体内定居、增殖分化，使患者机体恢复造血和免疫功能的一种治疗方法。allo-HSCT 是指将供者的骨髓或外周血干细胞植入受体体内的方法。与实体器官移植术后只是单向的排异反应不同，allo-HSCT 术后排异反应是双向的，即不仅存在宿主对供体的 GVHD，还存在供体移植物对宿主的 GVHD。这是因为植入的供体移植物中存在 T 淋巴细胞、单核-巨噬细胞等免疫活性细胞识别宿主自身抗原进而激活、增殖分化所致。

1.2 适应证

auto-HSCT 常用于治疗多发性骨髓瘤、非霍奇金淋巴瘤和霍奇金淋巴瘤患者。allo-HSCT 主要用于治疗中高危急性白血病、中高危骨髓增生异常综合征和重型再生障碍性贫血患者，可有效改善此类患者的预后，可使 50%以上的白血病患者达到无病生存。

1.3 预处理及并发症

预处理是输注供者异体或自体造血干细胞前受者经历的化疗/放疗的治疗阶段，其目的是尽可能杀灭受者体内残存白血病细胞，抑制受者免疫功能、消除受者造血干细胞，从而便于接受供者细胞植入，对 HSCT 的成功与否起着至关重要的作用。预处理方案必须在明确诊断、危险分层、移植前疾病状态、脏器功能、共存疾病特征和供体类型的基础上进行综合评估。移植早期并发症主要包括植入失败、急性 GVHD、感染（细菌、真菌、病毒、卡氏肺囊虫等），出血性膀胱炎，肝窦阻塞综合征及心血管系统、消化系统、内分泌及中枢神经系统的并发症。移植晚期并发症主要包括慢性 GVHD、生育异常及继发第二肿瘤等。

2. HSCT 对人体微生态的影响

以肠道微生态为典型代表的人体微生态研究是当前国际生物医学研究的热点，人体正常微生物群之间，菌群与宿主之间，菌群、宿主与环境之间存在着相互依存、相互制约的动态平衡。当这种共生的平衡被打破，正常微生物群之间，微生物与宿主之间由生理性组合变为病理性组合，发生人体微生态失调，导致疾病的发生。微生态失调一般区分为菌群失衡和菌群易位。菌群失衡是指肠道原有菌群发生改变，益生菌减少和（或）致病菌增多。肠道菌群易位可分为横向易位和纵向易位。横向易位指细菌由原定植处向周围转移，如下消化道细菌向上消化道转移，结肠细菌向小肠转移，引起如小肠感染综合征等。纵向易位指细菌由原定植处向肠黏膜深层乃至全身转移。HSCT 过程中，预处理及使用预防性抗生素，改变了机体原有肠道菌群的构成，共生菌减少、菌群多样性减少，造成微生态失衡或菌群易位。肠道菌群在肠道稳态和免疫调节中起着至关重要的作用，已被认为是接受 allo-HSCT 患者临床结局的预测指标，有研究发现小鼠模型中肠道菌群变化决定了 GVHD 的严重程度。随着宏基因组学、转录组学、蛋白质组学、代谢组学等组学技术的飞速发展，人体微生态与 HSCT 的相关研究越来越多、越来越深入。

2.1 移植前预处理时肠道微生态的病理变化

移植前预处理尤其大剂量化疗方案（如白消安/环磷酰胺方案）以及带有全身照射的方案（如环磷酰胺/全身照射方案）易损伤肠黏膜上皮细胞，使肠黏膜屏障功能受损。大剂量化放疗抑制了机体的细胞免疫及体液免疫功能，导致免疫调控异常，通过促进细菌转位和全身炎症反应，增加了患者感染的风险，改变了肠道菌群的组成从而发生菌群失调，肠道菌群易穿透受损的肠黏膜，引起异常免疫反应，活化 T 淋巴细胞，促进炎症介质释放，造成胃肠黏膜屏障受损，从而损伤胃肠道等靶器官。

2.2 预处理引起肠道微生态失调

预处理化疗过程中，由于化疗药物和预防性抗生素的使用，肠道菌群的多样性和稳定性遭到破坏，造成肠道原有菌群失衡或菌群易位，甚至出现细菌肠道支配。肠道菌群中占支配地位的细菌包括短链脂肪酸的产生菌（如芽孢杆菌、布鲁氏菌等）和专门发酵寡糖的菌种（如双歧杆菌等）。临床上，肠道内各种微生物群的定植或易位常常先于感染发生，是引起菌血症和脓毒血症的常见原因之一。有研究在移植后患者的粪便标本中观察到了杆菌如双歧杆菌和梭状芽孢杆菌向肠球菌的相对转移，这在抗生素预防感染和中性粒细胞减少症患者的治疗中更为明显。

2.3 抗生素应用与肠道菌群环境

系统性使用广谱抗生素常用于 allo-HSCT 中治疗感染性并发症，但对微生物群组成的影响研究仍较少。有研究表明抗生素治疗时间对肠道菌群组成及与移植相关死亡率和总体生存的影响，通过多因素分析发现抗生素治疗时间是移植相关死亡率的独立危险因素，尽早开始使用抗生素会降低 GVHD 相关的死亡率，早期使用抗生素治疗可能会抑制肠道菌群中保护性的梭菌，但在停止抗生素治疗后能迅速恢复微生物群的多样性。allo-HSCT 中出现中性粒细胞缺乏伴发热时接受抗厌氧菌抗生素（如哌拉西林他唑巴坦或碳青霉烯）与仅接受极少量抗生素的患者之间的 GVHD 发生率及死亡率均增加，使用抗厌氧菌抗生素会导致肠道菌群多样性水平降低，尤其双歧杆菌和梭状芽孢杆菌的丰度降低。接受 allo-HSCT 的患者中常见的感染病原体是革兰阴性菌（肠杆菌科）和革兰阳性菌（葡萄球菌属），识别和监测患者中此类病原体有助于临床医生合理选择抗生素。艰难梭菌是一种常见的肠道感染病原体，约 1/3 的移植患者发生肠道艰难梭菌感染（clostridium difficile infection，CDI）是由于广谱抗生素的使用影响了肠道固有菌群，尤其是对梭状芽孢杆菌的抑制。在 allo-HSCT 时使用预防性和治疗性使用抗生素会影响肠道菌群多样性，进而增加耐药细菌感染的风险。

2.4 移植后 CDI

CDI 通常是使用广谱抗生素的并发症，广谱抗生素的使用造成共生菌的减少，肠道菌群系发生失衡。艰难梭菌在一般人群很少定植，定植率约为 8%。但在移植前无症状血液系统恶性肿瘤患者中，艰难梭菌的定植率为8%～29%，其中约12%是产毒株艰难梭菌的定植，这与化疗后粒细胞缺乏期发热使用广谱抗生素密切相关。CDI是allo-HSCT后并不常见的并发症之一，CDI除了可引起局部炎症反应，还是发生GVHD的启动因素。这是因为CDI可促使肠黏膜释放细胞因子和促进内毒素的转运、主要组织相容性复合体表达和免疫共刺激分子上调，从而激活移植物中供者T淋巴细胞释放更多的炎性因子，形成细胞因子风暴，诱使GVHD的发生。因此CDI患者，即使病情轻微也应积极处理，防止GVHD发生而使病情复杂化。临床上，可考虑使用益生菌纠正肠道微生态的失衡以预防CDI。

3. 肠道微生态对HSCT预后的影响

3.1 肠道菌群与宿主免疫系统之间的相互作用

肠道菌群在促进免疫系统发育、维持正常免疫功能、协同抵抗病原菌入侵等方面发挥重要作用。肠道菌群与肠壁内的免疫细胞以肠黏膜为界，相互作用，相互制约，处于动态平衡。肠上皮细胞、树突状细胞和巨噬细胞可表达识别微生物相关分子模式的模式识别受体，例如Toll样受体在固有免疫中通过对病原体相关的分子模式的识别发挥作用，通过刺激信号的级联反应导致促炎性细胞因子反应抗原呈递给调节性T细胞（regulatory T cell，Treg），Treg激活从早期肠道的最初定植转移到对共生细菌的耐受性，一些肠道细菌会产生丁酸盐、丙酸盐和乙酸盐，均是微生物发酵的代谢产物，属于短链脂肪酸，能下调炎性细胞因子如IL-6和上调抗炎性细胞因子如IL-10，在先天免疫中直接吞噬消灭各种病原微生物，在适应性免疫中能吞噬处理抗原—抗体结合物。肠道分节丝状菌可以穿透黏液层并与上皮细胞紧密相互作用，诱导细胞信号传导，并致Th17分化，调节$CD4^{+}$效应T细胞。肠道菌群在维持肠上皮完整性和肠道免疫功能中发挥重要作用，肠道微生态与宿主免疫系统相联系，通过改变肠道免疫耐受及免疫应答功能，影响患者移植后并发症的发生和移植相关死亡率。

3.2 进食改变和肠外营养对HSCT患者的影响

移植前预处理化疗药物可导致患者出现不同程度的恶心、黏膜炎和厌食，有研究发现移植后患者营养状况在第1周明显下降。全胃肠外营养已广泛用于allo-HSCT患者以改善营养状况，移植后需要谨慎地评价患者营养状态，尤其是移植后患者可能存在因体液潴留或内皮细胞损伤及炎症状态（包括GVHD）引起的体液平衡失调，因此体重并不是判断营养状况的唯一和可靠的指标。需要通过血液专科医生、移植护士、营养师、药师的多学科合作，计算摄入热量、蛋白质、体脂状态及每日消耗卡路里等数据建立对患者营养状态的准确评估。

3.3 肠道微生态对HSCT结局的影响

有研究表明HSCT前的微生物多样性水平低与包括急性胃肠道GVHD在内的并发症的发生无关，HSCT术后早期肠道微生态变化对移植结局的影响可能大于移植前的变化。肠道菌群多样化水平的破坏使患者肠道急性GVHD发生率及感染率增加，肠道菌群多样化水平低的患者移植相关死亡率明显高于肠道菌群多样化水平中及高的患者，死亡原因主要为GVHD及感染。有研究显示肠道菌群多样化水平低、中、高3组患者HSCT后3年

生存率分别为36%、60%和67%（$P=0.019$）。因此，包括益生菌、益生元在内的多种微生态制剂的适当使用，可以减少allo-HSCT过程中对肠道菌群多样性的破坏，从而改善患者预后。

3.4 肠道菌群与免疫重建及随访

肠道菌群在免疫稳态中的作用提示肠道菌群可能影响allo-HSCT后免疫重建，并可能成为监测指标以调整移植后的免疫相关策略。由于肠道菌群可调节宿主免疫力并在GVHD发展中发挥潜在作用，且与GVHD严重程度有关，有可能成为重要的治疗随访指标之一。肠道菌群负荷的增加，如大肠杆菌的丰度增加，可能预示发生菌血症的风险增加。在allo-HSCT患者中监测肠道肠杆菌科菌株（如大肠杆菌、克雷伯菌属和肠杆菌），可识别有感染风险的患者，减少肠杆菌科菌血症风险。微生物群与宿主免疫的相互作用也可用于识别有疾病复发风险的患者。

4. allo-HSCT 后改善微生物菌群的策略

肠道菌群失衡可导致allo-HSCT患者合并感染、疾病复发、GVHD并可能延迟免疫重建，缩短总体生存期。allo-HSCT过程中的各个环节及因素均可能影响到肠道菌群的多样性。改善allo-HSCT后肠道菌群的策略主要包括调整抗生素、使用益生菌或益生元、粪菌移植（fecal microbiota transplantation，FMT）等。

4.1 调整抗生素策略

allo-HSCT后使用抗生素杀灭致病菌的同时会造成人体微生物群的伤害，导致微生物物种和菌株多样性的丧失，且不同抗生素的使用方案对微生物群造成的影响不同，其中广谱抗生素影响最大，会引起微生物群多样性的长期匮乏，应尽量选择窄谱抗生素，同时减少抗生素的使用时间，以保护allo-HSCT后的肠道环境。

4.2 给予益生元策略

益生元是难消化的化合物，通常是低聚糖，在影响共生细菌代谢方面具有优势。益生元可口服或者给予胃内营养补充。Yoshifuji等的研究评估应用益生元对allo-HSCT患者缓解黏膜损伤及减轻GVHD的疗效，患者自移植前肠道准备开始至移植后第28天口服益生元混合物，结果表明益生元的摄入减轻了黏膜损伤，降低了急性GVHD的等级和发生率，同时降低了皮肤急性GVHD的累积发生率，提示通过益生元的摄入可保留产生丁酸盐的细菌种群，维持肠道菌群的多样性。

4.3 益生菌的使用策略与CDI

益生菌策略包括直接注入胃肠道内一种或多种有益的微生物菌株，可通过经结肠镜或者保留灌肠实施。对于HSCT后CDI相关疾病的治疗，如果肠道菌群多样性水平降低，对维持肠道多样性进行干预可能有助于改善移植结局，一种策略是限制使用杀灭厌氧共生菌的抗生素，尤其当患者需要广谱抗生素治菌血症或败血症时。另一种策略是通过宿主或健康供者（第三方）的粪便或粪便处理物质进行FMT来恢复患者肠道菌群多样性。CDI是allo-HSCT后常见并发症，一项研究显示allo-HSCT前采集和保存患者自身肠道的多样性微生物，allo-HSCT后发生CDI风险相关的肠道菌群主要是粪肠球菌，对有拟杆菌丧失的患者应用前期保存的肠道菌群，经过FMT恢复了以拟杆菌为主具有保护性功能的肠道菌群，微生物群中3种细菌类群（拟杆菌、毛螺菌、瘤胃球菌）的存在会降低60%发生CDI相关风险。

5. 急性胃肠道GVHD的诊治规范

GVHD指由异基因供者细胞与受者组织发生反应导致的临床综合征，经典急性GVHD一般指发生在移植后100天以内，且主要表现为皮肤、胃肠道和肝脏等器官的炎性反应。晚发急性GVHD指具备经典急性GVHD的临床表现、但发生于移植后100天后的GVHD。胃肠道是急性GVHD第二位受累的靶器官，上消化道和下消化道均可累及，上消化道急性GVHD主要表现厌食消瘦、恶心、呕吐，下消化道急性GVHD表现为水样腹泻、腹痛、便血和肠梗阻，下消化道急性GVHD与移植后非复发相关死亡密切相关。

5.1 分级标准

急性胃肠道GVHD的Glucksberg分级标准如下，1级：腹泻量>500 ml/d或持续性恶心；2级：腹泻量>1 000 ml/d；3级：腹泻量>1 500 ml/d；4级：严重腹痛和（或）肠梗阻。下消化道（排便）西奈山急性GVHD国际联盟（Mount Sinai Acute GVHD International Consortium，MAGIC）分级标准如下，0级：成人腹泻量<500 ml/d或腹泻次数<3次/d、儿童腹泻量<10 ml/（kg·d）或<腹泻次数4次/d；1级：成人腹泻量<500～999 ml/d或腹泻次数3～4次/d、儿童腹泻量<10～19.9 ml/（kg·d）或腹泻次数4～6次/d；2级：成人腹泻量<1 000～1 500 ml/d或腹泻次数5～7次/d、儿童腹泻量<20～30 ml/（kg·d）或腹泻次数7～10次/d；3级：成人腹泻量>1 500 ml/d或腹泻次数>7次/d、儿童腹泻量>30 ml/（kg·d）或腹泻次数>10次/d；4级：严重腹痛伴或不伴肠梗阻或便血。

5.2 诊断和鉴别诊断

急性胃肠道GVHD诊断标准主要为临床诊断，在急性GVHD表现不典型或治疗效果欠佳时需要鉴别诊断，如当患者出现食欲不振、恶心和呕吐等上消化道症状时可能为急性上消化道（胃）GVHD，仅表现上消化道症状时需要和念珠菌病、非特异性胃炎等上消化道疾病相鉴别。如当患者出现腹泻等下消化道初始症状时，要考虑为急性下消化道（肠）GVHD初始表现，应注意与引起腹泻的其他原因相鉴别。急性胃肠道GVHD的确诊需要胃或十二指肠活检病理结果。

5.3 一线治疗

一线治疗药物为糖皮质激素，最常用甲泼尼龙，推荐起始剂量1～2 mg/（kg·d），调整环孢素A谷浓度至150～250 μg/L，评估糖皮质激素疗效，急性胃肠道GVHD控制后缓慢减少糖皮质激素用量，一般每5～7天减量甲泼尼龙10～20 mg/d，4周减至初始量的10%。若判断为糖皮质激素耐药，需加用二线药物，并减停糖皮质激素；如判断为糖皮质激素依赖，二线药物起效后减停糖皮质激素。

5.4 二线治疗

二线治疗原则上在维持环孢素A有效浓度基础上加用二线药物。①抗白细胞介素2受体抗体单抗，推荐用法：成人及体重≥35 kg儿童每次20 mg、体重<35 kg儿童每次10 mg，移植后第1、3、8天各1次，以后每周1次，使用次数根据病情而定。②芦可替

尼，推荐用法：成人初始剂量为 10 mg/d 分 2 次口服，3 d 后无治疗相关不良反应可调整剂量至 20 mg/d。体重≥25 kg 儿童初始剂量为 10 mg/d 分 2 次口服，体重＜25 kg 儿童初始剂量为 5 mg/d 分 2 次口服。③其他药物包括氨甲喋呤、霉酚酸酯、他克莫司、西罗莫司等。

5.5 其他治疗

主要包括抗人胸腺淋巴细胞球蛋白，间充质干细胞、FMT 等也有应用。

6. FMT 在移植后 GVHD 中的临床应用

6.1 FMT 应用概述

FMT 是指将从健康供体粪便中提取的菌群通过胶囊、胃镜、鼻-空肠管、肠镜、造瘘口、灌肠等方式移植到患者胃肠道中，以重新建立患者的肠道菌群（肠道多样性）达到治疗/辅助治疗疾病的目的。急性难治性肠道 GVHD 一年生存率不足 30%，患者预后极差且治疗选择有限，对这种具有挑战性的临床治疗难题，FMT 的应用可能是一种新的及有益的治疗方式，在一项较早报道 FMT 治疗移植后 GVHD 的临床应用中通过 FMT 治疗 3 例难治性急性肠道Ⅳ级 GVHD 患者，重复应用 FMT 持续改善了肠道 GVHD，最终这 3 例患者 GVHD 完全缓解且肠道菌群多样性增加，该报道显示了 FMT 在移植后 GVHD 临床应用方面具有巨大潜力。

6.2 FMT 治疗急性胃肠道 GVHD 的临床研究

一项小样本回顾性研究探讨 FMT 治疗 allo-HSCT 后难治性腹泻的有效性及安全性，共纳入 4 例 allo-HSCT 后并发难治性腹泻的急性白血病患者，其中难治性肠道感染 1 例、急性胃肠道 GVHD3 例，每例患者经鼻空肠管注入粪菌 1～2 次，结果显示 4 例患者中 3 例达到完全缓解，1 例病情稳定，不良反应包括低热、腹痛、腹泻，均为 1 级。在另一项回顾性研究对 allo-HSCT 后合并 CDI 的 7 例患者进行了 FMT，CDI 发生的中位时间为移植后 635（38～791）d，其中 5 例患者在 FMT 时正在接受免疫抑制治疗，另外 2 例患者已经停用免疫抑制剂。FMT 通过鼻-空肠途径，6 例患者 FMT 后无复发，中位随访时间 265（51～288）d，FMT 相关不良反应包括自限性腹胀和尿急，未发现严重不良事件，另 1 例患者 FMT 后 156d 复发，重复进行 FMT 后未再复发，该研究认为 FMT 是治疗 allo-HSCT 合并 CDI 安全有效的疗法，可能会为患者带来更多益处。

7. 结语

肠道微生态维持宿主免疫系统功能，在抗肿瘤药物治疗过程中发挥关键作用，通过干扰全身代谢、免疫系统和炎症来影响抗肿瘤药物的治疗效果。肠道菌群作为 HSCT 后重要的生物调节物质得到越来越多的重视，HSCT 过程中，大剂量化疗、全身放疗及抗生素的使用导致肠道共生菌破坏，菌群多样性减少，正常肠道免疫反应及屏障功能受损，严重肠道 GVHD 是移植后极为棘手的合并症，在保护肠道菌群多样性方面，应合理使用抗生素、增加益生菌的应用以及通过 FMT 等手段，以降低 HSCT 相关并发症，改善患者的预后。FMT 通过重建患者肠道菌群可能会成为治疗 GVHD 的重要策略，具有较好的应用前景。FMT 实施方法及安全性研究国内暂无共识和指南，FMT 具体应用过程中也涉及一些相关性认识问题，如什么类型的肠道菌群可能具有临床治疗效果？移植的肠道菌群数量如何断定以及是否会引起患者菌群更加失调？移植后的肠道菌群活性如何及发挥作用持续时间？这些都值得进一步深入探究。

利益冲突：所有作者均声明不存在利益冲突。

肠道微生态与造血干细胞移植相关性认识中国专家共识专家组成员名单

顾问专家组成员：朱宝利（中国科学院微生物研究所）。

执笔专家组组长：郭智（中国医学科学院肿瘤医院深圳医院）、刘启发（南方医科大学南方医院）、王强（武汉科技大学医学院）。

执笔专家组成员（按姓氏拼音排序）如下。

血液肿瘤及造血干细胞移植领域：陈惠仁（解放军总医院第七医学中心）、郭智（中国医学科学院肿瘤医院深圳医院）、胡亮钉（解放军总医院第五医学中心）、贾治林（大连医科大学附属第一医院）、赖永榕（广西医科大学附属第一医院）、靳凤艳（吉林大学第一医院）、李艳（中国医科大学附属第一医院）、李志铭（中山大学附属肿瘤医院）、林东军（中山大学血液病研究所）、刘启发（南方医科大学南方医院）、秦茂权（首都医科大学附属北京儿童医院）、谭晓华（深圳市第三人民医院）、王钧（香港大学深圳医院）、王亮（首都医科大学附属北京同仁医院）、王顺清（广州市第一人民医院）、王昱（北京大学人民医院）、夏凌辉（华中科技大学同济医学院附属协和医院）、夏忠军（中山大学附属肿瘤医院）、徐杨（苏州大学附属第一医院）、许晓军（中山大学附属第七医院）、姚红霞（海南省肿瘤医院）、于力（深圳大学总医院）、曾辉（暨南大学附属第一医院）、张国君（中国医科大学附属盛京医院）、张颢（济宁医学院附属医院）、周凡（北部战区总医院）。

肿瘤与微生态领域：高山峨（同济大学医学院）、吉勇（中国医学科学院肿瘤医院深圳医院）、吕有勇（北京大学肿瘤医院）、乔明强（山西大学生命科学学院）、任骅（中国医学科学院肿瘤医院）、王强（武汉科技大学医学院）、吴清明（武汉科技大学医学院）、吴为（广东省公共卫生研究院）、于君（香港中文大学医学院）、詹晓勇（中山大学附属第七医院）、张发明（南京医科大学第二附属医院）。

执笔人：郭智（中国医学科学院肿瘤医院深圳医院）、王钧（香港大学深圳医院）、许晓军（中山大学附属第七医院）。

参考文献

[1] A MULS, J ANDREYEV, S LALONDRELLE, et al. Systematic Review: The Impact of Cancer Treatment on the Gut and Vaginal Microbiome in Women With a Gynecological Malignancy, International journal of gynecological cancer: official journal of the International Gynecological[J]. Cancer Society,2017,27(7):1550-1559.

[2] TSAKMAKLIS A, VEHRESCHILD M, FAROWSKI F, et al. Changes in the cervical microbiota of cervical cancer patients after primary radio-chemotherapy, International journal of gynecological cancer: official journal of the International Gynecological[J]. Cancer Society,2020,30(9):1326-1330.

[3] ABID M B, SHAH N N, MAATMAN T C, et al. Gut microbiome and CAR-T therapy[J]. Exp Hematol Oncol,2019,8:31.

[4] ABREU M T, PEEK R J. Gastointestinal maligoancy and the microbiome[J]. Gastoenterology, 2014, 146(6): 1534-1546.

[5] ALEXANDER J L, WILSON I D, TEARE J, et al. Gut microbiota modulation of chemotherapy efficacy and toxicity[J]. Nature reviews Gastroenterology & hepatology,2017,14(6):356-365.

[6] AN J,HA E M. Combination Therapy of Lactobacillus plantarum Supernatant and 5-Fluouracil Increases Chemosensitivity in Colorectal Cancer Cells[J]. Journal of microbiology and biotechnology,2016, 26(8):1490-1503.

[7] ARAGON G,GRAHAM D B,BORUM M, et al. Probiotic therapy for irritable bowel syndrome[J]. Gastroenterology & hepatology,2010,6(1):39-44.

[8] ATARASHI K, TANOUE T, SHIMA T, et al. Induction of colonic regulatory T cells by indigenous Clostridium species[J]. Science,2011,331(6015):337-341.

[9] AYKUT B, PUSHALKAR S, CHEN R, et al. The fungal mycobiome promotes pancreatic oncogenesis via activation of MBL[J]. Nature,2019,574(7777):264-267.

[10] BARKER H E, PAGET J T, KHAN A A, et al. The tumour microenvironment after radiotherapy: mechanisms of resistance and recurrence[J]. Nat Rev Cancer,2015,15(7): 409-425.

[11] BAUMGARTNER A, BARGETZI A, ZUEGER N, et al. Revisiting nutritional support for allogeneic hematologic stem cell transplantation-a systematic review[J]. Bone Marrow Transplant, 2017,52(4):506-513.

[12] BENNET J D, BRINKMAN M. Treatment of ulcerative colitis by implantation of normal colonic flora[J]. Lancet,1989,1(8630):164.

[13] BEYER-SEHLMEYER G, GLEI M, HARTMANN E, et al. Butyrate is only one of several growth inhibitors produced during gut flora-mediated fermentation of dietary fibre sources[J]. Br J Nutr, 2003, 90(6):1057-1070.

[14] BJöRKHOLM B, BOK C M, LUNDIN A, et al. Intestinal microbiota regulate xenobiotic metabolism in the liver[J]. PloS one,2009,4(9):e6958.

[15] BLASER M J. Antibiotic use and its consequences for the normal microbiome[J]. Science, 2016, 352

(6285): 544-545.

[16] BLAUT M, COLLINS M D, WELLING G W, et al. Molecular biological methods for studying the gut microbiota: the EU human gut flora project[J]. Br J Nutr,2002,87(2): S203-S211.

[17] BOELSTERLI U A, REDINBO M R, SAITTA K S. Multiple NSAID-induced hits injure the small intestine: underlying mechanisms and novel strategies[J]. Toxicological sciences: an official journal of the Society of Toxicology,2013,131(2):654-667.

[18] BOSTRM P J, THOMS J, SYKES J, et al. Hypoxia Marker GLUT-1(Glucose Transporter 1) is an Independent Prognostic Factor for Survivalin Bladder Cancer Patients Treated with Radical Cystectomy[J]. Bladder Cancer, 2016, 2(1): 101-109.

[19] BRANDT L J, ARONIADIS O C, MELLOW M, et al. Long-term follow-up of colonoscopic fecal microbiota transplant for recurrent Clostridium difficile infection[J]. Am J Gastroenterol, 2012, 107 (7):1079-1087.

[20] BRAY F, FERLAY J, SOERJOMATARAM I, et al. Global Cancer Statistics 2018: GLOBOCAN Estimates of Incidence and Mortality Worldwide for 36 Cancers in 185 Countries[J]. CA:a cancer-journal for clinicians, 2018, 68: 394- 424.

[21] BULLMAN S, PEDAMALLU C S, SICINSKA E, et al. Analysis of Fusobacterium persistence and antibiotic response in colorectal cancer[J]. Science,2017, 358(6369): 1443-1448.

[22] CALDWELL J, HAWKSWORTH G M. The demethylation of methamphetamine by intestinal microflora[J]. The Journal of pharmacy and pharmacology,1973,25(5):422-424.

[23] CALNE D B, KAROUM F, RUTHVEN C R, et al. The metabolism of orally administered L-Dopa in Parkinsonism[J]. British journal of pharmacology,1969,37(1): 57-68.

[24] CARIO E. Toll-like receptors in the pathogenesis of chemotherapy-induced gastrointestinal toxicity [J]. CurrOpin Support Palliat Care, 2016, 10(2): 157-164.

[25] CARMODY R N, TURNBAUGH P J. Host-microbial interactions in the metabolism of therapeutic and diet-derived xenobiotics[J]. The Journal of clinical investigation,2014,124(10):4173-4181.

[26] CERVANTES-BARRAGAN L, CHAI J N, TIANERO M D, et al. Lactobacillus reuteriinduces gut intraepithelial $CD4^+ CD8^+$ T cells[J]. Science,2017,57(6353): 806-810.

[27] CHALABI M, CARDONA A, NAGARKAR D R, et al. Efficacy of chemotherapy and atezolizumab in patients with non-small-cell lung cancer receiving antibiotics and proton pump inhibitors: pooled post hoc analyses of the OAK and POPLAR trials[J]. Ann Oncol,2020,31(4):525-531.

[28] CHAPUT N, LEPAGE P, COUTZAC C, et al. Baseline gut microbiota predicts clinical response and colitis in metastatic melanoma patients treated with ipilimumab[J]. Ann Oncol,2017,28(6): 1368-1379.

[29] CHATTERJEE A, MODARAI M, NAYLOR N R, et al. Quantifying drivers of antibiotic resistance in humans:a systematic review[J]. Lancet Infect Dis, 2018, 18(12): e368-e378.

[30] CHEN H M, YU Y N, WANG J L, et al. Decreased dietary fiber intake and structural alteration of gut microbiota in patients with advanced colorectal adenoma[J]. Am J Clin Nutr, 2013, 97(5): 1044-1052.

[31] CHIBBAR R, DIELEMAN L A. Probiotics in the Management of Ulcerative Colitis[J]. Journal of clinical gastroenterology,2015,49(1):S50-S55.

[32] CHUDNOVSKIY A, MORTHA A, KANA V, et al. Host-Protozoan Interactions Protect from Mu-

cosal Infections through Activation of the Inflammasome[J]. Cell,2016,167(2):444-456.

[33] CHUNG L, THIELE ORBERG E, GEIS A L, et al. Bacteroides fragilis Toxin Coordinates a Procarcinogenic Inflammatory Cascade via Targeting of Colonic Epithelial Cells[J]. Cell Host Microbe, 2018,23(2):203-214.

[34] CINQUE B, LA TORRE C, LOMBARDIF, et al. Production Conditions Affect the In Vitro Anti-Tumoral Effects of a High Concentration Multi-Strain Probiotic Preparation[J]. PLOS ONE, 2016, 11(9): e163216.

[35] CIORBA M A, RIEHL T E, RAO M S, et al. Lactobacillus probiotic protects intestinal epithelium from radiation injury in a TLR-2/cyclo-oxygenase-2-dependent manner[J]. Gut,2012,61(6):829-838.

[36] CLAYTON T A, BAKER D, LINDON J C, EVERETT JR, NICHOLSON JK. Pharmacometabonomic identification of a significant host-microbiome metabolic interaction affecting human drug metabolism[J]. Proceedings of the National Academy of Sciences of the United States of America,2009, 106(34):14728-14733.

[37] COUTZAC C, JOUNIAUX J M, PACI A, et al. Systemic short chain fatty acids limit antitumor effect of CTLA-4 blockade in hosts with cancer[J]. Nat Commun,2020,11(1): 2168.

[38] CRACIUN S, BALSKUS E P. Microbial conversion of choline to trimethylamine requires a glycyl radical enzyme[J]. Proceedings of the National Academy of Sciences of the United States of America, 2012,109(52): 21307-21312.

[39] CUI M, XIAO H, LI Y, et al. Faecal microbiota transplantation protects against radiation-induced toxicity[J]. EMBO Mol Med,2017,9(4): 448-461.

[40] D TSEMENTZI, A PENA-GONZALEZ, J BAI, et al. Comparison of vaginal microbiota in gynecologic cancer patients pre- and post-radiation therapy and healthy women[J]. Cancer medicine,2020,9 (11):3714-3724.

[41] DAILLERE R, VETIZOU M, WALDSCHMITT N, et al. Enterococcus hirae and Barnesiella intestinihominis Facilitate Cyclophosphamide-Induced Therapeutic Immunomodulatory Effects[J]. Immunity, 2016, 45(4):931-943.

[42] DAILLèRE R, VéTIZOU M, WALDSCHMITT N, et al. Enterococcus hirae and Barnesiella intestinihominis Facilitate Cyclophosphamide-Induced Therapeutic Immunomodulatory Effects[J]. Immunity,2016,45(4): 931-943.

[43] DAI Z, COKER O O, NAKATSU G, et al. Multi-cohort analysis of colorectal cancermetagenome identified altered bacteria across populations and universal bacterial markers[J]. Microbiome,2018,6 (1):70.

[44] DANILUK J, LIU Y, DENG D, et al. An NF-kB pathway-mediated positive feedback loop amplifies Ras activity to pathological levels in mice[J]. J Clin Invest, 2012, 12(2):1519-1528.

[45] DAOTONG LI, PAN W, PENGPU W, et al. The gut microbiota-A treasure for human health[J]. Biotechnology Advances, 2016, 34(7):1210-1224.

[46] DARBANDI A, MIRSHEKAR M, SHARIATI A, et al. The effects of probiotics on reducing the colorectal cancer surgery complications: A periodic review during 2007—2017[J]. Clin Nutr,2020,39 (8): 2358-2367.

[47] DAVID L A, MAURICE C F, CARMODY R N, et al. Diet rapidly and reproducibly alters the human gut microbiome[J]. Nature,2014,505(7484): 559-563.

[48] DE MARTEL C, FERLAY J, FRANCESCHI S, et al. Global burden of cancers attributable to infections in 2008: a review and synthetic analysis[J]. The Lancet Oncology,2012,13(6):607-615.

[49] DEJEA C M, FATHI P, CRAIG J M, et al. Patients with familial adenomatous polyposis harbor colonic biofilms containing tumorigenic bacteria[J]. Science,2018,359(6375): 592-597.

[50] DEMARIA S, NG B, DEVITT M L, et al. Ionizing radiation inhibition of distant untreated tumors (abscopal effect) is immune mediated[J]. Int J Radiat Oncol Biol Phys,2004,58(3): 862-780.

[51] DENG X, LI Z, LI G, et al. Comparison of Microbiota in Patients Treated by Surgery or Chemotherapy by 16S rRNA Sequencing Reveals Potential Biomarkers for Colorectal Cancer Therapy[J]. Frontiers in microbiology,2018,9: 1607.

[52] DENIAUD A, SHARAF EL DEIN O, MAILLIER E, et al. Endoplasmic reticulum stress induces calcium-dependent permeability transition, mitochondrial outer membrane permeabilization and apoptosis[J]. Oncogene,2008,27(3): 285-299.

[53] DEROSA L, HELLMANN M D, SPAZIANO M, et al. Negative association of antibiotics on clinical activity of immune checkpoint inhibitors in patients with advanced renal cell and non-small-cell lung cancer[J]. Ann Oncol,2018,29(6): 1437-1444.

[54] DERRIEN M, ALVAREZ A S, DE VOS W M. The Gut Microbiota in the First Decade of Life[J]. Trends Microbiol,2019,27(12):997-1010.

[55] DIN M O, DANINO T, PRINDLE A, et al. Synchronized cycles of bacterial lysis for in vivo delivery [J]. Nature,2016,536(7614): 81-85.

[56] DODD D, SPITZER M H, VAN TREUREN W, et al. A gut bacterial pathway metabolizes aromatic amino acids into nine circulating metabolites[J]. Nature,2017,551(7682): 648-652.

[57] DUBIN K, CALLAHAN M K, REN B, et al. Intestinal microbiome analyses identify melanoma patients at risk for checkpoint-blockade-induced colitis[J]. Nat Commun,2016,7: 10391.

[58] DUDLEY M E, YANG J C, SHERRY R, et al. Adoptive cell therapy for patients with metastatic melanoma: evaluation of intensivemyeloablative chemoradiation preparative regimens [J]. J Clin Oncol,2008,26(32): 5233-5239.

[59] DUNCAN S H, LOUIS P, FLINT H J. Cultivable bacterial diversity from the human colon[J]. Letters in applied microbiology,2007,44:343-350.

[60] DUONG M T, QIN Y, YOU S H, et al. Bacteria-cancer interactions: bacteria-based cancer therapy [J]. Experimental & molecular medicine,2019,51(12): 1-15.

[61] ELANGOVAN S, PATHANIA R, RAMNCHANDNAN S, et al. The nicinbutyrate recepter GPR109A suppesses mammary tumorigenesis by inbibiting clluvival[J]. CancerRes, 2014, 74: 1166-1178.

[62] GUARNER F, KHAN F, GARISCH J, et al. World Gastroenterology Organisation Global Guidelines: probiotics and prebiotics October 2011[J]. Journal of clinical gastroenterology,2012,46(6): 468-481.

[63] FAITH J J, GURUGE J L, CHARBONNEAU M, et al. The long-term stability of the human gut microbiota[J]. Science,2013,341(6141): 1237439.

[64] FALONY G. Beyond Oxalobacter: the gut microbiota and kidney stone formation[J]. Gut, 2018, 67:2078-2079.

[65] FERRARA R, MEZQUITA L, TEXIER M, et al. Hyperprogressive Disease in Patients With Ad-

vanced Non-Small Cell Lung Cancer Treated With PD-1/PD-L1 Inhibitors or With Single-Agent Chemotherapy[J]. JAMA Oncol,2018,4(11): 1543-1552.

[66] FORSLUND K, HILDEBRAND F, NIELSEN T, et al. Disentangling type 2 diabetes and metformin treatment signatures in the human gut microbiota[J]. Nature,2015,528(7581): 262-266.

[67] FREDRICKS D N. The gut microbiota and graft-versus-host disease[J]. J Clin Invest, 2019, 129 (5):1808-1817.

[68] FREEDBERG D E, TOUSSAINT N C, CHEN S P, et al. Proton Pump Inhibitors Alter Specific Taxa in the Human Gastrointestinal Microbiome: A Crossover Trial[J]. Gastroenterology,2015,149 (4): 883-885.

[69] FUKUDA A, WANG S C, MORRIS J P, et al. Stat 3 and MMP 7 contribute to pancreatic ductal adenocarcinoma initiation and progression[J]. Cancer Cell, 2011, 19:441-455.

[70] FURUSAWA Y, OBATA Y, FUKUDA S, et al. Commensal microbe-derived butyrate induces the differentiation of colonic regulatory T cells[J]. Nature. 2013, 504(7480): 446-450.

[71] GAGNAIRE A, NADEL B, RAOULT D, et al. Collateral damage: insights into bacterial mechanisms that predispose host cells to cancer[J]. Nat Rev Microbiol, 2017, 15 (2):109-128.

[72] GAINES S, VANPRAAGH J B, WILLIAMSON A J, et al. Western Diet Promotes Intestinal Colonization by Collagenolytic Microbes and Promotes Tumor Formation After Colorectal Surgery[J]. Gastroenterology,2020,158(4): 958-970.

[73] GALLOWAY-PEA J R, SMITH D P, SAHASRABHOJANE P, et al. The role of the gastrointestinal microbiome in infectious complications during induction chemotherapy for acute myeloid leukemia [J]. Cancer,2016,122(14): 2186-2196.

[74] GELLER L T, BARZILY-ROKNI M, DANINO T, et al. Potential role of intratumor bacteria in mediating tumor resistance to the chemotherapeutic drug gemcitabine[J]. Science (American Association for the Advancement of Science), 2017, 357(6356):1156-1160.

[75] GHIRINGHELLI F, LARMONIER N, SCHMITT E, et al. $CD4^+$ $CD25^+$ regulatory T cells suppress tumor immunity but are sensitive to cyclophosphamide which allows immunotherapy of established tumors to be curative[J]. European journal of immunology,2004,34(2): 336-344.

[76] GIONCHETTI P, CALAFIORE A, RISO D, et al. The role of antibiotics and probiotics in pouchitis [J]. Annals of gastroenterology,2012,25(2): 100-105.

[77] GONZáLEZ-SARRíAS A, TOMé-CARNEIRO J, BELLESIA A, et al. The ellagic acid-derived gut microbiota metabolite, urolithin A, potentiates the anticancer effects of 5-fluorouracil chemotherapy on human colon cancer cells[J]. Food & function,2015,6(5): 1460-1469.

[78] GOPALAKRISHNAN V, SPENCER C N, NEZIL, et al. Gut microbiome modulates response to anti-PD-1 immunotherapy in melanoma patients[J]. Science, 2018,359(6371): 97-103.

[79] GOUGH E, SHAIKH H, MANGES A R. Systematic review of intestinal microbiota transplantation (fecal bacteriotherapy) for recurrent Clostridium difficile infection[J]. Clin Infect Dis, 2011, 53(10): 994-1002.

[80] GRAT M, WRONKAN K M, KRASNODSBOKI M, et al. Profile of gut microbiota associated with the presence of hepatocellular cancer in patients with liver eirrhosis [J]. Transplant Proe, 2016, 48: 1687-1691.

[81] GROVES M J. Pharmaceutical characterization of Mycobacterium bovis bacillus Calmette-Guérin

(BCG) vaccine used for the treatment of superficial bladder cancer[J]. Journal of pharmaceutical sciences, 1993, 82(6): 555-562.

[82] GU T, HUA H X, FU Z Z, et al. Multi-factor analysis of radiation. induced esophagitis in three-dimensional conformal radiotherapyfornon-small cell lung cancer[J]. Zhonghua zhong liu za zhiChinese joumal of oncology, 2011, 33: 868-871.

[83] GUGLIELMI G. How gut microbes are joining the fight against cance[J]. Nature, 2018, 557(7706): 482-484.

[84] GUIDUCCI C, VICARI A P, SANGALETTI S, et al. Redirecting in vivo elicited tumor infiltrating macrophages and dendritic cells towards tumor rejection[J]. Cancer Res, 2005, 65(8): 3437-3446.

[85] GUTHRIE L, GUPTA S, DAILY J, et al. Humanmicrobiome signatures of differential colorectal cancer drug metabolism[J]. NPJ Biofilms Microbiomes, 2017, 3: 27.

[86] HAGUE A, ELDER D J E, HICKS D J, et al. Apoptosis in colorectal tumour cells: Induction by the short chain fatty acids butyrate, propionate and acetate and by the bile salt deoxycholate[J]. International journal of cancer, 1995, 60(3): 400-406.

[87] HAISER H J, TURNBAUGH P J. Developing a metagenomic view of xenobiotic metabolism[J]. Pharmacological research, 2013, 69(1): 21-31.

[88] HAN H, YAN H, KING K Y. Broad-spectrum antibiotics deplete bone marrow regulatory T cells [J]. Cells, 2021, 10(2): 277.

[89] HANG S, PAIK D, YAO L, et al. Bile acid metabolites control TH17 and Treg cell differentiation [J]. Nature. 2019, 576(7785): 143-148.

[90] HARRILL A H, WATKINS P B, SU S, et al. Mouse population-guided resequencing reveals that variants in CD44 contribute to acetaminophen-induced liver injury in humans[J]. Genome research, 2009, 19(9): 1507-1515.

[91] HE Z, GHARAIBEH R Z, NEWSOME R C, et al. Campylobacter jejunipromotes colorectal tumorigenesis through the action of cytolethal distending toxin[J]. Gut, 2019, 68(2): 289-300.

[92] HLCASELLRIN M, WAREN R L, FREEMAM J D, et al. Fusbucterium nulcatumu infection is prevalent in human colorectal carcinoma[J]. Genone Res, 2012, 29: 306.

[93] HORN T, LAUS J, SEITZ A K, et al. The prognostic effect of tumour-infiltrating lymphocytic subpopulations in bladder cancer[J]. World J Urol, 2016, 34(2): 181-187.

[94] HU B, JIN C, LI H B, et al. The DNA-sensing AIM2inflammasome controls radiation-induced cell death and tissue injury[J]. Science, 2016, 354(6313): 765-768.

[95] HUEMER F, RINNERTHALER G, LANG D, et al. Association between antibiotics use and outcome in patients with NSCLC treated with immunotherapeutics [J]. Ann Oncol, 2019, 30 (4): 652-653.

[96] IIDA N, DZUTSEV A, STEWART C A, et al. Commensal Bacteria Control Cancer Response to Therapy by Modulating the Tumor Microenvironment[J]. Science (American Association for the Advancement of Science), 2013, 342(6161): 967-970.

[97] IIDA N, DZUTSEV A, STEWART C A, et al. Commensal bacteria control cancer response to therapy by modulating the tumor microenvironment[J]. Science, 2013, 342(6161): 967-970.

[98] ILETT E E, JøRGENSEN M, NOGUERA-JULIAN M, et al. Associations of the gut microbiome and clinical factors with acute GVHD in allogeneic HSCT recipients[J]. Blood Adv, 2020, 4(22):

5797-5809.

[99] INAN M S, RASOULPOUR R J, YIN L, et al. The luminal short. chain fatty acid butyrate modulatesNF-kappaB activity in a human colonic epithelial cell line[J]. Gastroenterology, 2000, 118: 724-734.

[100] J ANDREYEV. Gastrointestinal symptoms after pelvic radiotherapy: a new understanding to improve management of symptomatic patients[J]. The Lancet Oncology,2007, 8(11):1007-1017.

[101] J BAI, I JHANEY, G DANIEL, et al. Pilot Study of Vaginal Microbiome Using QIIME 2™ in Women With Gynecologic Cancer Before and After Radiation Therapy[J]. Oncology nursing forum, 2019,46(2):48-59.

[102] JANG G Y, LEE J W, KIM Y S, et al. Interactions between tumor-derived proteins and Toll-like receptors[J]. Exp Mol Med, 2020, 52(12):1926-1935.

[103] JENQ R R, TAUR Y, DEVLIN S M, et al. Intestinal blautia is associated with reduced death from graft-versus-host disease[J]. BiolBlood Marrow Transplant, 2015, 21(8):1373-1383.

[104] JIA X, LU S, ZENG Z, et al. Characterization of Gut Microbiota, Bile Acid Metabolism, and Cytokines in Intrahepatic Cholangiocarcinoma[J]. Hepatology,2020,71(3): 893-906.

[105] JOHNSON A J, VANGAY P, AL-GHALITH G A, et al. Daily Sampling Reveals Personalized Diet-Microbiome Associations in Humans[J]. Cell Host Microbe,2019,25(6): 789-802.

[106] JONSSON H, HUGERTH L W, SUNDH J, et al. Genome sequence of segmented filamentous bacteria present in the human intestine[J]. Commun Biol, 2020, 3(1):485.

[107] JOU Y C, TSAI Y S, LIN C T, et al. Foxp 3 enhances HIF-1αtarget gene expression in human bladder cancer through decreasing its ubiquitin-proteasomal degradation[J]. Oncotarget, 2016, 7(40):65403-65417.

[108] KAS B, TALBOT H, FERRARA R, et al. Clarification of Definitions of Hyperprogressive Disease During Immunotherapy for Non-Small Cell Lung Cancer[J]. JAMA Oncol, 2020, 6(7): 1039-1046.

[109] KAZAK L, REYES A, HOLT I J. Minimizing the damage: repair pathways keep mitochondrial DNA intact[J]. Nature reviews Molecular cell biology,2012,13(10): 659-671.

[110] KEHRER D F, SPARREBOOM A, VERWEIJ J, et al. Modulation of irinotecan-induced diarrhea by cotreatment with neomycin in cancer patients[J]. Clinical cancer research: an official journal of the American Association for Cancer Research,2001,7(5): 1136-1141.

[111] KERNBAUER E, DING Y, CADWELL K. An enteric virus can replace the beneficial function of commensal bacteria[J]. Nature,2014,516(7529): 94-89.

[112] KESSELRING R, GLAESNER J, HIERGEIST A, et al. Irak-m expression in tumor cells supports colorectal cancer progression through reduction of antimicrobial defense and stabilization of STAT3 [J]. Cancer Cell,2016,29(5):684-696.

[113] KIM Y S, KIM J, PARK S J. High-throughput 16S rRNA gene sequencing reveals alterations of mouse intestinal microbiota after radiotherapy[J]. Anaerobe,2015,33: 1-7.

[114] KOLIARAKIS I, PSAROULAKI A, NIKOLOUZAKIS T K, et al. Intestinal microbiota and colorectal cancer:a new aspect of research[J]. J BUON, 2018, 23(5):1216-1234.

[115] KUSAKABE S, FUKUSHIMA K, YOKOTA T, et al. Enterococcus:a predictor of ravaged microbiota and poor prognosis after allogeneic hematopoietic stem cell transplantation[J]. Biol Blood Marrow Transplant, 2020, 26(5):1028-1033.

[116] LADAS E J, BHATIA M, CHEN L, et al. The safety and feasibility of probiotics in children and adolescents undergoing hematopoietic cell transplantation[J]. Bone Marrow Transplant, 2016, 51 (2): 262-266.

[117] LAINE J E, AURIOLA S, PASANEN M, et al. Acetaminophen bioactivation by human cytochrome P450 enzymes and animal microsomes[J]. Xenobiotica; the fate of foreign compounds in biological systems, 2009, 39(1): 11-21.

[118] LEE Y J, ARGUELLO E S, JENQ R R, et al. Protective factors in the intestinal microbiome against clostridium difficile infection in recipients of allogeneic hematopoietic stem cell transplantation [J]. J Infect Dis, 2017, 215(7):1117-1123.

[119] LIM B, ZIMMERMANN M, BARRY N A, et al. Engineered Regulatory Systems Modulate Gene Expression of HumanCommensals in the Gut[J]. Cell, 2017, 169(3): 547-558.

[120] LIMKETKAI B N, AKOBENG A K, GORDON M, et al. Probiotics for induction of remission in Crohn's disease[J]. The Cochrane database of systematic reviews, 2020, 7(7): Cd006634.

[121] LIN X B, FARHANGFAR A, VALCHEVA R, et al. The role of intestinal microbiota in development of irinotecan toxicity and in toxicity reduction through dietary fibres in rats[J]. PLoS One, 2014, 9(1):e83644.

[122] LIN X B, DIELEMAN L A, KETABI A, et al. Irinotecan(CPT-11)Chemotherapy Alters Intestinal Microbiota in Tumour Bearing Rats[J]. PLoS One, 2012, 7(7):e39764.

[123] LINDNER S, PELED J U. Update in clinical and mouse microbiota research in allogeneic haematopoietic cell transplantation[J]. Curr Opin Hematol, 2020, 27(6):360-367.

[124] LIN Z, IQBAL Z, ORTIZ J F, et al. Fecal microbiota transplantation in recurrent clostridium difficile infection: is it superior to other conventional methods? [J]. Cureus, 2020, 12(8):e9653.

[125] LISS M A, ROBERT W J, MARTIN G, et al. Metabolic Biosynthesis Pathways Identified from Fecal Microbiome Associated with Prostate Cancer[J]. European Urology, 2018, 74:575-582.

[126] LIU M M, LI S T, SHU Y, et al. Probiotics for prevention of radiation-induced diarrhea: A meta-analysis of randomized controlled trials[J]. PLoS One, 2017, 12(6): e0178870.

[127] LIU P, WANG B, YAN X, et al. Comprehensive evaluation of nutritional status before and after hematopoietic stem cell transplantation in 170 patients with hematological diseases[J]. Chin J Cancer Res, 2016, 28(6):626-633.

[128] LIU Z H, HUANG M J, ZHANG X W, et al. The effects of perioperativeprobiotic treatment on serum zonulin concentration and subsequent postoperative infectious complications after colorectal cancer surgery: a double-center and double-blind randomized clinical trial[J]. Am J Clin Nutr, 2013, 97(1): 117-126.

[129] LI X L, WANG C Z, MEHENDALE S R, et al. Panaxadiol, a purified ginseng component, enhances the anti-cancer effects of 5-fluorouracil in human colorectal cancer cells[J]. Cancer chemotherapy and pharmacology, 2009, 64(6): 1097-1104.

[130] LOCKRIDGE O. Genetic variants of human serum cholinesterase influence metabolism of the muscle relaxant succinylcholine[J]. Pharmacology & therapeutics, 1990, 47(1): 35-60.

[131] LOMAN B R, JORDAN K R, HAYNES B, et al. Chemotherapy-induced neuroinflammation is associated with disrupted colonic and bacterial homeostasis in female mice. SciRep, 2019, 9(1): 16490.

[132] LUU T H, MICHEL C, BARD J M, et al. Intestinal proportion of blautiasp. is associated with

clinical stage and histoprognostic grade in patients with early-stage breast cancer. Nutr Cancer, 2017,69(2):267-275.

[133] M GOUDARZI, T MAK, J JACOB S, et al. An Integrated Multi-Omic Approach to Assess Radiation Injury on the Host-Microbiome Axi[J]. Radiation research, 2016, 186(3), 219-234.

[134] MAGER L F, BURKHARD R, PETT N, et al. Microbiome-derived inosine modulates response to checkpoint inhibitor immunotherapy[J]. Science, 2020, 369(6510): 1481-1489.

[135] MAKKI K, DEEHAN E C, WALTER J B, et al. The Impact of Dietary Fiber on Gut Microbiota in Host Health and Disease[J]. Cell Host Microbe, 2018, 23(6): 705-715.

[136] MANICHANH C, VARELA E, MARTINEZ C, et al. The gut microbiota predispose to the pathophysiology of acute postradiotherapy diarrhea[J]. Am J Gastroenterol, 2008, 103(7): 1754-1761.

[137] MANI S, BOELSTERLI U A, REDINBO M R. Understanding and modulating mammalian-microbial communication for improved human health[J]. Annual review of pharmacology and toxicology, 2014, 54: 559-580.

[138] MARKEY K A, VAN DEN BRINK M, PELED J U. The rapeutics Targeting the Gut Microbiome: Rigorous Pipelines for Drug Development[J]. Cell Host Microbe. 2020, 27(2): 169-172.

[139] MARTINS I, KEPP O, SCHLEMMER F, et al. Restoration of the immunogenicity of cisplatin-induced cancer cell death by endoplasmic reticulum stress[J]. Oncogene, 2011, 30(10): 1147-1158.

[140] MATSON V, FESSLER J, BAO R, et al. The commensal microbiome is associated with anti-PD-1 efficacy in metastatic melanoma patients[J]. Science, 2018, 359(6371):104-108.

[141] MEGO M, CHOVANEC J, VOCHYANOVA-ANDREZALOVA I, et al. Prevention of irinotecan induced diarrhea by probiotics: A randomized double blind, placebo controlled pilot study[J]. Complementary therapies in medicine, 2015;23(3): 356-362.

[142] MITSUHASHI K, NOSHO K, SUKAWVA Y, et al. Association of Fusobacterium species in pancreatic cancer tissues with molecular features and prognosis[J]. Oncotarget, 2015, 6:7209-7220.

[143] MIYAKE M, HORI S, MORIZAWA Y, et al. CXCL1-Mediated Interaction of Cancer Cells with Tumor Associated Macrophages and Cancer Associated Fibroblasts Promotes Tumor Progression in Human Bladder Cancer[J]. Neoplasia, 2016, 18(10):636-646.

[144] MONTASSIER E, BATARD E, MASSART S, et al. 16S rRNA gene pyrosequencing reveals shift in patient faecal microbiota during high-dose chemotherapy as conditioning regimen for bone marrow transplantation[J]. Microbial ecology, 2014, 67(3): 690-699.

[145] MOYAT M, VELIN D. Immune responses to Helicobacter pyloriinfection[J]. World J Gastroenterol, 2014, 20: 5583-5593.

[146] MURATA T, HIBASAMI H, MAEKAWA S, et al. Preferential binding of cisplatin to mitochondrial DNA and suppression of ATP generation in human malignant melanoma cells[J]. Biochemistry international, 1990, 20(5): 949-955.

[147] NAKATSU G, ZHOU H, WU W K K, et al. Alterations in entericvirome are associated with colorectal cancer and survival outcomes. Gastroenterology, 2018, 155(2):529-541.

[148] NASROLLAHZADEH D, MALCKZADEH R, PLONER A, et al. Variations of gastrie corpus microbiota are associated with early esophageal squamous cell carcinoma and squamousdysplasia[J]. SciRep, 2015, 6(5):8820.

[149] NEELAPU S S. Axicabtagene Ciloleucel CAR T-Cell Therapy in Refractory Large B-Cell

Lymphoma[J]. N Engl J Med, 377, 2531-2544.

[150] NEJMAN D, LIVYATAN I, FUKS G, et al. The human tumor microbiome is composed of tumor type-specific intracellular bacteria[J]. Science, 2020, 368(6494): 973-980.

[151] NELSON M H, BOWERS J S, BAILEY S R, et al. Toll-like receptor agonist therapy can profoundly augment the antitumor activity of adoptively transferred CD8(+) T cells without host preconditioning[J]. JImmunother Cancer, 2016, 4: 6.

[152] NOOR F, KAYSEN A, WILMES P, et al. The gut microbiota and hematopoietic stem cell transplantation:challenges and potentials[J]. J Innate Immun, 2019, 11(5):405-415.

[153] NOWAK P, TROSEID M, AVERSHINA E, et al. Gut microbiota diversity predicts immune status in HIV-1 infection[J]. AIDS, 2015, 29(18):2409-2418.

[154] OHTANI N. Microbiome and cancer[J]. Semin Immonopathol, 2015, 37:65-72.

[155] OU Z, WANG Y, LIU L, et al. Tumor microenvironment B cells increase bladder cancer metastasis via modulation of the IL-8/androgen receptor(AR)/MMPs signals[J]. Oncotarget, 2015, 6(28): 26065-26078.

[156] O'KEEFE S J. Diet, microorganisms and their metabolites, and colon cancer. Nat Rev Gastroenterol Hepatol. 2016, 13(12): 691-706.

[157] PAL S K, LI S M, WU X, et al. Stool Bacteriomic Profiling in Patients with Metastatic Renal Cell Carcinoma Receiving Vascular Endothelial Growth Factor-Tyrosine Kinase Inhibitors[J]. Clinical cancer research: an official journal of the American Association for Cancer Research, 2015, 21(23): 5286-5293.

[158] PANEBIANCO C, ANDRIULLIA, PAZIENZA V. Pharmacomicrobiomics: exploiting the drug-microbiota interactions in anticancer therapies[J]. Microbiome, 2018, 6(1): 92.

[159] PARAG KUNDU, ERAN BLACHER, ERAN ELINAV, et al. Our Gut Microbiome-The Evolving Inner Self[J]. Cell, 2017, 171(7):1481-1493.

[160] PARCO S, BENERICETTI G, VASCOTTO F, et al. Microbiome and diversity indices during blood stem cells transplantation—new perspectives? [J]. Cent Eur J Public Health, 2019, 27(4): 335-339.

[161] PAULOS C M, WRZESINSKI C, KAISER A, et al. Microbial translocation augments the function of adoptively transferred self/tumor-specific $CD8^+$ T cells via TLR4 signaling[J]. J Clin Invest, 2007, 117(8): 2197-2204.

[162] PAYEN M, NICOLIS I, ROBIN M, et al. Functional and phylogenetic alterations in gut microbiome are linked to graft-versus-host disease severity[J]. Blood Adv, 2020, 4(9):1824-1832.

[163] PEIXOTO A, FERNANDES E, GAITEIRO C, et al. Hypoxia enhances the malignant nature of bladder cancer cells and concomitantly antagonizesprotein O-glycosylation extension [J]. Oncotarget, 2016, 7(39):63138-63157.

[164] PENACK O, MARCHETTI M, RUUTU T, et al. Prophylaxis and management of graft versus host disease after stem-cell transplantation for haematologicalmalignancies: updated consensus recommendations of the European Society for Blood and Marrow Transplantation [J]. Lancet Haematol, 2020, 7(2):e157-e167.

[165] PERILLO F, AMOROSO C, STRATI F, et al. Gut Microbiota Manipulation as a Tool for Colorectal Cancer Management: Recent Advances in Its Use for Therapeutic Purposes[J]. Int J Mol Sci,

2020, 21(15).

[166] PESSION A, ZAMA D, MURATORE E, et al. Fecal microbiota transplantation in allogeneic hematopoietic stem cell transplantation recipients: a systematic review[J]. J Pers Med, 2021, 11(2):100.

[167] PIERANTOZZI M, PIETROIUSTI A, BRUSA L, et al. Helicobacter pylorieradication and l-dopa absorption in patients with PD and motor fluctuations[J]. Neurology, 2006, 66(12): 1824-1829.

[168] PINATO D J, HOWLETT S, OTTAVIANI D, et al. Association of Prior Antibiotic Treatment With Survival and Response to Immune Checkpoint Inhibitor Therapy in Patients With Cancer[J]. JAMA Oncology, 2019, 5(12):1774.

[169] PITT J M, VéTIZOU M, DAILLèRE R, et al. Resistance Mechanisms to Immune-Checkpoint Blockade in Cancer: Tumor-Intrinsic and Extrinsic Factors[J]. Immunity, 2016, 44(6): 1255-1269.

[170] PITT J M, VéTIZOU M, GOMPERTS BONECA I, et al. Enhancing the clinical coverage and anticancer efficacy of immune checkpoint blockade through manipulation of the gut microbiota[J]. Oncoimmunology, 2017, 6(1): e1132137.

[171] PLEGUEZUELOS-MANZANO C, PUSCHHOF J, ROSENDAHL HUBER A, et al. Mutational signature in colorectal cancer caused by genotoxic PKS+E. coli[J]. Nature, 2020, 580(7802): 269-273.

[172] POLLET R M, D'AGOSTINO E H, WALTON W G, et al. An Atlas of β-Glucuronidases in the Human Intestinal Microbiome[J]. Structure (London, England: 1993), 2017, 25(7): 967-977.

[173] PRYOR R, MARTINEZ-MARTINEZ D, QUINTANEIRO L, et al. The Role of the Microbiome in Drug Response[J]. Annual review of pharmacology and toxicology, 2020,60: 417-435.

[174] PURCELL R V, VISNOVSKA M, BIGGS P J, et al. Distinct gut microbiome patterns associate with consensus molecular subtypes of colorectal cancer[J]. Scientific reports, 2017;7(1): 11590.

[175] RAMANAN D, BOWCUTT R, LEE S C, et al. Helminth infection promotes colonization resistance via type 2 immunity[J]. Science, 2016, 352(6285): 608-612.

[176] RAMTEKE A, TING H, AGARWAL C, et al. Exosomes secreted under hypoxia enhance invasiveness and stemness of prostase cancer cells by targeting adherens junction molecules[J]. Mlo Carcinog, 2015, 54(7):554-565.

[177] RAY D, KIDANE D. Gut microbiota imbalance and base excision repair dynamics in colon cancer[I]. J Cancer, 2016, 7:1421-1430.

[178] REINHARDT C. Themicrobiota:a microbial ecosystem built on mutualism prevails[J]. J Innate Immun, 2019, 11(5):391-392.

[179] REN Z, LI A, JIANG J, et al. Gutmicrobiome analysis as a tool towards targeted non-invasive biomarkers for early hepatocellular carcinoma. Gut, 2019;68(6):1014-1023.

[180] RIQUELME E, ZHANG Y, ZHANG L, et al. Tumor microbiome diversity and composition influence pancreatic cancer outcomes. Cell, 2019, 178(4):795-806.

[181] RIQUELME E, ZHANG Y, ZHANG L, et al. Tumor Microbiome Diversity and Composition Influence Pancreatic Cancer Outcomes. Cell, 2019,178(4): 795-806.

[182] ROBERTI M P, YONEKURA S, DUONG C P M, et al. Chemotherapy-induced ileal crypt apoptosis and the ileal microbiome shape immunosurveillance and prognosis of proximal colon cancer[J]. Nature medicine, 2020,26(6): 919-931.

[183] ROBERTS A B, GU X, BUFFA J A, et al. Development of a gut microbe-targeted nonlethal therapeutic to inhibit thrombosis potential[J]. Nature medicine, 2018,24(9): 1407-1417.

[184] RONCUCCI L, MORA E, MARIANI F, et al. Myeloperoxidase-positive cell ifitation in colorectal carcinogenesis as indicator of colorectal cancer risk[D]. Cancer Epidemiol Biomarkers Prev, 2008, 17(9):2291-2297.

[185] ROSENOFF S. Resolution of refractory chemotherapy-induced diarrhea (CID) with octreotide long-acting formulation in cancer patients: 11 case studies[J]. Supportive care in cancer: official journal of the Multinational Association of Supportive Care in Cancer, 2004;12(8): 561-570.

[186] ROUND J L, MAZMANIAN S K. The gut microbiota shapes intestinal immune responses during health and disease. Nat Rev Immunol, 2009, 9(5): 313-23.

[187] ROUTY B, LE CHATELIER E, DEROSA L, et al. Gut microbiome influences efficacy of PD-1-based immunotherapy against epithelial tumors[J]. Science, 2018, 359(6371):91-97.

[188] ROY S, TRINCHIERI G. Microbiota: a key orchestrator of cancer therapy. Nat Rev Cancer, 2017, 17(5): 271-285.

[189] RUBINSTEIN M R, WANG X, LIU W, et al. Fusobacterium nucleatum promotes colorectal carcinogenesis by modulating E-cadherin/beta-catenin signaling via its FadA adhesin[J]. Cell Host Microbe, 2013, 14(2):195-206.

[190] SAHA J R, BUTLER V P, JR NEU HC, et al. Digoxin-inactivating bacteria: identification in human gut flora[J]. Science (New York, NY), 1983, 220(4594): 325-327.

[191] SALAMONOWICZ M, OCIEPA T, FRCZKIEWICZ J, et al. Incidence, course, and outcome of Clostridium difficile infection in children with hematological malignancies or undergoing hematopoietic stem cell transplantation[J]. Eur J Clin Microbiol Infect Dis, 2018, 37(9):1805-1812.

[192] SALMON H. Expansion and Activation of CD103(+) Dendritic Cell Progenitors at the Tumor Site Enhances Tumor Responses to Therapeutic PD-L1 and BRAF Inhibition[J]. Immunity, 44, 924-938.

[193] SCHIAVONI G, SISTIGU A, VALENTINI M, et al. Cyclophosphamide synergizes with type Iinterferons through systemic dendritic cell reactivation and induction of immunogenic tumor apoptosis[J]. Cancer research, 2011, 71(3): 768-778.

[194] SCHMIDT T, RAES J, BORK P. The Human Gut Microbiome: From Association to Modulation [J]. Cell, 2018, 172(6): 1198-1215.

[195] SCHOEMANS H M, LEE S J, FERRARA J L, et al. EBMT-NIH-CIBMTR Task Force position statement on standardized terminology & guidance for graft-versus-host disease assessment[J]. Bone Marrow Transplant, 2018, 53(11):1401-1415.

[196] SHEN S, LIM G, YOU Z, et al. Gut microbiota is critical for the induction of chemotherapy-induced pain[J]. Nat Neurosci, 2017, 20(9):1213-1216.

[197] SHIMASAKI T, SEEKATZ A, BASSIS C, et al. Increased relative abundance of klebsiella pneumoniae carbapenemase-producing klebsiella pneumoniae within the gut microbiota is associated with risk of bloodstream infection in long-term acute care hospital patients[J]. Clin Infect Dis, 2019, 68(12):2053-2059.

[198] SHONO Y, VAN DEN BRINK MRM. Gut microbiota injury in allogeneic haematopoietic stem cell transplantation[J]. Nat Rev Cancer, 2018, 18(5):283-295.

[199] SHU J, HUANG M, TIAN Q, et al. Downregulation of angiogenin inhibits the growth and induces apoptosis in human bladder cancer cells through regulating AKT/mTOR signaling pathway[J]. J Mol Histol, 2015, 46(2):157-171.

[200] SINGH V, YEOH B S, CHASSAING B, et al. Dysregulated microbial fermentation of soluble fiber induces cholestatic liver cancer[J]. Cell, 2018,175(3):679-694, 622.

[201] SISTIGU A, VIAUD S, CHAPUT N, et al. Immunomodulatory effects of cyclophosphamide and implementations for vaccine design[J]. Seminars in immunopathology, 2011, 33(4): 369-383.

[202] SIVAN A, CORRALES L, HUBERT N, et al. Commensal bifido bacterium promotes antitumor immunity and facilitates antiPD-L1 efficacy[J]. Science, 2015, 350(6264): 1084-1089.

[203] SMITH C L, GEIER M S, YAZBECK R, et al. Lactobacillus fermentum BR11 and fructo-oligosaccharide partially reduce jejunal inflammation in a model of intestinal mucositis in rats[J]. Nutrition and cancer, 2008, 60(6): 757-767.

[204] SMITH G E, GRIFFITHS L A. Metabolism of Nacylated and Oalkylated drugs by the intestinal microflora during anaerobic incubation in vitro[J]. Xenobiotica; the fate of foreign compounds in biological systems, 1974,4(8): 477-487.

[205] SOBHANII, TAP J, ROUDOT- THORAVAL F, et al. Microbial dysbiosis in colorectal cancer (CRC) patients [J]. PLoS One, 2011, 6(1): e16393.

[206] SONIS S T. The pathobiology of mucositis[J]. Nature reviews Cancer, 2004, 4(4): 277-284.

[207] SPANOGIANNOPOULOS P, BESS E N, CARMODY R N, et al. The microbial pharmacists within us: a metagenomic view of xenobiotic metabolism[J]. Nature reviews Microbiology, 2016, 14(5): 273-287.

[208] SPAULDING C N, KLEIN R D, RUER S, et al. Selective depletion of uropathogenic E. colifrom the gut by a FimH antagonist[J]. Nature, 2017, 546(7659): 528-532.

[209] STEPHEN B. Kritchevsky. Nutrition and Healthy Aging[J]. The Journals of Gerontology Series A: Biological Sciences and Medical Sciences, 2016, 71(10):1303-1305.

[210] STORB R, PRENTICE R L, BUCKNER C D, et al. Graft-versus-host disease and survival in patients with aplastic anemia treated by marrow grafts from HLA-identical siblings. Beneficial effect of a protective environment[J]. NEngl J Med, 1983, 308(6):302-307.

[211] STRINGER A M, AL-DASOOQI N, BOWEN J M, et al. Biomarkers of chemotherapy-induced diarrhoea: a clinical study of intestinal microbiome alterations, inflammation and circulating matrix metalloproteinases[J]. Supportive care in cancer: official journal of the Multinational Association of Supportive Care in Cancer, 2013,21(7): 1843-1852.

[212] SUEZ J, ZMORA N, ZILBERMAN-SCHAPIRA G, et al. Post-Antibiotic Gut Mucosal Microbiome Reconstitution Is Impaired by Probiotics and Improved by Autologous FMT. Cell, 2018, 174(6): 1406-1423.

[213] SURAWICZ C M, BRANDT L J, BINION D G, et al. Guidelines for Diagnosis, Treatment, and Prevention of Clostridium difficile Infections[J]. American Journal of Gastroenterology, 2013, 108 (4):478-498.

[214] SVARTZ N. Sulfasalazine I I. Some notes on the discovery and development of salazopyrin[J]. The American journal of gastroenterology, 1988, 83(5): 497-503.

[215] TANAKA J S, YOUNG R R, HESTON S M, et al. Anaerobic antibiotics and the risk of graft-ver-

sus-host disease after allogeneic hematopoietic stem cell transplantation[J]. Biol Blood Marrow Transplant, 2020, 26(11): 2053-2060.

[216] TAO L, QIU J, JIANG M, et al. Infiltrating T Cells Promote Bladder Cancer Progression via Increasing IL1→Androgen Receptor→HIF1α→VEGFa Signals[J]. Mol Cancer Ther, 2016, 15(8): 1943-1951.

[217] TAUR Y, JENQ R R, PERALES M A, et al. The effects of intestinal tract bacterial diversity on mortality following allogeneic hematopoietic stem cell transplantation[J]. Blood, 2014, 124(7): 1174-1182.

[218] TAY R Y, BLACKLEY E, MCLEAN C, et al. Successful use of equine anti-thymocyte globulin (ATGAM) for fulminant myocarditis secondary tonivolumab therapy[J]. Br J Cancer, 2017, 117(7): 921-924.

[219] TESNIERE A, SCHLEMMER F, BOIGE V, et al. Immunogenic death of colon cancer cells treated with oxaliplatin[J]. Oncogene, 2010, 29(4): 482-491.

[220] THOMAS A M, MANGHI P, ASNICAR F, et al. Metagenomic analysis of colorectal cancer datasets identifies cross-cohort microbial diagnostic signatures and a link with choline degradation[J]. Nat Med, 2019, 25(4):667-678.

[221] THOMAS A M, MANGHI P, ASNICAR F, et al. Metagenomic analysis of colorectal cancer datasets identifies cross-cohort microbial diagnostic signatures and a link with choline degradation[J]. Nature medicine, 2019, 25(4): 667-678.

[222] TODA T, SAITO N, IKARASHI N, et al. Intestinal flora induces the expression of Cyp3a in the mouse liver[J]. Xenobiotica; the fate of foreign compounds in biological systems, 2009, 39(4): 323-334.

[223] TOUCHEFEU Y, MONTASSIER E, NIEMAN K, et al. Systematic review: the role of the gut microbiota in chemotherapy- or radiation-induced gastrointestinal mucositis-current evidence and potential clinical applications[J]. Aliment Pharmacol Ther, 2014, 40(5): 409-421.

[224] TSILIMIGRAS M C B, FODOR A, JOBIN C. Carcinogenesis and therapeutics: the microbiota perspective[J]. Nature microbiology, 2017, 2(3):17008.

[225] TSOI H, CHU E SH, ZHANG X, et al. Peptostreptococcus anaerobius induces intracellular cholesterol biosynthesis in colon cells to induce proliferation and causes dysplasia in mice[J]. Gastroenterology, 2017,152(6):1419-1433, e1415.

[226] TU S, ZHONG D, XIE W, et al. Role of toll-like receptor signaling in the pathogenesis of graft-versus-host diseases[J]. Int J Mol Sci, 2016, 17(8):1288.

[227] TURNBAUGH P J, LEY R E, HAMADY M, et al. The human microbiome project. Nature. 2007, 449(7164): 804-810.

[228] UBEDA C, TAUR Y, JENQ R R, et al. Vancomycin-resistant Enterococcus domination of intestinal microbiota is enabled by antibiotic treatment in mice and precedes bloodstream invasion in humans[J]. The Journal of clinical investigation, 2010, 120(12): 4332-4341.

[229] ULMER J E, VILéN E M, NAMBURI R B, et al. Characterization of glycosaminoglycan (GAG) sulfatases from the human gut symbiont Bacteroides thetaiotaomicron reveals the first GAG-specific bacterial endosulfatase[J]. The Journal of biological chemistry, 2014, 289(35): 24289-24303.

[230] VACCHELLI E, VITALE I, TARTOUR E, et al. Trial Watch: Anticancer radioimmunotherapy

[J]. Oncoimmunology, 2013, 2(9): e25595.

[231] VAN NOOD E, VRIEZE A, NIEUWDORP M, et al. Duodenal infusion of donor feces for recurrent Clostridium difficile[J]. N Engl J Med, 2013, 368(5):407-415.

[232] VANPRAAGH J B, DE GOFFAU M C, BAKKER I S, et al. Mucus Microbiome of Anastomotic Tissue During Surgery Has Predictive Value for Colorectal Anastomotic Leakage[J]. Ann Surg, 2019, 269(5): 911-916.

[233] VANPRAAGH J B, DE GOFFAU M C, BAKKER I S, et al. Intestinal microbiota and anastomotic leakage of stapled colorectal anastomoses: a pilot study. Surg Endosc, 2016, 30(6): 2259-2265.

[234] VANVLIET M J, HARMSEN H J, DE BONT E S, et al. The role of intestinal microbiota in the development and severity of chemotherapy-induced mucositis [J]. PLoS pathogens, 2010, 6(5): e1000879.

[235] VAUGHN J L, BALADA-LLASAT J M, LAMPRECHT M, et al. Detection of toxigenic Clostridium difficile colonization in patients admitted to the hospital for chemotherapy or haematopoietic cell transplantation[J]. J Med Microbiol, 2018, 67(7):976-981.

[236] VERMES A, KUIJPER E J, GUCHELAAR H J, et al. An in vitro study on the active conversion of flucytosine to fluorouracil by microorganisms in the human intestinal microflora[J]. Chemotherapy, 2003, 49(1-2): 17-23.

[237] VERMEULEN S H, HANUM N, GROTENHUIS A J, et al. Recurrent urinary tract infection and risk of bladder cancer in the Nijmegen bladder cancer study[J]. Br J Cancer, 2015, 112(3):594-600.

[238] VéTIZOU M, PITT J M, DAILLèRE R, et al. Anticancer immuno therapy by CTLA-4 blockade relies on the gut microbiota [J]. Science, 2015, 350(6264): 1079-1084.

[239] VIAUD S, FLAMENT C, ZOUBIR M, et al. Cyclophosphamide induces differentiation of Th17 cells in cancer patients[J]. Cancer research, 2011, 71(3): 661-665.

[240] VIAUD S, SACCHERI F, MIGNOT G, et al. The intestinal microbiota modulates the anticancer immune effects of cyclophosphamide[J]. Science, 2013, 342(6161): 971-976.

[241] VICARI A P, CHIODONI C, VAURE C, et al. Reversal of tumor-induced dendritic cell paralysis by CpG immunostimulatory oligonucleotide and anti-interleukin 10 receptor antibody[J]. J Exp Med, 2002, 196(4): 541-549.

[242] VOBO IL M, BRABEC T, DOBEš J, et al. Toll-like receptor signaling in thymic epithelium controls monocyte-derived dendritic cell recruitment and Treggeneration[J]. Nat Commun, 2020, 11(1):2361.

[243] VOORHEES P J, CRUZ-TERAN C, EDELSTEIN J, et al. Challenges & opportunities for phage-based in situ microbiome engineering in the gut[J]. J Control Release, 2020, 326: 106-119.

[244] WALLACE B D, WANG H, LANE K T, et al. Alleviating Cancer Drug Toxicity by Inhibiting a Bacterial Enzyme[J]. Science (American Association for the Advancement of Science), 2010, 330(6005):831-835.

[245] WALTER S, EDUARD S, BARBARA U, et al. Repeated fecal microbiota transplantations attenuate diarrhea and lead to sustained changes in the fecal microbiota in acute, refractory gastrointestinal graft-versus-host-disease[J]. Haematologica, 2017, 102(5):e210-e213.

[246] WANG A, LING Z, YANG Z, et al. Gut microbialdysbiosis may predict diarrhea and fatigue in patients undergoing pelvic cancer radiotherapy: a pilot study[J]. PLoS One, 2015, 10(5): e0126312.

[247] WANG C, LI J. Pathogenic microorganisms and pancreatic cancer[J]. Gastrointest Tumors, 2015, 2:41-47.

[248] WANG D Y, SALEM J E, COHEN J V, et al. Fatal Toxic Effects Associated With Immune Checkpoint Inhibitors: A Systematic Review and Meta-analysis[J]. JAMAOncol, 2018, 4(12): 1721-1728.

[249] WANG Y, LUO X, PAN H, et al. Pharmacological inhibition of NADPH oxidase protects against cisplatin induced nephrotoxicity in mice by two step mechanism[J]. Food Chem Toxicol, 2015, 83: 251-260.

[250] WANG Y, WIESNOSKI D H, HELMINK B A, et al. Fecal microbiota transplantation for refractory immune checkpoint inhibitor-associated colitis[J]. Nature Medicine, 2018, 24(12):1804-1808.

[251] WEBB B J, BRUNNER A, FORD C D, et al. Fecal microbiota transplantation for recurrent Clostridium difficile infection in hematopoietic stem cell transplant recipients[J]. Transpl Infect Dis, 2016, 18(4):628-633.

[252] WEBER D, JENQ R R, PELED J U, et al. Microbiota disruption induced by early use of broad spectrum antibiotics is an independent risk factor of outcome after allogeneic stem cell transplantation[J]. Biol Blood Marrow Transplant, 2017, 23(5):845-852.

[253] WHEELER M L, LIMON J J, BAR A S, et al. Immunological Consequences of Intestinal FungalDysbiosis. Cell Host Microbe, 2016, 19(6): 865-73.

[254] WILCK N, MATUS M G, KEARNEY S M, et al. Salt-responsive gut commensal modulates TH17 axis and disease. Nature, 2017, 551(7682): 585-589.

[255] WILSON I D, NICHOLSON J K. Gutmicrobiome interactions with drug metabolism, efficacy, and toxicity[J]. Translational research: the journal of laboratory and clinical medicine, 2017, 179: 204-222.

[256] WIRBEL J, PYL P T, KARTAL E, et al. Meta-analysis of fecal metagenomes reveals global microbial signatures that are specific for colorectal cancer[J]. Nat Med, 2019, 25(4):679-689.

[257] WISEMAN L R, MARKHAM A. Irinotecan. A review of its pharmacological properties and clinical efficacy in the management of advanced colorectal cancer[J]. Drugs, 1996, 52(4): 606-623.

[258] WU P, ZHANG G, ZHAO J, et al. Profiling the urinary microbiota in male patients with bladder cancer in China[J]. Front Cell Infect Microbiol, 2018, 8:167.

[259] WU Y, WU J, CHEN T, et al. Fusobacterium nucleatumpotentiates intestinal tumorigenesis in mice via a toll-liker eceptor 4/p21-activated kinase 1 cascade[J]. Dig Dis Sci, 2018, 63(5): 1210-1218.

[260] ZHU Z, YANG X, CHAO Y, et al. The Potential Effect of Oral Microbiota in the Prediction of Mucositis During Radiotherapy for Nasopharyngeal Carcinoma[J]. EBioMedicine, 2017, 18: 23-31.

[261] XIAO X G, XIA S, ZOU M, et al. The relationship betweenUGTlAl gene polymorphism and irinotecan effect on extensive-stage small-cell lung cancer[J]. OncoTargets Ther, 2015, 8: 3575-3583.

[262] XU Y, TENG F, HUANG S, et al. Changes of saliva microbiota in nasopharyngeal carcinoma patients under chemoradiation therapy[J]. Archives of oral biology, 2014, 59:176-186.

[263] XU L, CHEN H, CHEN J, et al. The consensus on indications, conditioningregimen, and donor selection of allogeneic hematopoietic cell transplantation for hematological diseases in China-recommendations from the Chinese Society of Hematology[J]. J Hematol Oncol, 2018, 11(1):33.

[264] YANG L, ZOU H, GAO Y, et al. Insights into gastrointestinal microbiota-generated ginsenoside metabolites and their bioactivities[J]. Drug metabolism reviews, 2020, 52(1): 125-138.

[265] YANG Y, WENG W, PENG J, et al. Fusobacterium nucleatum increases proliferation of colorectal cancer cells and tumor development in mice by activating toll-like receptor 4 signaling to nuclear factor-kappab, and up-regulating expression of microma-21[J]. Gastroenterology, 2017, 152(4): 851-866.

[266] YATSUNENKO T, REY F E, MANARY M J, et al. Human gut microbiome viewed across age and geography[J]. Nature, 2012, 486(7402): 222-227.

[267] YOSHIFUJI K, INAMOTO K, KIRIDOSHI Y, et al. Prebiotics protect against acute graft-versus-host disease and preserve the gut microbiota in stem cell transplantation[J]. Blood Adv, 2020, 4(19):4607-4617.

[268] YOSHIMOTO S, LOO T M, ATARASHI K. et al. Obsity-indnced gut microbial metabolite promotes liver cancer through senescence secretome [J]. Nature, 2013, 49(9):97-101.

[269] YU A I, ZHAO L, EATON K A, et al. Gut Microbiota Modulate CD8 T Cell Responses to Influence Colitis-Associated Tumorigenesis[J]. Cell Rep, 2020, 31(1): 107471.

[270] YU L, SCHWABE R F. The gut microbiome and liver cancer: mechanisms and clinical translation [J]. Nature reviews. Gastroenterology & hepatology, 2017, 14(9):527-539.

[271] YU T, GUO F, YU Y SUN T, et al. Fusobacterium nucleatum Promotes Chemoresistance to Colorectal Cancer by Modulating Autophagy[J]. Cell, 2017, 170:548-563.

[272] YUVARAJ S, AL-LAHHAM S H, SOMASUNDARAM R, et al. coli-produced BMP-2 as a chemopreventive strategy for colon cancer: a proof-of-concept study[J]. Gastroenterology research and practice, 2012, 2012: 895462.

[273] ZHANG F, CUI B, HE X, et al. Microbiota transplantation: concept, methodology and strategy for its modernization[J]. Protein Cell, 2018, 9(5): 462-473.

[274] ZHANG F, ZUO T, YEOH Y K, et al. Longitudinal dynamics of gut bacteriome, mycobiome and virome after fecal microbiota transplantation in graft-versus-host disease[J]. Nat Commun, 2021, 12(1):65.

[275] ZHANG J, HAINES C, WATSON A J M, et al. Oral antibiotic use and risk of colorectal cancer in the United Kingdom, 1989-2012: a matched case-control study[J]. Gut, 2019, 68(11):1971-1978.

[276] ZHOU B, YUAN Y, ZHANG S, et al. Intestinal flora and disease mutually shape the regional immune system in the intestinal tract[J]. Front Immunol, 2020, 11:575.

[277] ZHU H, XU W Y, HU Z, et al. RNA virus receptor Rig-Imonitors gut microbiota and inhibits colitis-associated colorectal cancer[J]. J Exp Clin Cancer Res, 2017, 36(1):2.

[278] ZHU W, WANG Z, TANG W H W, et al. Gut Microbe-Generated Trimethylamine N-Oxide From Dietary Choline Is Prothrombotic in Subjects[J]. Circulation, 2017, 135(17): 1671-1673.

[279] ZIMMERMANN M, ZIMMERMANN-KOGADEEVA M, WEGMANN R, et al. Mapping human microbiome drug metabolism by gut bacteria and their genes[J]. Nature, 2019, 570(7762): 462-467.

[280] ZIMMERMANN M, ZIMMERMANN-KOGADEEVA M, WEGMANN R, et al. Separating host and microbiome contributions to drug pharmacokinetics and toxicity[J]. Science (New York, NY), 2019, 363(6427).

[281] ZMORA N, ZILBERMAN-SCHAPIRA G, SUEZ J, et al. Personalized Gut Mucosal Colonization Resistance to Empiric Probiotics Is Associated with Unique Host and Microbiome Features[J]. Cell, 2018, 174(6): 1388-1405.

[282] 陈菲，梁婷婷，吕铮，等. 肠道微生态与肿瘤发生和发展关系的研究进展[J]. 肿瘤代谢与营养电子杂志，2020，1:7-12.

[283] 樊逸夫，白晓敏，杜娟. 肠道菌群对肿瘤影响的研究进展[J]. 癌症进展，2019，(15):1741-1744.

[284] 古立丽，宋伟. 早期循证护理干预对宫颈癌放射性阴道炎的影响[J]. 中外医疗，2015，(18): 161-162.

[285] 郭智，刘晓东，杨凯，等. allo-HSCT 并使用高剂量环磷酰胺诱导免疫耐受治疗重型再生障碍性贫血[J]. 中华器官移植杂志，2015，36(6):356-361.

[286] 吕宁舟，邬黎明. 唾液 pH 值与龋病的关系研究，海南医学，2002，13(9): 41-42.

[287] 王倩，符粤文，王勇奇，等. 粪菌移植治疗异基因造血干细胞移植后难治性腹泻四例报告并文献复习[J]. 中华血液学杂志，2019，40(10): 853-855.

[288] 肖俊娟，毕振旺，李岩. 肠道微生态与肿瘤免疫调节的相关研究[J]. 国际肿瘤学杂志，2017，44(1):34-37.

[289] 许洋，杨彦勇，高福. 肠道菌群与肠道辐射损伤的关系及其机制研究进展[J]. 中华放射医学与防护杂志，2017，37(2):157-160.

[290] 余莉，李红，王思平. 基于高通量测序技术研究老年人肠道菌群结构变化[J]. 胃肠病学，2019，24(9):517-523.

[291] 张彩霞，苟占彪，车团结，等. 宫颈癌患者放疗前后乳酸菌的变化及药敏分析[J]. 实用预防医学，2015，(8): 1004-1006.

[292] 中华医学会老年医学分会《中华老年医学杂志》编辑委员会. 肠道微生态制剂老年人临床应用中国专家共识(2019) -诊疗方案[J]. 中华老年医学杂志，2019，4:355-361.

[293] 中华医学会血液学分会干细胞应用学组. 中国异基因造血干细胞移植治疗血液系统疾病专家共识(Ⅲ)——急性移植物抗宿主病(2020 年版)[J]. 中华血液学杂志，2020，41(7):529-536.